现代数学基础丛书·典藏版 48

随机模型的密度演化方法

史定华 著

科学出版社
北京

内 容 简 介

本书论述随机模型的密度演化方法及其应用，目的是将随机模型通过微分方程用完全确定的动力系统描述和研究. 本书作者于80年代提出并研究了状态转移计数过程，得到了一般的转移频度公式、吸收分布公式、更新分布公式和进入概率公式. 在此基础上研究并解决了可修系统、排队系统和库存系统等随机运筹模型中的问题. 本书是作者这些研究工作的总结. 本书特点是分析方法和概率方式并重、相互补充、相互促进.

本书适于高等学校数学系概率和运筹专业的研究生和教师，以及科研人员阅读.

图书在版编目(CIP)数据

随机模型的密度演化方法/史定华著. -北京：科学出版社，1999

(现代数学基础丛书·典藏版；48)

ISBN 978-7-03-007263-4

Ⅰ. 随… Ⅱ. 史… Ⅲ. 随机-数学模型-解析理论-微分方程 Ⅳ. 022

中国版本图书馆 CIP 数据核字(1999)第02901号

责任编辑：口 虹／责任校对：钟 洋

责任印制：徐晓晨／封面设计：王 浩

科学出版社出版

北京东黄城根北街16号

邮政编码：100717

http://www.sciencep.com

北京厚诚则铭印刷科技有限公司印刷

科学出版社发行 各地新华书店经销

*

1999年6月第一版 开本：B5(720×1000)

2015年7月印刷 印张：16 1/4

字数：206 000

定价：118.00 元

(如有印装质量问题，我社负责调换)

前　言

前苏联数学大师柯尔莫哥洛夫在年轻时就以两篇名著《概率论的基本概念》和《概率论的解析方法》赢得了莫斯科大学的教授席位. 第一篇名著奠定了概率论在数学科学中的地位, 这是众所周知的事. 有人认为(见卢 侃和孙建华编译的《混沌学传奇》第394 页), 第二篇名著对马尔科夫过程与爱因斯坦、普朗克工作之间的关系指明了轮廓.

柯氏在第二篇名著中对马氏过程的转移概率函数, 使用了一组确定的微分方程来描述,这就是后人所称的著名柯氏微分方程组.柯氏通过微分方程在随机模型和古典力学之间建立了某种联系, 或许混沌学传奇的作者指的正是这一思想.

众所周知, 马氏过程是已知现在, 将来与过去无关, 但许多复杂的随机模型并不满足这一条件. 换句话说, 我们必须面对非马氏过程, 它不仅与现在状态而且与(整个)先期历史有关. 柯氏在他的名著中曾指出可以用同样的方法来避免先期历史的影响, 但没有深入展开讨论.

然而, 在排队论的研究进程中, 有许多先辈的工作, 如 Erlang 的阶段化、Kosten 和 Cox 的补充变量, Neuts 的矩阵解析途径, 他们通过引进离散或连续补充变量使非马氏过程扩维后变成向量马氏过程, 为实现柯氏的思路做了不少探索.

本书与柯氏第二篇名著的论题有关, 将沿着前人开辟的道路继续前进, 探讨随机模型的密度(或分布)演化方法及其应用. 目标是试图将随机模型纯粹无规的演化行为通过密度的偏微积分方程组用完全确定的动力系统去描述和研究. 密度演化方法不仅能用来研究纯随机模型, 而且是研究非线性动力系统复杂演化行为的新工具, 见 Lasota 和 Mackey 的专著: 《**Chaos, Fractals, and**

Noise — Stochastic Aspects of Dynamics》. 普里高津在其《确定性的终结》一书中甚至认为这是建立新自然法则的统一理论.

要想对一般的向量马氏过程建立密度演化方法, 必定会涉及诸如偏微积分方程组成立的条件, 解的存在性和唯一性, 各种分析运算的合理性和可交换性等等理论问题. 但本书重点是针对具体的随机模型探讨如何构造向量马氏过程, 然后借助状态转移图去建立偏微积分方程组并求解. 因此为了更贴切研究重点, 所以在书中我们使用了向量马氏过程(VMP)方法一词. 而书名采用《随机模型的密度演化方法》则是为了抛砖引玉.

本书第一章简要介绍向量马氏过程并讨论其离散状态转移计数过程的转移频度公式, 它是作者80年代初引入并一直研究的内容. 我们将看到这是比马氏更新过程更一般的计数过程.

第二章论述位相型分布, 在介绍随机模型杂志主编 Neuts 教授的有限位相型(PH)分布理论后, 着重讨论无限位相型分布理论及其计算. 然后用一个求联合分布的释例介绍如何构造向量马氏过程去研究这类问题.

从第三章起探讨用非马氏过程描述的随机模型的密度演化方法和性能分析.

第三章可靠性模型面临的是有限(离散)状态向量马氏过程的问题, 首先通过简单模型介绍方法的步骤和求间歇随机变量分布的技巧. 然后研究美国加利福尼亚大学伯克利分校 Barlow 教授提出的一个变种模型, 它是一个无再生点的随机模型. 我们证明了其稳态可用度与分布无关的重要性质. 对与可靠性有关的易腐物品库存决策问题, 我们推导了一个有明显物理意义的平衡方程使决策问题得以简化.

第四章经典排队模型涉及如何处理可数状态向量马氏过程的问题. 在介绍了单服务台泊松到达一般服务排队后, 首次通过构造向量马氏过程对 GI/M/1 排队给出了简单的处理, 并研究了忙期、忙期中服务顾客数及闲期的联合分布. 再在美国贝尔实验室 Ramaswami 和 Sengupta 的工作基础上, 对一个具有无穷子分块的GI/M/1型排队，证明了二维离散马氏链和二维马氏过程的平稳分布分别为算子几何分布和算子指数分布. 可以说这是矩阵解析方法的一个简要介绍和推广. 然后对无穷服务台排队，结合有效的概率技巧给出了完整的解答.

第五章流体模型将出现带漂移系数的向量马氏过程. 我们用密度演化方法重新研究了旅居海外华裔学者 Chen 和 Yao 研究过的一个交替环境流体模型，特别是讨论了非指数情形. 然后介绍美国贝尔实验室 Mitra 关于特殊马氏环境流体模型的有效算法. 这里为了避免复杂的边界条件采用了分布演化方法.

第六章其它排队模型包括从实际工程背景引进的休假排队、可修排队和再入排队. 这些复杂模型使用别的方法很难奏效，同时针对 VMP 方法在求解有困难时，我们还采用了简化的办法使问题最终得以解决.

因篇幅所限，本书只能介绍一些有代表性的模型和技巧. 希望读者能从中领悟如何构造向量马氏过程，如何求解微分方程组，以及如何运用转移频度公式、吸收分布公式、更新分布公式和进入概率公式，并将其发扬光大. 特别是将密度演化方法与概率方法相结合使它们相互补充，相互促进.

本书包含了作者及其合作者近 20 年的某些工作. 合作者有：香港科技大学刘黎明博士；原上海科技大学毕业的郭进利博士；以及美国 AT&T 贝尔实验室刘 丹博士；中科院应用数学所李 伟博士和刘 斌博士.

感谢中国国家自然科学基金会对“可修排队理论”课题的支持. 感谢香港科技大学工业工程与工程管理系邀请我客座访问期间所提供的良好条件和支持；感谢我工作过的单位所给予的理解和支持. 对本书引用其工作的国内外教授和专家，在此深表谢意. 衷心感谢陈希孺院士和邓永录教授仔细审阅了本书，他们提出了许多宝贵的改进意见. 最后还要感谢科学出版社刘嘉善先生为出版本书所作的努力.

本书的出版得到了上海市学位委员会给予的“上海市研究生

教育专项经费资助”和上海市教委设立的“上海市重点学科建设基金资助”. 同时, 上海大学研究生部也给予了部分经费资助. 没有他们的大力提倡和鼎力相助本书是不可能完成和出版的, 在此谨向他们表示由衷的谢意.

为了简便, 定义、定理、公式和图表均按小节编号. 书中错误之处敬请读者批评指正, 我们将衷心感谢诸君的帮助.

史定华 1999 年 3 月于
上海大学(嘉定)数学系

目　　录

第一章　转移频度公式

在大量的随机模型中往往都涉及多个随机变量的相互作用. 它们按某种规则在不同的日历时间开始启动，从而形成一个具有离散或连续参数的离散状态随机过程 $S(t)$，一般状态空间可编号成 $E=\{0,1,2,\cdots\}$. 例如，可靠性模型中的部件状态过程，排队模型中的队长过程，库存模型中的库存容量过程，流体模型中的环境状态过程等等. 除非涉及的随机变量都服从指数分布，$S(t)$才是马氏(Markov)链，一般来说，$S(t)$是非马氏过程.

为了能利用 Kolmogorov[8]开创的解析方法去研究这类非马氏过程，Cox[10]曾引入补充变量使其马氏化，再求解状态概率密度函数满足的偏微积分方程组. 然而 Erlang[11]的阶段化思想似乎应看成是最早引入(离散)补充变量的文章，据说 Kosten[12]也先于 Cox 使用过补充变量技巧. 不过要将 Kolmogorov 开创的解析方法和补充变量技巧程式化，根据我们的经验必须引进向量马氏过程(VMP)并研究其离散状态转移计数过程. 不仅状态转移计数过程在某些情况下比马氏更新过程更一般，而且对不同的问题,构造向量马氏过程和求解状态概率微分方程组都有一定的技巧性，所以我们不妨把这套程式化的方法简称为 VMP 方法. 它是 Kolmogorov 解析方法与补充变量技巧的发展和完善.

本章§1.1 在列举马氏链的有关知识基础上简要介绍了向量马氏过程的基本概念. §1.2 则是论述作者提出并研究的向量马氏过程中离散状态转移计数过程，目的是证明一个在随机模型中有重要应用的转移频度公式及其推论：吸收分布公式，更新分布公式和进入概率公式.

§ 1.1　向量马氏过程

关于马氏过程方面的内容我们推荐读者去查阅 Ross[16]，何声武[5]和钱敏平，龚光鲁[6]等人的著作. 下面简要介绍一下马氏链的有关基础知识.

1.1.1　离散马氏链

定义 1　令 $N=\{0,1,2,\cdots\}$，设随机变量序列 $\{X_n, n\in N\}$ 取值于状态空间 $E=N$；若对任意的 $n\in N$，$j\in E$，有

$$P\{X_{n+1}=j|X_0,\cdots,X_n\}=P\{X_{n+1}=j|X_n\},$$

则它称为状态空间 E 上的离散(时间)马氏链.

定义 2　若离散马氏链定义中的转移概率

$$p_{ij}=P\{X_{n+1}=j|X_n=i\} \tag{1}$$

与 n 无关，则称为齐次离散马氏链，简称离散马氏链. 进一步，可定义 n 步转移概率

$$p_{ij}^{(n)}=P\{X_n=j|X_0=i\}. \tag{2}$$

而 $P^{(n)}=[p_{ij}^{(n)}]$ 称为 n 步转移概率矩阵.

n 步转移概率矩阵有性质：(a)非负矩阵，即 $p_{ij}^{(n)}\geq 0$；(b)行和为 1，即 $\sum_{j=0}^{\infty}p_{ij}^{(n)}=1$；(c)满足 C-K 方程 $p_{ij}^{(m+n)}=\sum_{k=0}^{\infty}p_{ik}^{(m)}p_{kj}^{(n)}$，即 $P^{(n)}=P^n$.

定义 3　令 $p_j(n)=P\{X_n=j\}$. 它称为离散马氏链的一维分布，$p_j(0)$ 称为初始分布. 若 $\lim_{n\to\infty}p_j(n)$ 存在，称为极限状态概率. 又如果方程组 $\pi P=\pi$，$\pi e=1$，$\pi>0$ 存在唯一解，其中 e 是元素全为 1 的列向量，则它称为平稳分布.

定理 1　离散马氏链由初始分布和转移概率矩阵唯一确定.

定义 4 $f_{ij}^{(n)} = P\{X_n = j, X_k \neq j, k = 1, \cdots, n-1 | X_0 = i\}$ 称为从状态 i 第 n 步首达状态 j 的概率，$f_{ij} = \sum_{n=1}^{\infty} f_{ij}^{(n)}$ 称为首达概率；而 f_{ii} 称为返回状态 i 的概率，$\mu_i^{-1} = \sum_{n=1}^{\infty} n f_{ii}^{(n)}$ 称为平均返回的步数.

定理 2 对离散马氏链成立下述重要关系：

$$0 \leq f_{ij}^{(n)} \leq p_{ij}^{(n)} \leq f_{ij} \leq 1; \tag{3}$$

$$p_{ij}^{(n)} = \sum_{r=1}^{n} f_{ij}^{(r)} p_{jj}^{(n-r)}. \tag{4}$$

利用返回概率和转移概率对离散马氏链中状态 i 的分类表和判别准则如下：

i

- $f_{ii} < 1$ 非常返 $\left(\sum_{n=0}^{\infty} p_{ii}^{(n)} < \infty\right)$
  - $f_{ii} = 0$ 不可回 $\left(\forall n, p_{ii}^{(n)} = 0\right)$
  - $f_{ii} > 0$ 可回 $\left(\exists N, p_{ii}^{(N)} > 0\right)$
- $f_{ii} = 1$ 常返 $\left(\sum_{n=0}^{\infty} p_{ii}^{(n)} = \infty\right)$
  - $\mu_i = 0$ 零常返 $\left(\lim_{n\to\infty} p_{ii}^{(n)} = 0\right)$
  - $\mu_i > 0$ 正常返 $\left(\overline{\lim_{n\to\infty}} p_{ii}^{(n)} > 0\right)$

定义 5 对离散马氏链中的状态 i，若 $p_{ii} = 1$，则 i 称为吸收状态. 如果正整数子集 $\{n | p_{ii}^{(n)} > 0\}$ 非空，最大公因子 d 称为它的周期. 若 $d > 1$，则 i 称为周期状态；否则，即 $d = 1$，i 称为非周期状态.

定理 3 对离散马氏链，n 步转移概率的极限性态如下：

(a) 若 j 是非常返或零常返状态，则 $\lim_{n\to\infty} p_{ij}^{(n)} = 0$；

(b) 若 j 是正常返状态，d 为周期，则

$$\lim_{n\to\infty} p_{ij}^{(nd+r)} = d\mu_j \sum_{m=0}^{\infty} f_{ij}^{(md+r)}, \quad r = 0, 1, \cdots, d-1;$$

(c) $\lim\limits_{n\to\infty}\frac{1}{n}\sum\limits_{k=1}^{n}p_{ij}^{(k)}=\mu_j f_{ij}$.

定义 6 如果存在$n\geq 1$，使$p_{ij}^{(n)}>0$，则称从状态 i 可到达状态j，记为$i\to j$；若$i\to j$，且$j\to i$，则称状态i与状态j相通，记为$i\leftrightarrow j$.

定理 4 相通关系是状态空间 E 上的等价关系；相通的状态类型相同，即若$i\leftrightarrow j$，则状态 i 与状态 j 同常返或非常返，同零常返或正常返，同周期或非周期.

定义 7 离散马氏链的一个状态集合 A 称为闭集，如果对每个$i\in A$，有$\sum\limits_{j\in A}p_{ij}=1$. 闭集 A 称为极小闭集，若 A 的任意真子集都不是闭集. 显然，整个状态空间 E 是闭集，如果它又是极小闭集，则离散马氏链称为不可约马氏链.

定理 5 不可约马氏链的所有状态都是相通的，因此具有相同的类型.

定理 6 不可约正常返非周期离散马氏链称为遍历链，对遍历链平稳分布存在并等于极限(状态概率存在并形成)分布.

定理 7 不可约非周期马氏链的 Forster 准则(见 Cohen[9])：

(a) 正常返充要准则：左方程组 $xP=x$ 存在唯一正收敛解；

(b) 非常返充要准则：右方程组 $Py=y$ $(i,j\neq 0)$ 存在有界非常数解；

(c) 常返充分性准则：右不等式组 $Py\leq y(i\neq 0)$ 存在无界解，即当 $j\to\infty$ 时，$y_j\to\infty$ 的解.

1.1.2 连续马氏链

定义 1 设 $X(t)$是一随机过程，参数空间$T=[0,\infty)$，状态空间$E=\{0,1,2,\cdots\}$. 若对 T 中的 $t_1<t_2<\cdots<t_k<t_{k+1}$，$k\geq 1$为任意整数，以及$j\in E$，有

$$P\{X(t_{k+1})=j|X(t_1),\cdots,X(t_k)\}=P\{X(t_{k+1})=j|X(t_k)\},$$
则它称为状态空间 E 上的连续(时间)马氏链.

定义 2 若连续马氏链定义中的转移概率函数

$$p_{ij}(t)=P\{X(t+s)=j|X(s)=i\} \tag{1}$$

与 s 无关，则称为齐次连续马氏链，简称连续马氏链. 而 $P(t)=[p_{ij}(t)]$称为转移概率函数矩阵. 若对所有的$i,j\in E$，存在 $t>0$，使得 $p_{ij}(t)>0$，则称为不可约连续马氏链.

同样，对于转移概率函数矩阵也有性质：(a)非负矩阵，即 $p_{ij}(t)\geq 0$；(b)行和为 1，即 $\sum\limits_{j=0}^{\infty}p_{ij}(t)=1$；(c)满足 C-K 方程 $p_{ij}(t+s)=\sum\limits_{k=0}^{\infty}p_{ik}(t)p_{kj}(s)$，即 $P(t+s)=P(t)P(s)$.

定义 3 $p_j(t)=P\{X(t)=j\}$称为连续马氏链的一维分布，$p_j(0)$称为初始分布，若 $\lim\limits_{t\to\infty}p_j(t)$ 存在称为极限状态概率(它不一定构成分布).

定理 1 连续马氏链由初始分布和转移概率函数矩阵唯一确定.

定义4 任取$h>0$，令 $X_n=X(nh),n\in N$，得一离散马氏链，称为连续马氏链的骨架链，其 n 步转移概率 $p_{ij}^{(n)}=p_{ij}(nh)$.

定理 2 若连续马氏链不可约，则它的骨架链不可约非周期且两者状态类型相同；进一步有：

(a) 极限$\lim\limits_{t\to\infty}p_{ij}(t)=\pi_{ij}$存在,

(b) 状态 i 正常返的充要条件是$\pi_{ii}>0$,

(c) 状态 i 常返的充要条件是$\int_0^{\infty}p_{ii}(t)dt=\infty$.

为深入研究连续马氏链，对转移概率函数需引进某些假设.

A 1 连续性假设： $\lim\limits_{t\to 0}p_{ij}(t)=\delta_{ij}$

定理3　满足A 1的连续马氏链称为标准链. 对标准链, 下列极限存在.

$$\lim_{t\to 0}\frac{p_{ii}(t)-1}{t}=q_{ii}, \quad 0\le q_i \equiv -q_{ii}\le\infty,$$

$$\lim_{t\to 0}\frac{p_{ij}(t)}{t}=q_{ij}<\infty. \tag{2}$$

A 2保守性假设:　$\forall i, \ q_i=\sum_{j\ne i}q_{ij}$

定义5　矩阵$Q=[q_{ij}]$称为连续马氏链的生成元矩阵或Q矩阵. 若方程组$\pi Q=0$, $\pi e=1$, $\pi>0$存在唯一解, 则称为它的平稳分布.

定义6　令$T_1=\inf\{t|X(t)\ne X(0)\}$, 假定$\inf\{\varnothing\}=\infty$, 它是连续马氏链状态发生第一次跳跃的时刻. 记$T_0=0$, 则$\{T_n, \ n\in N\}$为连续马氏链依次发生跳跃的时刻序列.

定义7　因$P\{T_1>t|X(0)=i\}=e^{-q_i t}$, 所以可按$q_i$的取值将状态$i$分为: (a)瞬时状态$q_i=\infty$; (b)吸收状态$q_i=0$; (c)稳定状态$0<q_i<\infty$.

A 3稳定性假设:　$\forall i, \ q_i<\infty$

定理 4[6]　对轨道右连续(并满足保守性与稳定性假设)的标准链成立

$$P\{T_1\le t, X(T_1)=j|X(0)=i\}=\frac{q_{ij}}{q_i}(1-e^{-q_i t}). \tag{3}$$

定义8　满足A 1~A 3的连续马氏链称为稳定链. 对稳定链, 设$\{T_n, \ n\in N\}$为它依次发生跳跃的时刻序列. 令$X_n=X(T_n)$, 它是一个离散马氏链, 称为连续马氏链的跳跃链, 其转移概率当$q_i=0$时, $r_{ij}=\delta_{ij}$; 当$q_i\ne 0$时, $r_{ij}=(1-\delta_{ij})q_{ij}/q_i$.

定理 5　轨道右连续稳定马氏链是强马氏链[6]且不可约稳定链常返的充要条件是其跳跃链常返.

A 4规则性假设: $T_n\to\infty$, $w.p.1$(以概率1成立)

A 5 有界性假设: $c = \sup_i q_i < \infty$

定义 9 满足 A 1～A 4 的连续马氏链称为规则链; 满足 A 5 的连续马氏链称为有界链. 对有界链, 以 $P = I + c^{-1}Q$ 为转移概率矩阵的离散马氏链称为它的一致链.

定理 6 有界马氏链是规则链; 不可约稳定链若其跳跃链常返, 则它是规则链. 不可约规则链存在平稳分布.

定理 7 规则链的转移概率函数满足下述 Kolmogorov 向前和向后方程组, 且是方程组的唯一解.

(a) 微分形式

$$p'_{ij}(t) = \sum_{k \in E} p_{ik}(t) q_{kj}, \quad p'_{ij}(t) = \sum_{k \in E} q_{ik} p_{kj}(t); \tag{4}$$

(b) 积分形式

$$p_{ij}(t) = \delta_{ij} e^{-q_j t} + \sum_{k \neq j} \int_0^t p_{ik}(s) q_{kj} e^{-q_j (t-s)} ds,$$

$$p_{ij}(t) = \delta_{ij} e^{-q_i t} + \sum_{k \neq i} \int_0^t e^{-q_i (t-s)} q_{ik} p_{kj}(s) ds; \tag{5}$$

(c) 代数形式(*号表示相应函数的 L 变换)

$$p_{ij}{}^*(s) = \frac{\delta_{ij}}{s + q_j} + \sum_{k \neq j} p_{ik}{}^*(s) \frac{q_{ij}}{s + q_j},$$

$$p_{ij}{}^*(s) = \frac{\delta_{ij}}{s + q_i} + \sum_{k \neq i} \frac{q_{ik}}{s + q_i} p_{kj}{}^*(s). \tag{6}$$

1.1.3 向量马氏过程

假定我们讨论的随机过程其参数空间都取为 $[0,\infty)$, 先给出某些定义和记号.

定义 1 向量随机过程 $\{S(t), X(t)\}$ 称为混合型向量随机过程, 如果它的状态空间为 $E \times R^n$, 其中 $E=\{0,1,2,\cdots\}$, R^n 是 n 维欧氏

空间或它的子集.

定义 2 混合型向量随机过程$\{S(t), X(t)\}$称为混合型向量马氏过程，如果对任意的$t > \tau \geq 0$，$\forall i, j \in E$ 和 R^n 中的任意子集 A 有

$$P\{S(t) = j,\ X(t) \in A | S(u),\ X(u),\ 0 \leq u \leq \tau\}$$
$$= P\{S(t) = j,\ X(t) \in A | S(\tau),\ X(\tau)\}. \tag{1}$$

定义 3 混合型向量马氏过程称为时齐的，如果对任意的$t > \tau \geq 0$，$\forall i, j \in E$ 和 R^n 中的任意子集 A 有

$$P\{S(t+\tau) = j,\ X(t+\tau) \in A | S(\tau) = i,\ X(\tau) = x\}$$
$$= P\{S(t) = j,\ X(t) \in A | S(0) = i,\ X(0) = x\}. \tag{2}$$

记

$$p_{ij}(t, x, A) = P\{S(t) = j,\ X(t) \in A | S(0) = i,\ X(0) = x\},$$

它称为转移概率函数. 仿照连续时间马氏链和过程，我们对此转移概率函数引进如下的两类假设.

对转移概率函数矩阵 $P(t, x, A)$，关于离散状态可作如下假设:

假设 1(连续性假设) 存在矩阵 $Q(x)=[q_{ij}(x)]$ 使得

$$\lim_{t \to 0} \frac{1}{t}[P(t, x, R^n) - I] = Q(x) \tag{3}$$

成立，$Q(x)$ 称为生成元矩阵.

假设 2(保守性假设) 若 $Q(x)$，$\forall i \in E$ 有

$$q_i(x) = -q_{ii}(x) = \sum_{j \neq i} q_{ij}(x), \tag{4}$$

则称 $Q(x)$ 为保守的.

假设 3(稳定性假设) 若 $Q(x)$ 对给定的$x \in R^n$，$\forall i \in E$ 有 $q_i(x) < \infty$，则称 $Q(x)$ 为稳定的.

假设 4(规则性假设) 在任意有限时间区间内 $S(t)$ 以概率 1 只发生有限次状态转移.

对转移概率函数矩阵 $P(t, x, A)$，关于连续状态可作如下假设:

假设 5(慢变化假设) 对$\delta > 0$，使得

$$\lim_{t\to 0}\frac{1}{t}P\{t,x,\{y|\ \|y-x\|>\delta\}\}=0. \tag{5}$$

假设 6(漂移性假设)　对 $\delta>0$，存在矩阵 $A(x)=[a_{ij}(x)]$ 使得

$$\lim_{t\to 0}\frac{1}{t}\int_{\{y:\|y-x\|\le\delta\}}(y-x)P\{t,x,dy\}=A(x). \tag{6}$$

假设 7(扩散性假设)　对 $\delta>0$，存在矩阵 $B(x)=[b_{ij}(x)]$ 使得

$$\lim_{t\to 0}\frac{1}{t}\int_{\{y:\|y-x\|\le\delta\}}(y-x)^2P\{t,x,dy\}=B(x). \tag{7}$$

令 ξ 是一非负随机变量(或称寿命)，$\xi_t=\xi-t$ 称为其剩余寿命. 假定描述随机模型的随机过程 $S(t)$ 只依赖有限个相互独立的寿命，其中非指数寿命都是连续型的. 过程的每个离散状态变动都与某个寿命终止相联系，即在某一状态的逗留时间将由其最小(剩余)寿命决定，且终止的寿命按某种规则再次出现时仍服从同一分布. 仿照 Cox[10]引进补充变量的方法，令 t 时刻这些非指数随机变量的年龄分别为 $X_1(t),\cdots,X_n(t)$，则

$$\{S(t),X_1(t),\cdots,X_n(t)\}$$

形成一个混合型向量随机过程，状态空间为 $E\times R_+^n$.

定义 4　设 ξ 的密度函数，分布函数和补分布函数分别为 $f(t)$，$F(t)$，$\overline{F}(t)$，则

$$r(t)=\lim_{\Delta t\to 0}\frac{1}{\Delta t}P\{\xi\le t+\Delta t|\xi>t\}=\frac{f(t)}{\overline{F}(t)} \tag{8}$$

称为 ξ 的风险率函数.

定理 1　对离散状态随机过程 $S(t)$，若都按年龄引进补充变量，则所得混合型向量随机过程 $\{S(t),X_1(t),\cdots,X_n(t)\}$ 是齐次稳定的混合型向量马氏过程.

证　不失一般性，假设只有一个补充变量，我们首先说明 $\{S(t),X(t)\}$ 是齐次向量马氏过程. 因为唯一的非指数随机变量 ξ，其年龄(即历史)已被 $X(t)$ 所记录，所以 $\{S(t),X(t)\}$ 是向量马氏过

程. 取 A 为$(0, y]$, 现在考虑过程$\{S(t), X(t)\}$不转出状态 i 的概率.假设在状态 i, 除随机变量 ξ 外还有参数为 λ 和 μ 的指数随机变量, 于是

$$P\{S(t+\tau)=i,\ X(t+\tau)\le y | S(\tau)=i,\ X(\tau)=x\}$$

$$=e^{-(\lambda+\mu)t}\frac{\overline{F}(x+t)}{\overline{F}(x)}D(y-x-t), \text{其中 } D(x)=\begin{cases}1, & x\ge 0\\ 0, & x<0\end{cases},$$

与 τ 无关. 其次, 我们很容易求出它的生成元矩阵. 因为状态改变与寿命终止相联系, 假如过程由于 ξ 寿命终止从状态 i 跳到状态 j, 则有

$$q_{ii}(x)=\lim_{t\to 0}\frac{1}{t}[P\{S(t)=i,\ X(t)\le\infty | S(0)=i,\ X(0)=x\}-1]$$

$$=\lim_{t\to 0}\frac{1}{t}[e^{-(\lambda+\mu)t}\frac{\overline{F}(x+t)}{\overline{F}(x)}-1]=-[\lambda+\mu+r(x)];$$

$$q_{ij}(x)=\lim_{t\to 0}\frac{1}{t}P\{S(t)=j,\ X(t)\le\infty | S(0)=i,\ X(0)=x\}$$

$$=\lim_{t\to 0}\frac{1}{t}[1-\frac{\overline{F}(x+t)}{\overline{F}(x)}]e^{-(\lambda+\mu)t}=r(x);$$

$q_{ik}(x)=\lambda$;　　$q_{il}(x)=\mu$.

显然这样的生成元矩阵是保守的, 且在风险率函数存在条件下是稳定的.

对于多个相互独立非指数随机变量的情形, 由于连续型随机变量不会在同一时刻有两个以上同时发生, 因此 $q_{ij}(x_1,\cdots,x_n)$ 都是某些风险率函数的和.

以后不管用何种方式引进补充变量, 所得向量马氏过程都简记为 VMP, 且总可以假定它是不可约的 VMP. 关于不可约、正常返等概念的定义类似于马氏链. 若不可约 VMP 中有嵌入更新过程, 则不可约 VMP 正常返当且仅当嵌入更新过程正常返.

关于更新过程可简述如下:

定义 5 设非负随机变量序列$\{X_n, n=1,2,\cdots\}$独立同分布，分布函数 $F(x)$有 $F(0)<1$. 令$S_0=0, S_n=X_1+\cdots+X_n$，则

$$N(t)=\sup_n\{n|S_n\le t\} \tag{9}$$

称为相应于 $F(x)$的更新过程. $F(x)$称为更新分布，S_n称为第 n 次更新时点.

定义6 若$F(\infty)=1$, $N(t)$称为常返更新过程；否则称为终止(非常返)更新过程. 对常返更新过程，若$E[X]=\infty$，称为零常返更新过程；否则称为正常返更新过程.

由更新过程的定义，对固定的 t, $N(t)$ 以概率 1 有限且更新过程的各阶矩存在.

定义 7 更新过程的数学期望$M(t)=E[N(t)]$称为更新函数；它的导函数 $m(t)$，如果存在的话，称为更新频度.

显然，终止(非常返)更新过程的更新函数是有界函数.

定理 2 更新函数与更新分布通过下述式子相互唯一确定(冠以~号小写表示相应函数的 LS 变换)

$$M(t)=\sum_{n=1}^{\infty}F^{(n)}(t),\qquad \tilde{f}(s)=\frac{\tilde{m}(s)}{1+\tilde{m}(s)}. \tag{10}$$

定义8 设 $N(t)$ 是一个更新过程，令$A(t)=t-S_{N(t)}$, $A(t)$称为它的年龄过程；令$R(t)=S_{N(t)+1}-t$, $R(t)$称为它的(剩)余寿(命)过程.

定理 3 若$E[X]=\mu_1$有限，则

$$\lim_{t\to\infty}P\{A(t)\le x\}=\lim_{t\to\infty}P\{R(t)\le x\}=\frac{1}{\mu_1}\int_0^x\overline{F}(u)du. \tag{11}$$

注 1 本定理是对具有有限均值的分布 $F(t)$引入平衡剩余寿命分布 $F_e(t)$的依据.

定义 9 设非负随机变量序列$\{X_n, n=1,2,\cdots\}$独立同分布，分布函数 $F(t)$；非负随机变量序列$\{Y_n, n=1,2,\cdots\}$也独立同分布，分布函数 $G(t)$，则由序列$\{Z_n=X_n+Y_n, n=1,2,\cdots\}$形成的更新

过程 $N(t)$称为交替更新过程.

§ 1.2 状态转移计数过程

关于计数过程，它有较长的研究历史，如著名的 Poisson 过程和一般的更新过程在随机模型中有着广泛的应用. 60 年代 Pyke [13]等人引进的马氏更新过程更是强有力的工具. 70 年代中期, Neuts 在引入位相型分布[13]的基础上研究了马氏到达过程[14]，它是一类重要的可计算的马氏更新过程，对随机模型分析有着重大的影响. 利用 VMP 方法在评价随机模型的性能指标时，我们发现 $S(t)$在$(0, t]$中的状态转移(随机系统本身的)计数过程 $N(t)$，尤其是从状态集 A 转入状态集 B 的 $N_{AB}(t)$ 特别有用. 显然过程 $N_{AB}(t)$ 依赖于 $S(t)$的结构，容易证明当 $S(t)$是有限状态马氏链时，$N_{AB}(t)$ 是一个特殊的马氏到达过程. 当 $S(t)$是可数状态马氏链时，它仍然是一个马氏更新过程(当看作计数过程时). 然而对一般的 $S(t)$,它是比马氏更新过程更广的一类计数过程. 因此如何研究 $N_{AB}(t)$,特别是如何求它的转移频度 $m_{AB}(t)=\frac{d}{dt}E[N_{AB}(t)]$，是 VMP 方法的关键问题.

本节分别对 $S(t)$ 是离散马氏链，有界马氏链，规则马氏链，有限状态向量马氏过程，可数状态向量马氏过程来讨论 $N_{AB}(t)$的状态转移频度公式及其初步的应用. 中心问题是证明作者 80 年代初[2]发现的一般转移频度公式

$$m_{AB}(t)=\sum_{i\in A,j\in B}\int_0^{\infty}\cdots\int_0^{\infty}P_i(t,x_1,\cdots,x_n)q_{ij}(x_1,\cdots,x_n)dx_1\cdots dx_n ,$$

其中 $P_j(t,x_1,\cdots,x_n)$ 是 VMP $\{S(t),X_1(t), \cdots,X_n(t)\}$在时刻 t 所处状态的概率密度，$q_{ij}(x_1,\cdots,x_n)$ 是它的无穷小转移函数，A, B 是状态空间 E 的不相交子集；以及由这一公式推导出吸收分布公式，更新分布公式和进入概率公式.

1.2.1 离散马氏链情形

本小节讨论离散时间马氏链的状态转移计数过程，由于这种情况的转移频度公式，吸收分布公式，更新分布公式，进入概率公式都直接可得，我们着重说明其概率意义而不给形式证明.

令 $S(n)=\{S_n, n=0,1,2,\cdots\}$ 是离散时间齐次马氏链，状态空间 $E=\{0,1,2,\cdots\}$，该链的转移概率矩阵 $P=[p_{ij}]$ 是一个随机矩阵. 考虑下述与该链相伴的两个计数过程:

(1) 计数过程 $N_M(n)$表示链 $S(n)$在前 n 步中状态转移次数;

(2) 计数过程 $N_{AB}(n)$表示链 $S(n)$在前 n 步中从状态集 A 转入状态集 B 的次数，其中 A, B 是 E 的不相交子集.

显然上述两个计数过程都依赖于链 $S(n)$ 的初始状态. 记 $P_i(0)=P\{S_0=i\}=\alpha_i$ 为链的初始状态概率分布(预先假定)，$P_i(n)=P\{S_n=i\}$ 为第 n 步状态概率. 由马氏链理论知，$P_i(n)$可由初始概率向量和转移概率矩阵唯一确定.

定义 1 $m(n+1)=E[N(n+1)-N(n)]$ 称为 $N(n)$ 的转移频度. 约定 $m(0)=0$.

根据定义 1，$m_M(n+1)$ 是链 $S(n)$第 $n+1$ 步的平均状态转移次数. 链在第 $n+1$ 步它可能发生 1 次状态转移或不发生状态转移. 易知链发生 1 次状态转移的概率为 $\sum\limits_{i\in E} P_i(n)(1-p_{ii})$，于是有

定理 1(转移频度公式) 对离散马氏链,

$$m_M(n+1)=\sum_{i\in E} P_i(n)(1-p_{ii}), \tag{1}$$

$$m_{AB}(n+1)=\sum_{i\in A,\, j\in B} P_i(n)p_{ij}. \tag{2}$$

如果 $\lim\limits_{n\to\infty} p_i(n)=p_i>0$，并且 $A\cup B=E$，则

$$m_M=\sum_{i\in E} P_i(1-p_{ii}), \tag{3}$$

$$m_{AB} = \sum_{i\in A, j\in B} P_i p_{ij} = \sum_{j\in B, i\in A} P_j p_{ji} = m_{BA} . \tag{4}$$

(4)式是基于分析中的一个著名结果：如果 $\lim_{n\to\infty} a_n = a$，则 $\lim_{n\to\infty}\left(\sum_{i=1}^{n} a_i \big/ n\right) = a$，以及 $N_{AB}(n)$和 $N_{BA}(n)$相差不超过 1.

定义 2 假定离散马氏链 $S(n)$ 是不可约非周期链. 若把状态集 B 看成吸收状态，得一吸收马氏链 $\hat{S}(n)$ (约定：$\hat{S}(n)$ 中相应的符号均冠以^)，则从初始状态出发，链 $\hat{S}(n)$ 最终被 B 吸收的步数分布称为离散无限位相型(IPH)分布，记为 $\{h_n\}$.

h_n 是第 n 步转移后链 $\hat{S}(n)$ 被吸收的概率，$\overline{H}_n = \sum_{k=n+1}^{\infty} h_k$ 是在前 n 步转移中链不被吸收的概率，因此我们有

定理 2(吸收分布公式) 对吸收马氏链 $\hat{S}(n)$，

$$h_0 = \sum_{j\in B} \hat{P}_j(0), \qquad h_{n+1} = \sum_{i\in N, j\in B} \hat{P}_i(n)\hat{p}_{ij} , \tag{5}$$

其中 $\hat{p}_{ij} = p_{ij}$， $N = E \setminus B$；

$$\overline{H}_n = \sum_{i\in N} \hat{P}_i(n) . \tag{6}$$

定义 3 设$\{X_n, n=1,2,\cdots\}$是独立地服从相同离散分布$\{f_n, n=1,2,\cdots\}$的随机变量序列，则 $N(k) = \sup\{n | X_1 + \cdots + X_n \le k\}$ 称为离散更新过程. 注意 $N(0)=0$.

根据马氏链理论[7]，可得马氏链 $S(n)$ 访问状态 j 的更新频度序列 $\{u_n\}$；再利用更新技巧可导出它和更新间隔序列 $\{f_n\}$ 的关系如下：

$$u_0 = 1,\ u_n = p_{jj}^{(n)};\ u_n = \sum_{k=1}^{n} f_k u_{n-k},\ \sum_{n=1}^{\infty} f_n \le 1. \tag{7}$$

对 $|z| \le 1$，令 $u(z) = \sum_{n=0}^{\infty} u_n z^n$，$f(z) = \sum_{n=1}^{\infty} f_n z^n$ 可得 $f(z) = [u(z)-1]/u(z)$. 另一方面，根据转移频度的定义，显然 $m_{Aj}(n+1)$是第 $n+1$ 步访问 j 的频度. 若从 j 出发经过 A 访问 j 形成

更新过程，则有 $u_{n+1}=m_{Aj}(n+1), m_{Aj}(z)=u(z)^{-1}$. 于是我们得到

定理 3(更新分布公式) 若离散马氏链 $S(n)$ 经状态集 A 相继访问状态 j 形成(延迟)离散更新过程，则(延迟)更新频度序列

$$m_{Aj}(n+1)=\sum_{i\in A}P_i(n)p_{ij}. \tag{8}$$

更新间隔序列的(概率)母函数为

$$f(z)=\frac{m_{Aj}(z)-g(z)}{m_{Aj}(z)} \quad (\text{延迟更新过程}), \tag{9}$$

其中 $g(z)$ 为从状态集 A 进入状态 j 的吸收步数分布的(概率)母函数；或者

$$f(z)=\frac{m_{Aj}(z)}{1+m_{Aj}(z)} \quad (\text{更新过程}). \tag{10}$$

利用条件概率公式，下面的定理 4 是显然的.

定理 4(进入概率公式) 已知离散马氏链 $S(n)$ 从状态集 A 转入状态集 B，若把 B 看成吸收状态，则 A 转入状态 j 的概率

$$P_{A\to j\in B}=\lim_{n\to\infty}\Big[\sum_{i\in A}\hat{P}_i(n)\hat{p}_{ij}\Big/\sum_{i\in A,j\in B}\hat{P}_i(n)\hat{p}_{ij}\Big]. \tag{11}$$

当 $\lim_{n\to\infty}P_i(n)=P_i>0$，这时 B 可不作为吸收状态，则

$$P_{A\to j\in B}=\sum_{i\in A}P_i p_{ij}\Big/\sum_{i\in A,j\in B}P_i p_{ij}. \tag{12}$$

1.2.2 有界马氏链情形

本小节对生存元矩阵一致有界的连续马氏链，简称有界马氏链，讨论状态转移计数过程. 利用随机比较方法，我们(见[17,4])证明了状态转移频度公式；基于转移频度公式得到了吸收分布公式，更新分布公式和进入概率公式. 下面只对齐次马氏链给出证明，非齐次链的证明类似.

令 $S(t)$ 是连续齐次马氏链，状态空间 $E=\{0,1,\cdots\}$. 假定该链

的生存元矩阵 $Q=[q_{ij}]$满足 $c=\sup_i|q_{ii}|<\infty$. 考虑下述与该链相伴的两个计数过程.

(1) 计数过程 $N_M(t)$ 表示链 $S(t)$ 在 $(0, t]$期间的状态转移次数;

(2) 计数过程 $N_{AB}(t)$ 表示链 $S(t)$ 在 $(0, t]$期间从状态集 A 转入状态集 B 的次数, 其中 A, B 是 E 的不相交子集.

显然这两个计数过程都将依赖于链 $S(t)$的初始状态. 记

$P_i(0)=P\{S(0)=i\}=\alpha_i$, $P_i(t)=P\{S(t)=i\}$,

$p_{ij}(t)=P\{S(t)=j|S(0)=i\}$.

我们有 $P_j(t)=\sum_{i\in E}P_i(0)p_{ij}(t)$, 其中转移概率函数 $p_{ij}(t)$ 由 Kolmogorov 方程组唯一确定.

定义 1 如果 $E[N(t)]$可微, 则其导函数 $m(t)=\frac{d}{dt}E[N(t)]$称为 $N(t)$的转移频度.

定义 2 如果 $P\{N_2(t)>x\}\geq P\{N_1(t)>x\}$ 对任意的实数 x 和每一个 $t\geq 0$成立, 则称计数过程 $N_2(t)$随机大于 $N_1(t)$, 记为 $N_2(t)\underset{s.t}{\geq}N_1(t)$.

引理 1 对有界马氏链, 令 $N_P(t)$ 表示率为 c 的 Poisson 过程, 我们有

$$N_P(t)\underset{s.t}{\geq}N_M(t)\underset{s.t}{\geq}N_{AB}(t). \tag{1}$$

证 易见, 对 $N_P(t)$ 的点间间距 T 和 $N_M(t)$ 的点间间距(它依赖于状态 i) $L(i)$, 若满足关系 $P\{T\leq x\}\geq P\{L(i)\leq x\}$, 则有 $N_P(t)\underset{s.t}{\geq}N_M(t)$. 链在状态 i 的逗留时间, 即 $L(i)$, 服从参数 $q_i=-q_{ii}$ 的指数分布. 由于对所有的 $i\in E$, 有 $q_i\leq c$, 所以立即得到 $P\{T\leq x\}\geq P\{L(i)\leq x\}$. 而 $N_M(t)\underset{s.t}{\geq}N_{AB}(t)$ 根据定义显然成立.

注 1 由 Poisson 过程的齐次性和指数分布的无记忆性, 可将时间 t 移到 0 得 $N_P(\Delta t)\underset{s.t}{\geq}N_M(t+\Delta t)-N_M(t)$. 由此推出

$E[N_P(\Delta t)] \geq E[N_M(t+\Delta t) - N_M(t)]$. 因 $E[N_P(\Delta t)] = c\Delta t$，于是可证 $E[N_M(t)]$是 t 的连续函数. 再由分析中一个熟知的事实: 连续函数如有连续右导数则连续可导. 以后我们只考虑右导数.

引理 2 对有界马氏链, 约定

$$N_M(t,\ t+\Delta t) = N_M(t+\Delta t) - N_M(t),$$

我们有

$$P\{N_M(t,\ t+\Delta t) \geq k\} \leq \frac{c^k}{k!}(\Delta t)^k,\quad k = 0,1,2,\cdots; \tag{2}$$

$$\sum_{k=2}^{\infty} P\{N_M(t,\ t+\Delta t) \geq k\} = o(\Delta t). \tag{3}$$

证 根据引理 1,

$$P\{N_M(t,\ t+\Delta t) \geq k\} \leq \sum_{n=k}^{\infty} \frac{(c\Delta t)^n}{n!} e^{-c\Delta t}$$

$$= \frac{(c\Delta t)^k}{k!} \sum_{n=0}^{\infty} \frac{k!}{(n+k)!} (c\Delta t)^n e^{-c\Delta t} \leq \frac{c^k}{k!}(\Delta t)^k.$$

再由第一个不等式, 有

$$\sum_{k=2}^{\infty} P\{N_M(t,\ t+\Delta t) \geq k\} \leq \sum_{k=2}^{\infty} \frac{(c\Delta t)^k}{k!} = o(\Delta t).$$

定理 1 对有界马氏链,

$$m_M(t) = \sum_{i \in E} P_i(t) q_i. \tag{4}$$

证 根据引理 2, 注意到 $q_i \leq c$ 有

$$m_M(t) = \lim_{\Delta t \to 0} \frac{E[N_M(t,\ t+\Delta t)]}{\Delta t}$$

$$= \lim_{\Delta t \to 0} \frac{\sum_{n=1}^{\infty} P[N_M(t,\ t+\Delta t) \geq n]}{\Delta t}$$

$$= \lim_{\Delta t \to 0} \frac{P[N_M(t,\ t+\Delta t) \geq 1]}{\Delta t}$$

$$= \lim_{\Delta t \to 0} \sum_{i \in E} P_i(t) \frac{P\{L(i) \le \Delta t\}}{\Delta t}$$

$$= \lim_{\Delta t \to 0} \sum_{i \in E} P_i(t) \frac{1-e^{-q_i \Delta t}}{\Delta t} = \sum_{i \in E} P_i(t) \lim_{\Delta t \to 0}\left(\frac{1-e^{-q_i \Delta t}}{\Delta t}\right)$$

$$= \sum_{i \in E} P_i(t) q_i .$$

推论 1 若有界马氏链 $S(t)$有 $\lim\limits_{t\to\infty} P_i(t) = P_i > 0$，则

$$\lim_{t\to\infty} m_M(t) = m_M = \sum_{i \in E} P_i q_i . \tag{5}$$

定理 2 对有界马氏链,

$$m_{AB}(t) = \sum_{i \in A, j \in B} P_i(t) q_{ij} . \tag{6}$$

证 根据引理 1 和引理 2,

$$m_{AB}(t) = \lim_{\Delta t \to 0} \frac{E[N_{AB}(t,\ t+\Delta t)]}{\Delta t}$$

$$= \lim_{\Delta t \to 0} \frac{P\{N_{AB}(t,\ t+\Delta t) = 1\}}{\Delta t}$$

$$= \lim_{\Delta t \to 0} \Big(\sum_{i \in A} P_i(t) \frac{P\{N_{AB}(t,\ t+\Delta t) = 1 | S(t) = i\}}{\Delta t}$$

$$+ \sum_{i \notin A} P_i(t) \frac{P\{N_{AB}(t,\ t+\Delta t) = 1 | S(t) = i\}}{\Delta t}\Big)$$

$$= \lim_{\Delta t \to 0} \sum_{i \in A, j \in B} P_i(t) \frac{P\{S(t+\Delta t) = j | S(t) = i\}}{\Delta t}$$

$$= \lim_{\Delta t \to 0} \sum_{i \in A, j \in B} P_i(t) \frac{p_{ij}(\Delta t)}{\Delta t} = \sum_{i \in A, j \in B} P_i(t) q_{ij} .$$

推论 2 若对有界马氏链 $S(t)$有 $\lim\limits_{t\to\infty} P_i(t) = P_i > 0$，且又有 $A \cup B = E$，则

$$m_{AB}=\sum_{i\in A,j\in B}P_i q_{ij}=\sum_{j\in B,i\in A}P_j q_{ji}=m_{BA}. \tag{7}$$

证 m_{AB} 和 m_{BA} 的存在性显然，下面证明 $m_{AB}=m_{BA}$. 根据 Tauber 定理[20]，

$$m_{AB}=\lim_{t\to\infty}m_{AB}(t)=\lim_{s\to 0}s\int_0^\infty e^{-st}m_{AB}(t)dt$$

$$=\lim_{s\to 0}s\int_0^\infty e^{-st}dE[N_{AB}(t)]=\lim_{t\to\infty}\frac{E[N_{AB}(t)]}{t}.$$

又因为在任意时刻 t，$N_{AB}(t)$ 和 $N_{BA}(t)$ 最多相差 1 次，所以

$$m_{AB}=\lim_{t\to\infty}\frac{E[N_{AB}(t)]}{t}=\lim_{t\to\infty}\frac{E[N_{BA}(t)]}{t}=m_{BA}.$$

注 2 显然，上述引理和定理的证明对生成元矩阵一致有界的非齐次马氏链也同样成立. 于是我们有下面的定理.

定理 3 若非齐次连续马氏链 $S(t)$ 的生成元矩阵 $Q(t)$ 满足条件 $c=\sup_{i,t}|q_{ii}(t)|<\infty$，则

$$m_{AB}(t)=\sum_{i\in A,j\in B}P_i(t)q_{ij}(t). \tag{8}$$

定义 3 假定有界马氏链 $S(t)$ 是不可约链. 若把 $S(t)$ 中状态集 B 看成吸收状态得一吸收马氏链 $\hat{S}(t)$（约定：$\hat{S}(t)$ 中的符号均冠以^），则从初始状态出发，链 $\hat{S}(t)$ 最终被 B 吸收的时间分布称为无限位相型分布，记为 $H(t)$.

定理 4 对吸收马氏链 $\hat{S}(t)$，令 $N=E\backslash B$，我们有计算无限位相型分布的下述公式，其中 $\hat{q}_{ij}=q_{ij}$.

$$h(t)=H'(t)=m_{NB}(t)=\sum_{i\in N,j\in B}\hat{P}_i(t)\hat{q}_{ij}, \tag{9}$$

$$\overline{H}(t)=1-H(t)=\sum_{i\in N}\hat{P}_i(t). \tag{10}$$

$$H(t)=\sum_{j\in B}\hat{P}_j(t). \tag{11}$$

证 令ξ 为链$\hat{S}(t)$被吸收的时间，根据定义有

$$h(t)=\lim_{\Delta t\to 0}\frac{P\{t<\xi\le t+\Delta t\}}{\Delta t}$$

$$=\lim_{\Delta t\to 0}\sum_{i\in N,j\in B}\frac{P\{\hat{S}(t+\Delta t)=j,\hat{S}(t)=i\}}{\Delta t}$$

$$=\lim_{\Delta t\to 0}\sum_{i\in A,j\in B}P\{\hat{S}(t)=i\}\frac{P\{\hat{S}(t+\Delta t)=j|\hat{S}(t)=i\}}{\Delta t}$$

$$=\lim_{\Delta t\to 0}\sum_{i\in N,j\in B}\hat{P}_i(t)\frac{\hat{p}_{ij}(\Delta t)}{\Delta t}=\sum_{i\in N,j\in B}\hat{P}_i(t)\hat{q}_{ij}.$$

$$\overline{H}(t)=P\{\xi>t\}=\sum_{i\in N}P\{\hat{S}(t)=i\}=\sum_{i\in N}\hat{P}_i(t).$$

$$H(t)=1-\overline{H}(t)=\sum_{j\in B}\hat{P}_j(t).$$

定理 5 若有界马氏链 $S(t)$经状态集 A 相继访问状态 j 形成(延迟)更新过程，则(延迟)更新频度

$$m_{Aj}(t)=\sum_{i\in A}P_i(t)q_{ij}. \tag{12}$$

而更新分布密度函数的 L 变换为

$$f^*(s)=\frac{m_{Aj}^*(s)-g^*(s)}{m_{Aj}^*(s)}\ (\text{延迟更新过程}), \tag{13}$$

其 $G(t)(g(t)=G'(t))$ 为从状态集 A 进入状态 j 的吸收分布；或者

$$f^*(s)=\frac{m_{Aj}^*(s)}{1+m_{Aj}^*(s)}\ (\text{更新过程}). \tag{14}$$

证 因为这时状态转移计数过程 $N_{Aj}(t)$是(延迟)更新过程；故$m_{Aj}(t)=\frac{d}{dt}E[N_{Aj}(t)]$为(延迟)更新频度，(12)式由转移频度公式立得。令相继访问状态 j 的间隔时间分布为 $F(t)$, $F_n(t)$表 $F(t)$的

n 次自卷积. 由更新论知 $E[N_{Aj}(t)]=\sum_{n=1}^{\infty}G*F_{n-1}(t)$. 又由定理4, $G(t)$, $F(t)$, $F_n(t)$的密度函数存在, 级数在有限区间上一致收敛, 故 $E[N_{Aj}(t)]$可微. 逐项微分得

$$m_{Aj}(t)=\sum_{n=1}^{\infty}g*f_{n-1}(t),$$

其中 $f_n(t)$ 表 $F(t)$的密度函数$f(t)$ 的 n 次自卷积. 然后两边取 L 变换有

$$m_{Aj}*(s)=g*(s)\sum_{n=1}^{\infty}[f*(s)]^{n-1}=g*(s)/[1-f*(s)],$$

解出 $f*(s)$ 得(13)式. 当形成更新过程时, $g*(s)=f*(s)$, 代入(13)式得(14)式.

推论 3 若有界马氏链 $S(t)$有 $\lim\limits_{t\to\infty}P_i(t)=P_i>0$, 则更新分布的均值等于稳态更新频度的倒数, 即

$$T=m_{Aj}^{-1}. \tag{15}$$

证 根据定义, 密度 $f(t)$和分布 $F(t)$的 $f*(s)$, $\tilde{f}(s)$, $\bar{F}*(s)$有如下关系.

$$f*(s)=\tilde{f}(s),\quad \tilde{f}(s)+s\bar{F}*(s)=1. \tag{16}$$

(往后我们将不区别 $f*(s)$和$\tilde{f}(s)$)由(16)式和(14)式得

$$T=\bar{F}*(0)=\lim_{s\to0}\frac{1-\tilde{f}(s)}{s}=\lim_{s\to0}\frac{1}{s+sm_{Aj}*(s)}=m_{Aj}^{-1}.$$

定理6 已知有界马氏链 $S(t)$从状态集 A 转入 B, 若把 B 看成吸收状态, 则 A 转入状态 j 的概率

$$P_{A\to j\in B}=\lim_{t\to\infty}\left[\sum_{i\in A}\hat{P}_i(t)\hat{q}_{ij}\Big/\sum_{i\in A,j\in B}\hat{P}_i(t)\hat{q}_{ij}\right]. \tag{17}$$

当 $\lim\limits_{t\to\infty}P_i(t)=P_i>0$, 这时 B 不作为吸收状态, 则

$$P_{A\to j\in B}=\left[\sum_{i\in A}P_iq_{ij}\Big/\sum_{i\in A,j\in B}P_iq_{ij}\right]. \tag{18}$$

证 当把 B 看成吸收状态时，令 T_{AB} 表示从状态集 A 链 $\hat{S}(t)$ 被 B 吸收的时间，T_{Aj} 表示从 A 链被 $j\in B$ 吸收的时间. 显然事件

$$\{t < T_{Aj} \le t+\Delta t\} \subseteq \{t < T_{AB} \le t+\Delta t\}.$$

于是由定理 4,

$$\begin{aligned} P_{A\to j\in B} &= \lim_{t\to\infty}\lim_{\Delta t\to 0} P\{t < T_{Aj} \le t+\Delta t | t < T_{AB} \le t+\Delta t\} \\ &= \lim_{t\to\infty}\lim_{\Delta t\to 0}[P\{t < T_{Aj} \le t+\Delta t\} / P\{t < T_{AB} \le t+\Delta t\}] \\ &= \lim_{t\to\infty}\lim_{\Delta t\to 0}[\hat{m}_{Aj}(t)\Delta t / \hat{m}_{AB}(t)\Delta t], \end{aligned}$$

(17)式证毕. 只要将吸收时间改为首通时间，类似可证(18)式(也见 Ross[16]).

1.2.3 规则马氏链情形

本节讨论规则马氏链的状态转移计数过程. 在一致收敛性假设下，利用差分微分方程组我们[18]再次证明了状态转移频度公式，并进一步证明了该状态转移计数过程是 1-记忆自激点过程.

令 $S(t)$是连续齐次马氏链，状态空间 $E=\{0,1,2,\cdots\}$. 假定该链的生成元矩阵 $Q=[q_{ij}]$满足 $\forall i\in E$ 有：(a)稳定性 $q_i<\infty$；(b)保守性 $q_i=-q_{ii}=\sum\limits_{j\ne i} q_{ij}$；(c)规则性：在任何有限的时间区间内，链 $S(t)$发生状态转移次数以概率 1 有限；(d)一致收敛性：对 $t>0$，级数 $\sum\limits_{i\in E} P_i(t)q_i$ 在$[0, t]$上一致收敛.

显然有界马氏链是规则链. 若连续马氏链嵌入的离散跳跃链是常返链，则该链是规则链. 规则马氏链又是强马氏链，因此状态转移时刻具有马氏性. 而级数一致收敛可保证用无穷级数定义的函数的连续性和分析运算的可交换性.

定理 1 对满足一致收敛性的规则马氏链，令

$$f_n(t) = P\{N_M(t) = n\},$$
$$\lambda_n(t) = \sum_{i \in E} q_i P\{S(t) = i | N_M(t) = n\},$$
则对 $t>0$, 成立下述差分微分方程组
$$f_n'(t) = -\lambda_n(t) f_n(t) + \lambda_{n-1}(t) f_{n-1}(t), \quad n = 0,1,2,\cdots, \tag{1}$$
其中 $f_{-1}(t) = \lambda_{-1}(t) = 0$.

证 对 $t>0$, 因 $P\{N_M(t) = n\} \neq 0$, 由一致收敛性,
$$\lambda_n(t) = \frac{1}{P\{N_M(t) = n\}} \sum_{i \in E} q_i P\{N_M(t) = n, S(t) = i\}$$
$$\leq \frac{1}{P\{N_M(t) = n\}} \sum_{i \in E} P_i(t) q_i < \infty.$$
故差分微分方程有意义, 且级数 $\sum_{i \in E} q_i P\{N_M(t) = n, S(t) = i\}$ 在 $[0, t]$ 上一致收敛.

令
$${}^{(n)}p_{ij}(t) = P\{N_M(t) = n, S(t) = j | S(0) = i\},$$
显然有
$${}^{(0)}p_{ij}(t) = \begin{cases} e^{-q_i t}, & j = i \\ 0, & j \neq i. \end{cases}$$
由规则链假设, 考虑链 $S(t)$ 在 $(0, t]$ 中的最后一次转移得
$${}^{(n)}p_{ij}(t) = \int_0^t \sum_{k \neq j} {}^{(n-1)}p_{ik}(s) q_{kj} e^{-q_j(t-s)} ds. \tag{2}$$

首先证明 $({}^{(n)}p_{ij}(t))'$ 是连续函数. 由于 ${}^{(n)}p_{ij}(t)$ 是变上限积分函数, 它连续可微. 微分(2)式得
$$({}^{(n)}p_{ij}(t))' = \sum_{k \neq j} {}^{(n-1)}p_{ik}(t) q_{kj}$$
$$-q_j \int_0^t \sum_{k \neq j} {}^{(n-1)}p_{ik}(s) q_{kj} e^{-q_j(t-s)} ds$$

$$= -q_j{}^{(n)}p_{ij}(t) + \sum_{k \neq j} {}^{(n-1)}p_{ik}(t) q_{kj} . \tag{3}$$

因 $\sum\limits_{k \neq j} {}^{(n-1)}p_{ik}(t) q_{kj} \leq \sum\limits_{k \neq j} q_{kj} = q_k < \infty$，由 ${}^{(n-1)}p_{ij}(t)$ 的连续性推出 $\sum\limits_{k \neq j} {}^{(n-1)}p_{ik}(t) q_{kj}$ 的连续性. 故 $({}^{(n)}p_{ij}(t))'$ 是连续函数.

其次证明级数 $\sum\limits_{i \in E} \sum\limits_{j \in E} \alpha_i ({}^{(n)}p_{ij}(t))'$ 在[0, t]上一致收敛，其中 $\alpha_i = P_i(0)$. 由(3)式,

$$\begin{aligned}
\sum_{i \in E} \sum_{j \in E} \alpha_i ({}^{(n)}p_{ij}(t))' &= -\sum_{i \in E} \sum_{j \in E} \alpha_i q_j{}^{(n)}p_{ij}(t) \\
&\quad + \sum_{i \in E} \sum_{j \in E} \sum_{k \neq j} \alpha_i{}^{(n-1)}p_{ik}(t) q_{kj} \\
&= -\sum_{j \in E} q_j P\{N_M(t) = n, S(t) = j\} \\
&\quad + \sum_{i \in E} \sum_{k \in E} \alpha_i{}^{(n-1)}p_{ik}(t) \sum_{j \neq k} q_{kj} \\
&= -\sum_{j \in E} q_j P\{N_M(t) = n, S(t) = j\} \\
&\quad + \sum_{k \in E} q_k P\{N_M(t) = n-1, S(t) = k\}.
\end{aligned}$$

因最后一个等式中的两个级数都在[0, t]上一致收敛，所以该级数也在[0, t]上一致收敛.

对

$$\begin{aligned}
f_n(t) &= P\{N_M(t) = n\} \\
&= \sum_{i \in E} \sum_{j \in E} \alpha_i P\{N_M(t) = n, S(t) = j | S(0) = i\} \\
&= \sum_{i \in E} \sum_{j \in E} \alpha_i{}^{(n)}p_{ij}(t)
\end{aligned}$$

逐项微分得

$$f_n'(t) = \sum_{i \in E} \sum_{j \in E} \alpha_i ({}^{(n)}p_{ij}(t))'$$

$$= -\sum_{j\in E} q_j P\{N_M(t)=n, S(t)=j\}$$
$$+\sum_{k\in E} q_k P\{N_M(t)=n-1, S(t)=k\}$$
$$= -\lambda_n(t)f_n(t) + \lambda_{n-1}(t)f_{n-1}(t).$$

定理 2 对满足一致收敛性的规则链，

$$m_M(t) = \sum_{i\in E} P_i(t)q_i. \tag{4}$$

证 根据规则性，$M_M(t) = E[N_M(t)] = \sum_{n=0}^{\infty} nf_n(t) < \infty$. 已证明 $f_n(t)$ 连续可微，下证 $\lambda_n(t)$ 连续. 因为下面数级一致收敛

$$P\{N_M(t)=n, S(t)=j\} = \sum_{i\in E} \alpha_i {}^{(n)}p_{ij}(t) \le 1,$$

由 ${}^{(n)}p_{ij}(t)$ 的连续性，知 $P\{N_M(t)=n, S(t)=j\}$ 连续. 再由级数 $\sum_{j\in E} q_j P\{N_M(t)=n, S(t)=j\}$ 的一致收敛性和连续函数性质知 $\lambda_n(t)$ 连续. 另一方面，由定理 1，级数

$$\sum_{n=0}^{\infty}(nf_n(t))' = \sum_{n=0}^{\infty}\lambda_n(t)f_n(t) = \sum_{i\in E} P_i(t)q_i$$

一致收敛. 故对 $M_M(t)$ 两边逐项微分可得

$$m_M(t) = \sum_{n=0}^{\infty}(nf_n(t))' = \sum_{i\in E} P_i(t)q_i.$$

定理 3 对满足一致收敛性的规则链，若取 Δt 充分小，则

$$P\{N_M(t,\ t+\Delta t) \ge 1\} = m_M(t)\Delta t + o(\Delta t), \tag{5}$$

$$\sum_{k=2}^{\infty} P\{N_M(t,\ t+\Delta t) \ge k\} = o(\Delta t). \tag{6}$$

进一步有

$$P\{N_M(t,\ t+\Delta t) \ge 1 | N(t)=n\}$$
$$= \lambda_n(t)\Delta t + o(\Delta t), \tag{7}$$

$$P\{N_M(t,\ t+\Delta t) \ge 2 | N(t)=n\} = o(\Delta t). \tag{8}$$

证 令函数 $u_i(x) = [1-\exp(-q_i x)]P_i(t)$，对 $x \ge 0$，由于

$\sum_{i\in E} u_i'(x) \le \sum_{i\in E} q_i P_i(t)$，该级数关于 x 一致收敛. 于是取极限和级数求和可交换, 因此

$$
\begin{aligned}
&P\{N_M(t,\ t+\Delta t)\ge 1\}\\
&=\sum_{i\in E} P_i(t)[1-P\{N_M(t,\ t+\Delta t)=0|S(t)=i\}]\\
&=\sum_{i\in E} P_i(t)(1-e^{-q_i\Delta t})=\sum_{i\in E} P_i(t)q_i\Delta t+o(\Delta t)\\
&=m_M(t)\Delta t+o(\Delta t).
\end{aligned}
$$

又由定理 2,

$$
\begin{aligned}
&\lim_{\Delta t\to 0}\frac{1}{\Delta t}\sum_{k=2}^{\infty} P\{N_M(t,\ t+\Delta t)\ge k\}\\
&=\lim_{\Delta t\to 0}\frac{1}{\Delta t}\{E[N_M(t,\ t+\Delta t)]-P\{N_M(t,\ t+\Delta t)\ge 1\}\}\\
&=m_M(t)-m_M(t)=0.
\end{aligned}
$$

故(6)式成立.

类似地, 我们有

$$
\begin{aligned}
&P\{N_M(t,\ t+\Delta t)\ge 1|N(t)=n\}\\
&=\sum_{i\in E} P\{N_M(t,\ t+\Delta t)\ge 1|S(t)=i\}\\
&\quad\cdot P\{S(t)=i|N(t)=n\}\\
&=\sum_{i\in E}(1-e^{-q_i\Delta t})\ P\{S(t)=i|N(t)=n\}\\
&=\lambda_n(t)\Delta t+o(\Delta t).
\end{aligned}
$$

为证(8)式, 分两种情况. 如果对任意 $t>0$, 有 $P\{N(t)=n\}=0$. 这说明该链已处于吸收状态, 于是

$$P\{N_M(t,\ t+\Delta t)\ge 2|N(t)=n\}=0;$$

如果 $P\{N(t)=n\}>0$, 由(6)式,

$$P\{N_M(t,\ t+\Delta t)\ge 2|N(t)=n\}\le\frac{P\{N_M(t,\ t+\Delta t)\ge 2\}}{P\{N(t)=n\}}$$

$$= o(\Delta t).$$

定理4 对满足一致收敛性的规则链 $S(t)$，状态转移计数过程 $N_M(t)$ 是1-记忆自激点过程. 令 T_n 表 $S(t)$ 发生状态转移的时刻，则

$$\begin{aligned}
&\lim_{\Delta t \to 0} \frac{1}{\Delta t} P\{N_M(t,\ t+\Delta t) \ge 1 | N_M(t), T_1, \cdots, T_{N_M(t)}\} \\
&= \sum_{i \in E} q_i P\{S(t) = i | N_M(t), T_{N_M(t)}\} \\
&= \lambda(t, N_M(t), T_{N_M(t)}) < \infty. \qquad (9)
\end{aligned}$$

证 由定理3，$N_M(t)$ 满足条件有序性. 对 $N_M(t) \ge 1$，类似于定理3的证明可将定理3中的(7)和(8)两式进一步加强为

$$\begin{aligned}
&P\{N_M(t,\ t+\Delta t) = 1 | N(t), T_1, T_2, \cdots, T_{N_M(t)}\} \\
&= \sum_{i \in E} q_i P\{S(t) = i | N(t), T_1, T_2, \cdots, T_{N_M(t)}\}, \qquad (10)
\end{aligned}$$

$$P\{N_M(t,\ t+\Delta t) \ge 2 | N(t), T_1, T_2, \cdots, T_{N_M(t)}\} = o(\Delta t), \quad (11)$$

所以 $N_M(t)$ 是自激点过程. 又因规则链是强马氏链，我们有

$$\begin{aligned}
&\lim_{\Delta t \to 0} \frac{1}{\Delta t} P\{N_M(t,\ t+\Delta t) \ge 1 | N_M(t), T_1, \cdots, T_{N_M(t)}\} \\
&= \lim_{\Delta t \to 0} \frac{1}{\Delta t} \sum_{i \in E} P\{N_M(t,\ t+\Delta t) \ge 1 | S(t) = i, N_M(t), T_{N_M(t)}\} \\
&\quad \cdot P\{S(t) = i | N_M(t), T_{N_M(t)}\} \\
&= \lim_{\Delta t \to 0} \frac{1}{\Delta t} \sum_{i \in E} [1 - P\{N_M(t,\ t+\Delta t) = 0 | S(t) = i\}] \\
&\quad \cdot P\{S(t) = i | N_M(t), T_{N_M(t)}\} \\
&= \lim_{\Delta t \to 0} \frac{1}{\Delta t} \sum_{i \in E} (1 - e^{-q_i \Delta t}) \cdot P\{S(t) = i | N_M(t), T_{N_M(t)}\} \\
&= \sum_{i \in E} q_i \cdot P\{S(t) = i | N_M(t), T_{N_M(t)}\} = \lambda(t, N_M(t), T_{N_M(t)}) < \infty.
\end{aligned}$$

根据自激点过程的定义(见文[1])，$N_M(t)$是1-记忆自激点过程.

定理 5 对满足一致收敛性的规则链,

$$m_{AB}(t)=\sum_{i\in A,j\in B}P_i(t)q_{ij}. \tag{12}$$

证 显然有 $N_{AB}(t)\underset{s.t}{\leq}N_M(t)$，所以根据定理 3,

$$m_{AB}(t)=\lim_{\Delta t\to 0}\frac{1}{\Delta t}E[N_{AB}(t,\ t+\Delta t)]$$

$$=\lim_{\Delta t\to 0}\frac{1}{\Delta t}\sum_{k=1}^{\infty}P\{N_{AB}(t,\ t+\Delta t)\geq k\}$$

$$=\lim_{\Delta t\to 0}\frac{1}{\Delta t}P\{N_{AB}(t,\ t+\Delta t)=1\}$$

$$=\lim_{\Delta t\to 0}\frac{1}{\Delta t}[\sum_{i\in A}P_i(t)P\{N_{AB}(t,\ t+\Delta t)=1|S(t)=i\}$$

$$+\sum_{i\notin A}P_i(t)P\{N_{AB}(t,\ t+\Delta t)=1|S(t)=i\}]$$

$$=\lim_{\Delta t\to 0}\frac{1}{\Delta t}\sum_{i\in A,j\in B}P_i(t)P\{S(t+\Delta t)=j|S(t)=i\}$$

$$=\sum_{i\in A,j\in B}P_i(t)q_{ij}.$$

显然 $M_{AB}(t)$ 是右连续函数，根据定理 2 和

$$0\leq M_{AB}(t)-M_{AB}(t-\Delta t)=E[N_{AB}(t)-N_{AB}(t-\Delta t)]$$

$$\leq E[N_M(t)-N_M(t-\Delta t)]=M_M(t)-M_M(t-\Delta t),$$

它也是左连续的，因此 $M_{AB}(t)$ 连续. 由一致收敛性假设右导数连续,(12)式得证.

同理可证 $N_{AB}(t)$是 1-记忆自激点过程. 至于吸收分布公式，更新分布公式，进入概率公式与有界马氏链情形一样都是转移频度公式的推论，不再赘述.

注 1 一个有趣的问题是一致收敛性能否从规则链推出？如不能推出，则在使用转移频度公式前需验证级数 $\sum_{i\in A,j\in B}P_i(t)q_{ij}$ 在 $[0,t]$上的一致收敛性.

1.2.4 向量马氏过程情形

本节讨论向量马氏过程的状态转移计数过程. 首先对规则的有限状态向量马氏过程证明转移频度公式; 然后说明其证明过程对规则的且满足一致收敛性假设的可数状态向量马氏过程也成立. 如不宜验证一致收敛性条件, 为了便于应用, 我们建议可先假设随机变量都有有界风险率函数, 所得结果如与风险率函数无关, 则结论对一般的随机变量成立.

下面假定向量马氏过程 $\{S(t), X_1(t), \cdots, X_n(t)\}$ 的生成元矩阵 $Q(x_1, \cdots, x_n) = [q_{ij}(x_1, \cdots, x_n)]$ 满足.

$$q_{ij}(x_1, \cdots, x_n) \geq 0, \quad j \neq i;$$

$$q_i(x_1, \cdots, x_n) = -q_{ii}(x_1, \cdots, x_n) = \sum_{j \neq i} q_{ij}(x_1, \cdots, x_n). \quad (1)$$

它在 t 时刻的状态概率密度定义如下.

$$P_i(t, x_1, \cdots, x_n) dx_1 \cdots dx_n =$$
$$P\{S(t) = i, \ x_j < X_j(t) \leq x_j + dx_j, \ j = 1, \cdots, n\}. \quad (2)$$

由 Kolmogorov 偏微积分方程组、边界条件和初始条件, 状态概率密度能被唯一确定并满足正则性条件

$$\sum_{i \in E} \int_0^{\infty} \cdots \int_0^{\infty} P_i(t, x_1, \cdots, x_n) dx_1 \cdots dx_n = 1. \quad (3)$$

引理 1[19] 对规则的有限状态 VMP, 给定 t, 若广义重积分

$$c_i(t) = \int_0^{\infty} \cdots \int_0^{\infty} P_i(t, x_1, \cdots, x_n) q_i(x_1, \cdots, x_n) dx_1 \cdots dx_n < \infty, \quad (4)$$

则选充分小的 Δt, 有

$$P\{N_M(t, \ t + \Delta t) \geq 1\} = \sum_{i \in E} c_i(t) \Delta t + o(\Delta t), \quad (5)$$

$$P\{N_M(t, \ t + \Delta t) \geq k\} \leq [\sum_{i \in E} c_i(t) \Delta t + o(\Delta t)]^k, \quad (6)$$

$$\sum_{k=2}^{\infty} P\{N_M(t,\ \ t+\Delta t) \geq k\} = o(\Delta t). \tag{7}$$

证 我们先证状态转移次数等于 k 的情况，由全概率公式和(3), (4)式有

$$P\{N_M(t,\ \ t+\Delta t)=1\} = \sum_{i\in E}\int_0^{\infty}\cdots\int_0^{\infty} P_i(t,x_1,\cdots,x_n)\cdot$$
$$P\{N_M(t,\ \ t+\Delta t)=1|$$
$$S(t)=i, X_1(t)=x_1,\cdots,X_n(t)=x_n\}\, dx_1\cdots dx_n$$
$$=\sum_{i\in E}\int_0^{\infty}\cdots\int_0^{\infty} P_i(t,x_1,\cdots,x_n)[q_i(x_1,\cdots,x_n)\Delta t+o(\Delta t)]dx_1\cdots dx_n$$
$$=\sum_{i\in E} c_i(t)\Delta t + o(\Delta t).$$

根据规则性假设，对整数 $k\geq 2$ 考虑过程在 $(t,t+\Delta t)$ 中发生的倒数第二次状态转移时刻 $t+u$，$u\in(0,\Delta t)$，由全概率公式和向量马氏过程的条件独立性，我们有

$$P\{N_M(t,\ \ t+\Delta t)=2\} = \sum_{i\in E}\int_0^{\infty}\cdots\int_0^{\infty} P_i(t+u,x_1,\cdots,x_n)\cdot$$
$$P\{N_M(t,\ \ t+\Delta t)=2|S(t+u)=i,$$
$$X_1(t+u)=x_1,\cdots,X_n(t+u)=x_n\}dx_1\cdots dx_n$$
$$=\sum_{i\in E}\int_0^{\infty}\cdots\int_0^{\infty} P_i(t+u,x_1,\cdots,x_n)\cdot P\{N_M(t,\ \ t+u)=1;$$
$$N_M(t+u,\ \ t+\Delta t)=1|S(t+u)=i,$$
$$X_1(t+u)=x_1,\cdots,X_n(t+u)=x_n\}dx_1\cdots dx_n$$
$$=P\{N_M(t,\ \ t+u)=1\}\cdot\sum_{i\in E}\int_0^{\infty}\cdots\int_0^{\infty} P_i(t+u,x_1,\cdots,x_n)\cdot$$
$$P\{N_M(t+u,\ \ t+\Delta t)=1|S(t+u)=i,$$
$$X_1(t+u)=x_1,\cdots,X_n(t+u)=x_n\}dx_1\cdots dx_n$$

$$= P\{N_M(t,\ t+u)=1\}\cdot P\{N_M(t+u,\ t+\Delta t)=1\}$$

$$\le [P\{N_M(t,\ t+\Delta t)=1\}]^2 = [\sum_{i\in E} c_i(t)\Delta t + o(\Delta t)]^2 .$$

由归纳法可得

$$P\{N_M(t,\ t+\Delta t)=k\} \le [\sum_{i\in E} c_i(t)\Delta t + o(\Delta t)]^k .$$

因 E 有限，由 $c_i(t)<\infty$ 可选充分小的 Δt，使

$\sum_{i\in E} c_i(t)\Delta t + o(\Delta t) < 1$，故

$$\sum_{k=r\ge 2}^{\infty} P\{N_M(t,\ t+\Delta t)=k\} \le \frac{[\sum_{i\in E} c_i(t)\Delta t + o(\Delta t)]^2}{1-[\sum_{i\in E} c_i(t)\Delta t + o(\Delta t)]} = o(\Delta t).$$

所以(5)和(6)式成立，从而(7)式成立.

定理 1 对规则的有限状态 VMP[3]，给定 t，若广义重积分

$$c_i(t) = \int_0^{\infty}\cdots\int_0^{\infty} P_i(t,x_1,\cdots,x_n)q_i(x_1,\cdots,x_n)dx_1\cdots dx_n < \infty ,$$

则

$$m_M(t) = \sum_{i\in E}\int_0^{\infty}\cdots\int_0^{\infty} P_i(t,x_1,\cdots,x_n)q_i(x_1,\cdots,x_n)dx_1\cdots dx_n , \tag{8}$$

$$m_{AB}(t) = \sum_{i\in A,\, j\in B}\int_0^{\infty}\cdots\int_0^{\infty} P_i(t,x_1,\cdots,x_n)q_{ij}(x_1,\cdots,x_n)dx_1\cdots dx_n . \tag{9}$$

证 根据引理 1,

$$m_M(t) = \lim_{\Delta t\to 0}\frac{1}{\Delta t}E[N_M(t,\ t+\Delta t)]$$

$$= \lim_{\Delta t\to 0}\frac{1}{\Delta t}P\{N_M(t,\ t+\Delta t)\ge 1\}$$

$$=\sum_{i\in E}\int_0^\infty\cdots\int_0^\infty P_i(t,x_1,\cdots,x_n)q_i(x_1,\cdots,x_n)dx_1\cdots dx_n .$$

由 $N_{AB}(t)\underset{s.t}{\leq}N_M(t)$ 和引理 1，有

$$m_{AB}(t)=\lim_{\Delta t\to 0}\frac{1}{\Delta t}E[N_{AB}(t,\quad t+\Delta t)]$$

$$=\lim_{\Delta t\to 0}\frac{1}{\Delta t}P\{N_{AB}(t,\quad t+\Delta t)=1\}$$

$$=\lim_{\Delta t\to 0}\frac{1}{\Delta t}[\sum_{i\in A}\int_0^\infty\cdots\int_0^\infty P_i(t,x_1,\cdots,x_n)\cdot$$
$$P\{N_{AB}(t,\quad t+\Delta t)=1|$$
$$S(t)=i,X_1(t)=x_1,\cdots,X_n(t)=x_n\}\,dx_1\cdots dx_n$$
$$+\sum_{i\notin A}\int_0^\infty\cdots\int_0^\infty P_i(t,x_1,\cdots,x_n)\cdot P\{N_{AB}(t,\quad t+\Delta t)=1|$$
$$S(t)=i,X_1(t)=x_1,\cdots,X_n(t)=x_n\}\,dx_1\cdots dx_n]$$

$$=\lim_{\Delta t\to 0}\frac{1}{\Delta t}\sum_{i\in A,j\in B}\int_0^\infty\cdots\int_0^\infty P_i(t,x_1,\cdots,x_n)$$
$$\cdot[q_{ij}(x_1,\cdots,x_n)\Delta t+o(\Delta t)]dx_1\cdots dx_n$$

$$=\sum_{i\in A,j\in B}\int_0^\infty\cdots\int_0^\infty P_i(t,x_1,\cdots,x_n)q_{ij}(x_1,\cdots,x_n)dx_1\cdots dx_n .$$

定理 2[19] 对规则的可数状态 VMP，给定 t，若级数

$$m_M(t)=\sum_{i\in E}\int_0^\infty\cdots\int_0^\infty P_i(t,x_1,\cdots,x_n)q_i(x_1,\cdots,x_n)dx_1\cdots dx_n \tag{10}$$

在$[0,t]$上一致收敛，则

$$m_{AB}(t)=\sum_{i\in A,j\in B}\int_0^\infty\cdots\int_0^\infty P_i(t,x_1,\cdots,x_n)q_{ij}(x_1,\cdots,x_n)dx_1\cdots dx_n . \tag{11}$$

证 引理 1 的结论和证明在 $m_M(t)$存在时就能成立. 事实上, 只需将"因 E 有限, 由 $c_i(t)<\infty$ 可选充分小的 Δt, 使 $\sum_{i\in E} c_i(t)\Delta t + o(\Delta t) < 1$"换为"由 $m_M(t)<\infty$ 可选充分小的 Δt, 使 $m_M(t)\Delta t + o(\Delta t) < 1$"即可. 这里假设一致收敛是为了保证 $m_M(t)$ 和 $m_{AB}(t)$ 的连续性, 使得定理 1 的证明过程对定理 2 仍能成立. 而定理 1 只涉及有限个连续函数的和, 无须假设一致收敛性.

使用定理 2 必须先验证级数的一致收敛性, 这有时不方便. 若假设涉及的随机变量其风险率函数都有上界, 则存在 $c=\sup_i q_i(x_1,\cdots,x_n)<\infty$. 这时引理 1 中(7)式的证明可仿照有界马氏链中引理 1 和引理 2 的证明, 而且级数自然一致收敛.

注 1 对随机模型中涉及的随机变量都假设为连续型随机变量, 甚至为具有有界风险率函数, 看上去这似乎很苛刻. 其实, 如结论中只涉及分布函数或一、二阶矩, 而不涉及风险率函数, 则结论对一般分布仍成立. 这就使得我们可以放心地使用向量马氏过程的转移频度公式.

以下为了书写简便, 我们仍将用 $X(t)$和 x 来代替 n 维向量. 并给出平行于马氏链情况的吸收分布公式, 更新分布公式和进入概率公式. 因证明都类似, 故省略.

推论 1 在定理 2 的条件下, 若 $\lim_{t\to\infty} P_i(t,x)=P_i(x)>0$, 且 $A\cup B=E$, 则

$$
\begin{aligned}
m_{AB} &= \sum_{i\in A,\, j\in B} \int_0^\infty P_i(x) q_{ij}(x)dx \\
&= \sum_{j\in B, i\in A} \int_0^\infty P_j(x) q_{ji}(x)dx = m_{BA}\,. \qquad (12)
\end{aligned}
$$

定理 3(吸收分布公式) 在定理 2 的条件下, 若把 B 看成吸收状态并令 $N=E\backslash B$, 对肯定吸收的 VMP $\{\hat{S}(t), X(t)\}$(约定: 其中相

应量的符号均冠以^)，则从初始状态出发，吸收 VMP 最终被 B 吸收的时间分布记为 $H(t)$. 我们有下述计算吸收分布的公式.

$$h(t)=H'(t)=\hat{m}_{NB}(t)=\sum_{i\in N,\,j\in B}\int_0^{\infty}\hat{P}_i(t,x)\hat{q}_{ij}(x)dx\,, \tag{13}$$

其中 $\hat{q}_{ij}(x)=q_{ij}(x)$;

$$\overline{H}(t)=1-H(t)=\sum_{i\in N}\int_0^{\infty}\hat{P}_i(t,x)dx\,; \tag{14}$$

$$H(t)=\sum_{i\in B}\int_0^{\infty}\hat{P}_i(t,x)dx\,. \tag{15}$$

定理 4(更新分布公式)　在定理 2 的条件下，若 VMP 经状态集 A 相继访问状态 j(或状态集 B)形成(延迟)更新过程，则(延迟)更新频度

$$m_{AB}(t)=\sum_{i\in A,\,j\in B}\int_0^{\infty}P_i(t,x)q_{ij}(x)dx\,. \tag{16}$$

而更新分布密度函数的 L 变换为

$$f^*(s)=\frac{m_{AB}^*(s)-g^*(s)}{m_{AB}^*(s)}\ (\text{延迟更新过程}), \tag{17}$$

其中 $G(t)\,(g(t)=G'(t))$ 为从状态集 A 进入状态 B 的吸收分布;或者

$$f^*(s)=\frac{m_{AB}^*(s)}{1+m_{AB}^*(s)}\ (\text{更新过程}). \tag{18}$$

推论 2　在定理 4 的条件下，不可约 VMP 是正常返的 VMP，即 $\lim\limits_{t\to\infty}P_i(t,x)=P_i(x)>0$，当且仅当更新分布的均值有限. 这时均值等于稳态更新频度的倒数，即 $T=m_{AB}^{-1}$.

定理 5(进入概率公式)　在定理 2 的条件下，已知 VMP 从状态集 A 转入 B，若把 B 看成吸收状态，则 A 转入状态 j 的概率

$$P_{A\to j\in B}=\lim_{t\to\infty}\left[\sum_{i\in A}\int_0^\infty \hat{P}_i(t,x)\hat{q}_{ij}(x)dx\Big/\sum_{i\in A,j\in B}\int_0^\infty \hat{P}_i(t,x)\hat{q}_{ij}(x)dx\right]. \tag{19}$$

当 $\lim\limits_{t\to\infty}P_i(t,x)=P_i(x)>0$，这时 B 不作为吸收状态，则

$$P_{A\to j\in B}=\left[\sum_{i\in A}\int_0^\infty P_i(x)q_{ij}(x)dx\Big/\sum_{i\in A,j\in B}\int_0^\infty P_i(x)q_{ij}(x)dx\right]. \tag{20}$$

注 2 对于 VMP 和它相伴的状态转移计数过程(STP)都有许多值得进一步研究的课题. 例如，对 VMP，在什么条件下稳态概率 $\lim\limits_{t\to\infty}P_i(t,x)=P_i(x)$ 存在？又在什么条件下全为正？对 STP，如何计算它的方差？能否得到有效的渐近计算公式？等等.

另一方面，带漂移系数和扩散系数的混合向量马氏过程在随机模型分析中有着极其重要的应用. 本书第五章我们将简要涉及带漂移系数的向量马氏过程. 至于带扩散系数的向量马氏过程及其在随机网络中的应用，因本书的篇幅所限，只好割爱.

参考文献

[1] 邓永录，梁之舜，**随机点过程及其应用**，科学出版社，1992.

[2] 史定华，两部件串联系统的可靠性分析，福建师大学报(自然科学版)，2(1982)，13-22.

[6] 钱敏平，龚光鲁，**随机过程论**，北京大学出版社，第二版，1997.

[3] 史定华，计算可修系统在(0, *t*]中平均故障次数的新方法，应用数学学报，1(1985)，101-110.

[4] 史定华，连续时间马氏链中的两个计数过程，应用概率统计，1(1994)，84-89.

[5] 何声武，**随机过程论导论**，华东师范大学出版社，1989.

[7] 戴永隆，**马尔科夫振荡问题**，广东科技出版社，1993.

[8] 柯尔莫哥洛夫(俄)，概率论的解析方法，见伊藤清(日)，**随机过程**(附录)，上海科学技术出版社，1961.

[9] Cohen, J. W., *The Single Server Queue*, **North-Holland**, Amsterdam, 1982.

[10] Cox, D. R., The analysis of non-Markovian stochastic processes by the inclusion of supplementary variables, **Proc. Camb. Phil. Soc.**, 51, 1955, 433-441.

[11] Erlang, A. K., Solutions of some problems in the theory of probabilities of significance in automatic telephone exchanges, **The Post Office Electrical Engineer's Journal**, 10, 1917-1918, 189-197.

[12] Kosten, L., *Stochastic Theory of Service Systems*, **Pergamon**, Oxford, 1973.

[13] Neuts, M. F., Probability distributions of phase type, In *Liber Amicorum Prof. Emeritus H. Florin*, Dept. of Math., Univ. of Louvain, Belgium, 1975, 173-206.

[14] Neuts, M. F., A versatile Markovian point process, **J. Appl. Prob.** , 16, 1979, 764-779.

[15] Pyke, R., Markov renewal processes: (1) definitions and preliminary, (2) MRP with finitely many states, **Ann. Math. Statist.**, 32, 1961, 1231-1259.

[16] Ross, S. M., *Stochastic Processes*, **John Wiley & Sons**, New York, 1983. (有中译本, **随机过程**, 何声武等译, 史定华校, 中国统计出版社, 1997.)

[17] Shi, D. H., Some point processes in a Markov chain with continuous time, *Proc. of the Fourth Symp. on Rel. Math.*, Kweilin, China, Apr. 1992, 412-416.

[18] Shi, D. H. and Guo, J. L., On the point processes of state transitions in Markov Chain, **Acta Math. Appl. Sinica.**, 4(1998), 374-380.

[19] Shi, D. H., Revisiting the state transition frequency formula, **Ann. O. R.**, 1999.

[20] Widder, D. V., *The Laplace Transforms*, **Princeton Univ. Press**, New Jersey, 1946.

注. 在我们故障频度公式发表十年后(见[3]), 香港中文大学 Lam Yeh 在 *Opns. Res. Soc.*, 1995, 528-536 上报道了同一公式. 在我们对有界马氏链的证明(见[4 ,17])发表一年后他又在 *J. Appl. Prob.*, 1997, 234-247 上介绍了相似的证明. 有兴趣的读者不妨对照研究一番.

第二章　位相型分布

指数分布由于具有无记忆性在随机模型分析中占有极重要的地位，它使得复杂随机系统的演化可以用马氏链(过程)来描述，从而能给出系统定性和定量的分析结果．但是许多实际问题所遇到的非负随机变量并非都服从指数分布．一旦离开指数分布的假定，随机模型的分析往往会遇到较大的困难，特别是定量的数值结果难以求得．

Erlang [8]通过引进串联阶段(即离散补充变量)率先突破了指数分布的限制，由此产生的 Erlang 分布在随机模型分析中具有重大意义和深远影响．尔后许多学者通过考虑各阶段有不同的转移率以及考虑并联阶段或阶段网络等等分别引进了混合 Erlang 分布、超指数分布、Cox [7]分布(简称为 C 分布)等等．值得一提的是 Cox 还考虑了复转移率的可能性，这样就和有理 LS 变换分布(简称为 R 分布)建立了联系．

虽然Cox 将复转移率和量子力学相比较，但在马氏链中引入复转移率人们还是难以接受．因此 Neuts [13]1975 年系统地研究了作为有限马氏链的吸收(或首通)时间的位相型(Phase type)分布类的概念．PH 分布类具有优良的封闭性并包括了前述的大多数已知分布为特例，因为 $C \subset PH \subset R$．尤其重要的是它是指数分布和几何分布的矩阵类比，并且参数矩阵具有明显的概率意义(初始概率向量和马氏链的转移概率或生成元矩阵)．最近，我们[20]证明了 R 分布可看成非齐次马氏链的吸收时间分布．

在第一章作为频度公式的推论我们得到了吸收分布公式，并引进了无限位相型分布的概念．研究无限位相型分布类的必要性不仅它是PH分布类的自然推广，而且它和有理LS变换分布类互不包含，从而扩大了可研究的分布类.

本章§2.1 先简要地介绍有限位相型(PH)分布的概念和性质. §2.2 讨论无限位相型分布，先对离散马氏链的吸收分布(离散IPH分布)建立几何分布的算子类比. 为了计算离散IPH分布，自然地引申出直观的矩形迭代算法. 再对规则马氏链的吸收分布(连续IPH 分布)作简要讨论后，针对有界马氏链的吸收分布(简称为SPH分布)建立指数分布的算子类比. 然后利用矩形迭代算法结合一致化技巧给出SPH分布的逼近算法. §2.3 介绍如何构造向量马氏过程去研究联合分布的问题并证明了看似 SPH 的边缘分布是PH分布.

§ 2.1 有限位相型(PH)分布

本节我们介绍几何和指数分布的矩阵类比——PH 分布，指数分布的离散对应物是几何分布，因此 PH 分布也有连续和离散之分. 我们详述连续PH而略述离散PH.

2.1.1 PH分布的定义和性质

考虑一类特殊的连续时间Markov链$\{S(t), t\geq 0\}$，它定义在状态空间$E=\{0,1,2,\cdots,m\}$上，状态0是吸收状态. 链$S(t)$的生成元矩阵可记成如下分块形式

$$Q=\begin{bmatrix} 0 & 0 \\ T^0 & T \end{bmatrix}, \tag{1}$$

其中$m\times m$矩阵T满足：$T_{ii}<0$，$T_{ij}\geq 0, i\neq j$；列向量T^0满足：$Te+T^0=0$, e表示适当维数分量全为1的列向量.

任给链$S(t)$的初始概率向量$(\alpha_0,\alpha_1,\cdots,\alpha_m)=(\alpha_0,\alpha)$，假定它满足$0<\alpha e\leq 1$. 令$\xi=\inf\{t|S(t)=0\}$，这是一个与马氏

链 $S(t)$ 密切相关的随机变量，表示链 $S(t)$ 在初始条件(α_0,α)下进入吸收状态 0 的时间.

定理 1 (矩阵指数形式) 记 $F(x)=P\{\xi\le x\}$，我们有

$$F(x)=1-\alpha\exp(Tx)e,\quad x\ge 0 \tag{2}$$

证 对$1\le i,j\le m$，定义 $p_{ij}(x)=P\{S(x)=j|S(0)=i\}$ 和 $P(x)=[p_{ij}(x)]$，解 Kolmogorov 方程组给出 $P(x)=\exp(Tx)$，再利用全概率公式得

$$P\{\xi>x\}=\sum_{j=1}^{m}\sum_{i=1}^{m}P\{S(0)=i\}P\{S(x)=j|S(0)=i\}$$

$$=\alpha\exp(Tx)e,$$

所以 $F(x)=1-\alpha\exp(Tx)e,\quad x\ge 0$.

定理 2($\lambda>0$ 的相应条件) 对任意的α，$F(x)$是真分布当且仅当矩阵 T 可逆.

证 考虑链 $S(t)$ 的跳跃马氏链 $\{X_n,\ n=0,1,2,\cdots\}$. 它的转移概率为

$$p_{00}=1,\ p_{0j}=0,\ p_{ii}=0,\ p_{ij}=-T_{ij}/T_{ii},$$

$$p_{i0}=-T_i^0/T_{ii}.$$

我们只需考虑$i\ne 0$，令 a_i 表示链从状态 i 出发最终进入吸收状态 0 的概率，显然有

$$a_i=\sum_{j\ne i}^{m}p_{ij}a_j+p_{i0}.$$

将 p_{ij} 的概率值代入，令$a=(a_1,\cdots,a_m)'$，则上式可改写为矩阵形式$Ta+T^0=0$.

充分性 由于T可逆，且 $Te+T^0=0$，故$a=-T^{-1}T^0=e$. 这说明从任何状态i出发链最终都将以概率 1 进入吸收状态，此即 $\lim\limits_{x\to\infty}P\{\xi>x\}=0$. 它等价于 $F(\infty)=1$，所以 $F(x)$是真分布.

必要性 采用反证法. 假设 T 是奇异的，则由方程组的理论和 T 的特殊结构，存在$0<\alpha e\le 1$的向量α 使得$\alpha T=0$. 这就推

出内积

$$\alpha\exp(Tx)e=\alpha(\sum_{n=0}^{\infty}T^{n}x^{n}/n!)e=\alpha e>0$$

对所有 $x\geq 0$ 成立. 特别令 $x\to\infty$ 有 $\alpha[\lim_{x\to\infty}\exp(Tx)]e>0$，这与 $F(\infty)=1$ 相矛盾.

引理 1 若 T 可逆, 则 T 的特征值皆负.

证 设 η 为 T 的任一特征值, 即 $\det(\eta I-T)=0$. 于是 $(\eta I-T)$ 不是(模)对角占优矩阵[5], 故 T 必有某个 i 使得 $|\eta-T_{ii}|\leq\sum_{j\neq i}^{m}T_{ij}$.

又因为 T 是生成元矩阵, 有 $\sum_{j\neq i}^{m}T_{ij}\leq -T_{ii}$，由此即得

$$|\eta-T_{ii}|=\sqrt{[\mathrm{Re}(\eta)-T_{ii}]^{2}+[\mathrm{Im}(\eta)]^{2}}\leq -T_{ii},$$

这就推出 $\mathrm{Re}(\eta)\leq 0$. 若 $\mathrm{Re}(\eta)=0$，必有 $\mathrm{Im}(\eta)=0$. 于是 $\eta=0$，从而 $\det(T-\eta I)=\det T=0$，这与 T 可逆的假定矛盾. 所以 T 的特征值皆负.

定理 3 对(2)式的 $F(x)$, 若 T 可逆, 则我们有

(a) $F(0)=\alpha_0$，即在 0 点有跃度;

(b) $f(x)=F'(x)=\alpha\exp(Tx)T^{0},\quad x>0$;

(c) $\tilde{f}(s)=\alpha_0+\alpha(sI-T)^{-1}T^{0},\quad \mathrm{Re}(s)\geq 0$;

(d) $\mu_i=E[\xi^{i}]=(-1)^{i}i!\alpha T^{-i}e$.

证 (a)显然; (b)注意到有 $-Te=T^{0}$，可证得; (d)注意到有 $\mu_i=(-1)^{i}\tilde{f}^{(i)}(0)$，由矩阵函数的微分即得. 下证(c)，因

$$\tilde{f}(s)=F(0)+\int_{0}^{\infty}e^{-st}f(t)dt$$

$$=\alpha_0+\lim_{x\to\infty}\int_{0}^{x}e^{-su}\alpha\exp(Tu)T^{0}du$$

$$= \alpha_0 + \alpha[\lim_{x\to\infty}\int_0^x \exp\{(T-sI)u\}du]T^0 .$$

由引理 1，T 的特征值皆负，故 s 不是 T 的特征值，这说明 $\det(T-sI)\neq 0$，所以$(T-sI)$非奇异. 又因 T 是稳定矩阵(特征值实部皆负的矩阵称为稳定矩阵)，于是有 $\lim_{x\to\infty}\exp\{(T-sI)x\}=0$；再根据矩阵函数积分可得

$$\tilde{f}(s) = \alpha_0 + \alpha(T-sI)^{-1}\lim_{x\to\infty}\exp\{(T-sI)u\}|_0^x T^0$$

$$= \alpha_0 + \alpha(sI-T)^{-1}T^0 .$$

根据上述定理，当T为1阶阵时，$T=-\lambda$，$F(x)$退化为指数分布. 这样我们就完成了指数分布的矩阵类比.

定义 1 $R_+ = [0,\infty)$ 上的分布 $F(x)$称为位相型(PH)分布，当且仅当它是一个有限状态连续吸收马氏链(其生成元矩阵形如(1)且 T 可逆)，在初始条件(α_0,α)下的吸收时间分布. (2)式称为它的一个表示，简记为(α,T)，矩阵T的阶称为表示阶，即链的非常返状态数目，它反映了分布的复杂性.

定义 2 定义在$N=\{0,1,2,\cdots\}$上的分布$\{P_n\}$称为离散位相型分布，当且仅当它是一个有限离散吸收马氏链$K=\begin{bmatrix}1 & 0\\ P^0 & P\end{bmatrix}$其中$(I-P)$可逆，在初始条件$(\alpha_0,\alpha)$下的吸收步数分布.

$$p_0 = \alpha_0,\quad p_n = \alpha P^{n-1}P^0,\quad n=1,2,\cdots \tag{3}$$

为它的一个表示，简记为(α,P)，矩阵 P 的阶数称为表示阶. 母函数和因子矩如下：

$$G(z) = \alpha_0 + z\alpha(I-zP)^{-1}P^0,\quad |z|\leq 1;$$

$$G^{(k)}(1) = E[\xi^k] = k!\alpha P^{k-1}(I-P)^{-k}e .$$

注意，PH 分布的表示并不唯一.

例 1 考虑两个 PH 分布的表示(α_1,T_1)和(α_2,T_2)，其中$\alpha_1=(0,1/2,1/2)$，$\alpha_2=(2/3,1/3)$；

$$T_1=\begin{bmatrix}-3 & 1 & 1\\ 1 & -4 & 2\\ 1 & 0 & -6\end{bmatrix},\quad T_2=\begin{bmatrix}-2 & 0\\ 0 & -5\end{bmatrix}.$$

根据定理 3，它们有相同的 LS 变换，所以表示同一个分布 $F(x)=1-\dfrac{2}{3}e^{-2x}-\dfrac{1}{3}e^{-5x}$.

由于PH分布的表示不唯一，我们把PH分布所有表示阶中最小者称为 PH 分布的分布阶，而称具有分布阶的表示为最小表示. 寻找 PH 分布的最小表示是一个未解决的困难问题. 因为吸收马氏链在时刻 t 的状态综合了所有过去的信息，而链的状态数目反映了过去历史的复杂性，分布阶可看作这一复杂性的测度，所以分布阶和最小表示的研究在理论上和应用上都有重要的意义.

定义 3 PH 分布的一个表示(α,T)，若 T 为上三角矩阵，则称为三角形表示. 具有三角形表示的 PH 分布称为 TPH 分布，三角形表示阶中的最小者称为TPH分布的三角阶，称具有三角阶的表示为最小三角形表示. Erlang 分布，混合 Erlang 分布，超指数分布，以及实参数 Cox 型分布都是 TPH 分布.

另一方面，PH 分布的 LS 变换可表示为(假定已约去公因子 $d(s)$) $P(s)/Q(s)$，其中

$$Q(s)=\det(sI-T)/d(s)=\prod_{i=1}^{n}(s+r_i).$$

r_i 是 T 的(部分)特征值，也称为LS变换的极点. 多项式 $Q(s)$的次数 n 一般小于等于 T 的阶 m，多项式 $P(s)$的次数不大于 $Q(s)$的次数. 因此PH分布是一类特殊的有理LS变换分布，次数 n 也称为PH分布的代数阶.

显然，关于各种阶，我们有如下结论:

表示阶 ≥ 分布阶 ≥ 代数阶;　　三角阶 ≥ 分布阶.

定义 4 一个 m 阶方阵 A 称为可约的当且仅当存在置换矩阵 P 使得

$$PAP' = \begin{bmatrix} B & 0 \\ C & D \end{bmatrix},$$

其中 B, D 是方阵，或者当 $m=1$ 时，$A=0$.

定义 5 PH 分布的一个表示 (α, T) 称为不可约表示当且仅当生成元矩阵

$$Q^* = T + (1-\alpha_0)^{-1} T^0 \alpha = T + T^0 A^0$$

是不可约矩阵.

定理 4 PH 分布总存在一个不可约表示 (α, T)，在此情况下对 $t > 0$，向量 $\alpha \exp(Tt)$ 和 $\exp(Tt)T^0$ 恒正；对 $\mathrm{Re}(s) \ge 0$，向量 $\alpha(sI - T)^{-1}$ 和 $(sI - T)^{-1} T^0$ 也恒正.

证 见 Neuts 的书[14].

对不可约生成元矩阵 Q^*，假设它的平稳概率向量为 π. 由平稳分布的定义和定理 3，很容易推出：$\pi T^0 = (1-\alpha_0)\mu_1^{-1}$ 和 $\pi = -\mu_1^{-1}\alpha T^{-1}$.

定理 5(无记忆性类比) 若 ξ 服从连续 PH 分布，有不可约表示 (α, T)，则剩余寿命 ξ_t 的分布当 $t \to \infty$ 时仍然是 PH 分布，有表示 (π, T).

证 当 $t \to \infty$ 时，由更新理论知平衡剩余寿命的分布

$$F_e(x) = \frac{1}{\mu_1}\int_0^x [1 - F(u)]du = \frac{1}{\mu_1}\int_0^x \alpha \exp(Tu) e du$$

$$= \frac{1}{\mu_1}\alpha T^{-1}[\exp(Tx) - I]e = 1 - \pi \exp(Tx) e.$$

引理 2(Perron-Frobenious 定理[05]) 若 A 是不可约非负矩阵，则有

(1) A 的最大实部特征值唯一且恒正，记为 η；

(2) η 所对应的左($uA=\eta u$)右($Av=\eta v$)特征向量恒正且可归一化为 $uv=1$；

(3) $A^n \approx \eta^n vu$, $n \to \infty$.

连续版本：如果 T 是不可约半稳定矩阵(特征值实部非正的矩阵称为半稳定矩阵)，则 $\exp(Tt) \approx \exp(-\eta t)vu$, $t \to \infty$.

定理 6(渐近指数分布) 对有表示 (α, T) 的 PH 分布 $F(x)$，若 T 不可约，则有

$$\overline{F}(x) \approx Ke^{-\eta x}, \quad x \to \infty, \tag{4}$$

其中 $K = \alpha v$，v 是 T 的具有最大实部特征值 $-\eta$ 所对应的右特征向量. 它可以唯一地由 $uv=ue=1$ 确定，u 是 T 的具有最大实部特征值 $-\eta$ 所对应的左特征向量.

证 因矩阵 T 不可约，故矩阵 $\exp(Tt)$ 对 $t>0$ 是不可约的非负矩阵. 根据P-F定理矩阵 $\exp(Tt)$ 的最大实部特征值唯一且恒正，暂记为 $\exp(-\eta t)$. 它对应的左右特征向量 u, v 可通过归一化条件 $uv=ue=1$ 唯一确定. 将矩阵 $\exp(Tt)$ 展开易证 $-\eta$ 也是矩阵 T 唯一的具有最大实部特征值，即前面暂记为 $\exp(-\eta t)$是合理的. 同时 u, v 也是 $-\eta$ 关于矩阵 T 所对应的左右特征向量. 再根据 P-F 定理的连续版本有

$$\exp(Tt) \approx \exp(-\eta t)vu, \quad t \to \infty,$$

所以由 $K = \alpha v$，$ue = 1$ 得

$$\overline{F}(x) = \alpha\exp(Tx)e \approx Ke^{-\eta x}, \quad x \to \infty.$$

注 1 当 $-\eta$ 是 T 的多重特征值时结论不成立，如 Erlang 分布，因这时 T 可约不满足定理的条件.

定理 7(对偶存在性[6]) 有表示 (α, T) 的 n 阶 PH 分布存在一个对偶表示 $(\tilde{\alpha}, \tilde{T})$，

$$\tilde{\alpha} = -e'T'\Delta, \quad \tilde{T} = \Delta^{-1}T'\Delta, \quad \Delta = \mathrm{diag}(-\alpha T^{-1}). \tag{5}$$

并且原表示与对偶表示满足下述关系：

(a) 两个表示的状态数相同，相同的状态转出率相同；

(b) 对偶表示的对偶表示是原表示.

注 2 指数分布是自对偶的，以往不注意而已.

为了从 R 分布中识别 PH 分布，O'cinniede[15]证明了下述重

要定理, Maier[12]给出了从概率母函数构造离散 PH 分布的方法.

定理 8(特征性) 一个离散分布是离散 PH 分布当且仅当它的概率母函数或者是 z 的多项式或者是有唯一最小模(最大实部)极点的 z 的有理函数. R_+ 上的非退化分布是 PH 分布的充要条件为: (1)它在正实轴上有正密度; (2)它的 LS 变换是有理函数且有唯一的最大实部极点.

2.1.2 PH 分布的运算封闭性

下面列举 PH 分布的基本运算封闭性质, 证明可在 Neuts 的书[14]中找到. 此外, 记号 $A\otimes B$ 是矩阵 Kronecker 积, 而 $A\oplus B=A\otimes I+I\otimes B$ 是矩阵 Kronecker 和, I 是适当维数的单位矩阵.

性质 1 若 $F(x)$和 $G(x)$是两个 PH 分布, 分别有 m 和 n 阶表示 (α,T) 和 (β,S), 则卷积 $F(x)*G(x)$ 是 PH 分布, 有 $m+n$ 阶表示 (γ,L), 其中

$$\gamma=(\alpha,\alpha_0\beta),\quad L=\begin{bmatrix}T & T^0\beta\\ 0 & S\end{bmatrix}.$$

性质 2 若 $(p_1,\cdots,p_k)$ 是有限离散分布, $F_i(x)$是有限个 PH 分布, 分别有 n_i 阶表示 $(\alpha(i),T(i))$, $i=1,\cdots,k$, 则有限混合 $\sum_{i=1}^{k}p_iF_i(x)$ 仍是 PH 分布, 有 $\sum_{i=1}^{k}n_i$ 阶表示 (γ,L), 其中 $\gamma=(p_1\alpha(1),\cdots,p_k\alpha(k))$, $L=\mathrm{diag}(T(1),\cdots,T(k))$.

性质 3 若$\{a_n\}$是离散 PH 分布, 有 n 阶表示 (β,S), $F(x)$是 PH 分布, 有 m 阶表示 (α,T), 则可数混合 $\sum_{n=0}^{\infty}a_nF^{(n)}(x)$ 是 PH 分布, 有 mn 阶表示 (γ,L), 其中

$$\gamma=\alpha\otimes\beta(I-\alpha_0S)^{-1},$$
$$L=T\otimes I+T^0\alpha\otimes(I-\alpha_0S)^{-1}S.$$

性质 4 若 X 的分布和 Y 的分布是两个(连续)PH 分布, 分别

有 m 和 n 阶表示 (α,T) 和 (β,S)，则 $\max(X,Y)$ 的分布是 PH 分布，有 $mn+m+n$ 阶表示 (γ,L)，其中

$$\gamma=(\alpha\otimes\beta,\beta_0\alpha,\alpha_0\beta),$$

$$L=\begin{bmatrix} T\otimes S & I\otimes S^0 & T^0\otimes I \\ 0 & T & 0 \\ 0 & 0 & S \end{bmatrix}.$$

性质 5 若 X 的分布和 Y 的分布是两个(连续)PH 分布，分别有 m 和 n 阶表示 (α,T) 和 (β,S)，则 $\min(X,Y)$ 的分布是 PH 分布，有 mn 阶表示 $(\alpha\otimes\beta,T\oplus S)$.

性质 6 若 $F(x)$ 是连续 PH 分布，有 m 阶表示 (α,T)，则下面的离散分布

$$a_n=\int_0^\infty\frac{(\lambda u)^n}{n!}e^{-\lambda u}dF(u),\quad \lambda>0$$

是离散 PH 分布，有 m 阶表示 (γ,L)，其中

$$\gamma=\lambda\alpha(\lambda I-T)^{-1},\quad \gamma_0=\alpha_0+\alpha(\lambda I-T)^{-1}T^0;$$

$$L=\lambda(\lambda I-T)^{-1},\quad L^0=(\lambda I-T)^{-1}T^0.$$

性质 7[3] (连续)PH 分布对单调关联系统(coherent system[4])封闭，即若部件的寿命分布都是(连续)PH 分布，则单调关联系统的寿命分布也是(连续)PH 分布.

性质 8 连续 PH 分布的子类混合 Erlang 分布在非负随机变量分布族中稠密.

§ 2.2 无限位相型(IPH)分布

2.2.1 离散 IPH 分布

本小节对第一章引进的离散无限位相型(离散 IPH)分布，类似于 Neuts 的矩阵几何类比，给出算子几何类比. 阐明它是真分

布的充要条件，各阶矩存在的充分条件，以及所有离散分布都是离散 IPH 分布. 通过计算特殊离散 IPH 分布，我们发现了矩形迭代算法. 利用它可近似计算一般离散IPH分布，文[10]也从不同角度独立地提出了这一算法.

定义 1 不失一般性，从状态空间 $E=\{0,1,2,\cdots\}$ 上的马氏链 $\{S_n\}$(或以分块转移概率矩阵 $\begin{bmatrix} p_{00} & P_0 \\ P^0 & P \end{bmatrix}$ 记之)，构造吸收马氏链 $\begin{bmatrix} 1 & 0 \\ P^0 & P \end{bmatrix}$(即把 0 看成吸收状态)，对满足 $0<\alpha e\le 1$ 的任意初始概率向量 (α_0,α)，则下述算子几何分布

$$a_0=\alpha_0, \qquad a_n=\alpha P^{n-1}P^0, \qquad n=1,2,\cdots, \tag{1}$$

称为离散 IPH 分布，(α,P) 称为它的一个表示.

用算子几何分布命名是因为子随机矩阵 P 可以看成 Banach 空间 $F(l^\infty)$ 上的有界线性算子，且(1)式有几何分布的形式.

下面的例子既能说明引进 IPH 分布的必要性，又能说明所有离散分布都是离散 IPH 分布，即如何从一个离散分布去构造相应的吸收离散马氏链.

例 1 **Poisson 分布** $a_n=\dfrac{\lambda^n}{n!}e^{-\lambda}$，$n=0,1,2,\cdots$.

记 $\overline{a}_n=\sum\limits_{k=n+1}^{\infty}a_k$，它的一个表示 (α,P) 是

$$\alpha=(\overline{a}_0,0,\cdots,0)，\quad P=\begin{bmatrix} 0 & 1-\dfrac{a_1}{\overline{a}_0} & & \\ & 0 & 1-\dfrac{a_2}{\overline{a}_1} & \\ & & \ddots & \ddots \\ & & & \ddots \end{bmatrix}. \tag{2}$$

这是一个真正的离散 IPH 分布，因为它的母函数不是有理函数.

定理 1 对任意的α，离散 IPH 分布(α, P)为真分布的充要条件是无穷维代数方程组$Pz+P^0=z$存在唯一的非负有界解$z=e$.

证 $\forall i \in E-\{0\}$，定义$f_{i0}=\sum_{n=1}^{\infty} f_{i0}^{(n)}$，其中 $f_{i0}^{(1)}=p_{i0}$，

$$f_{i0}^{(n)}=P\{S_n=0, S_k \neq 0, k=1,\cdots,n-1 | S_0=i\}.$$

我们有

$$a_n=\alpha P^{n-1} P^0=\sum_{i=1}^{\infty} \sum_{j=1}^{\infty} \alpha_i p_{ij}^{(n-1)} p_{j0}=\sum_{i=1}^{\infty} \alpha_i f_{i0}^{(n)},$$

$$\sum_{n=0}^{\infty} a_n=\alpha_0+\sum_{n=1}^{\infty} \sum_{i=1}^{\infty} \alpha_i f_{i0}^{(n)}=\alpha_0+\alpha z.$$

其中$z=(f_{10}, f_{20}, \cdots)'$表示链从状态$i$出发最终被状态 0 吸收的概率向量.

若对任意的α，离散 IPH 分布(α, P)为真分布，则由$\sum_{n=0}^{\infty} a_n=\alpha_0+\alpha z=1$，可推出 $z=e$. 反之由 $z=e$，可推出$\sum_{n=0}^{\infty} a_n=\alpha_0+\alpha z=1$，离散 IPH 分布$(\alpha, P)$为真分布.

注 1 若原链$\{S_n\}$为不可约非周期链，因 $Pe+P^0=e$，方程组$Pz+P^0=z$有唯一解 $z=e$ 等价于方程组$Pz=z$只有零解. 由 Forster 准则，充要条件可简化为原链常返.

定理 2 当$|z|<1$时，有$(I-zP)^{-1} \in F(l^{\infty})$，于是离散 IPH 分布$(\alpha, P)$的概率母函数

$$G(z)=\alpha_0+z\alpha(I-zP)^{-1} P^0. \tag{3}$$

证 对 Banach 空间$F(l^{\infty})$的算子A，其范数定义为

$$\|A\|=\sup_{x \in l^{\infty}, x \neq 0} \frac{\|Ax\|}{\|x\|} \leq \sup_i\{\sum_{j=0}^{\infty}|a_{ij}|\}.$$

因$\|zP\|\le|z|<1$，由 Banach 代数，算子范函

$$(I-zP)^{-1}=\sum_{n=0}^{\infty}(zP)^n\in F(l^{\infty}).$$

于是离散 IPH 分布(α,P)的概率母函数

$$G(z)=\sum_{n=0}^{\infty}a_n z^n=\alpha_0+z\alpha\sum_{n=1}^{\infty}(zP)^{n-1}P^0$$
$$=\alpha_0+z\alpha(I-zP)^{-1}P^0.$$

定理 3　若 $(I-P)^{-1}\in F(l^{\infty})$，则离散 IPH 分布$(\alpha,P)$的各阶矩存在，且

$$G^{(k)}(1)=k!\alpha P^{k-1}(I-P)^{-k}e,\quad k=1,2,\cdots.\tag{4}$$

证　根据 Banach 空间的微积分，微分(3)式，由算子乘法的封闭性和算子$(I-P)^{-1}$与 P 的可交换性即得(4)式.

注 2　对离散 PH 分布，因方程组 $Pz=z$ 有限，从而逆矩阵$(I-P)^{-1}$存在是它为真分布且各阶矩存在的充要条件. 而离散 IPH 分布涉及无穷维代数方程组，$(I-P)^{-1}\in F(l^{\infty})$只是它为真分布且各阶矩存在的充分条件.

定义 2　对离散 IPH 分布(α,P)，若存在正整数 N_0 使得$\sum_{j=N_0+1}^{\infty}\alpha_j=0$，则初始概率向量$(\alpha_0,\alpha)$称为有限初始；若子随机矩阵 P 有如下分块形式

$$P_1=\begin{bmatrix}P_{11}&P_{12}&0&0&\cdots\\P_{21}&P_{22}&P_{23}&0&\cdots\\P_{31}&P_{32}&P_{33}&P_{34}&\cdots\\\vdots&\vdots&\vdots&\vdots&\vdots\end{bmatrix},\quad P_1^0=\begin{bmatrix}P_{10}^0\\P_{20}^0\\P_{30}^0\\\vdots\end{bmatrix},\tag{5}$$

则称为自由上跳型离散 IPH 分布. 特别，若 P 有如下式分块形式

$$P_2=\begin{bmatrix}A_1&A_0&0&0&\cdots\\A_2&A_1&A_0&0&\cdots\\A_3&A_2&A_1&A_0&\cdots\\\vdots&\vdots&\vdots&\vdots&\vdots\end{bmatrix},\quad P_2^0=\begin{bmatrix}B_1\\B_2\\B_3\\\vdots\end{bmatrix},\tag{6}$$

则称为 $GI/M/1$ 型离散 IPH 分布.

离散 IPH 分布的计算涉及无限矩阵的乘法，为了给出简便的近似计算方法，让我们首先计算 $GI/M/1$ 型离散 IPH 分布. 假定初始概率向量为 $\alpha=(\beta,0,0,\cdots)$，则由(1)式

$$a_0=\alpha_0;$$

$$a_1=\beta B_1;$$

$$\cdots \qquad \cdots \qquad \cdots$$

$$a_n=\beta[A_1 \quad A_0]\cdots\begin{bmatrix}A_1 & A_0 & 0 & 0 & \cdots \\ A_2 & A_1 & A_0 & 0 & \cdots \\ \vdots & \vdots & \ddots & \ddots & \ddots \\ A_{n-1} & A_{n-2} & \cdots & A_1 & A_0\end{bmatrix}\begin{bmatrix}B_1 \\ B_2 \\ \vdots \\ B_n\end{bmatrix}. \quad (7)$$

(7)式这种矩形矩阵相乘我们称为矩形迭代算法.

定理 4 不失一般性，可假定子矩阵 P_{ij} 的阶数为 N_0 . 令 $\alpha(N_0)=(\alpha_1,\cdots,\alpha_{N_0})$，则具有有限初始的自由上跳型离散 IPH 分布 (α,P_1) 可用矩形迭代算法精确计算. 即除了有 $a_0=\alpha_0$，对所有的 n 有 $a_{n+1}=\sigma_n$，其中 $\sigma_0=\alpha(N_0)P_{10}^0$，…，

$$\sigma_n=\alpha(N_0)\begin{bmatrix}P_{11} & P_{12}\end{bmatrix}\cdots$$

$$\cdot\begin{bmatrix}P_{11} & P_{12} & 0 & 0 & \cdots \\ P_{21} & P_{22} & P_{23} & 0 & \cdots \\ \vdots & \vdots & \ddots & \ddots & \cdots \\ P_{n,1} & P_{n,2} & \cdots & P_{n,n} & P_{n,n+1}\end{bmatrix}\begin{bmatrix}P_{10}^0 \\ P_{20}^0 \\ \vdots \\ P_{n+1,0}^0\end{bmatrix}. \quad (8)$$

证 注意到 $\alpha=(\alpha(N_0),0,0,\cdots)$ 和 P_1 的结构，直接计算 $\alpha P_1^n P_1^0$，即得(8)式.

定理 5 对一般初始的自由上跳型离散 IPH 分布 (α,P_1) 可用(8)式近似计算，即任给 $\varepsilon>0$，存在正整数 N_0 使得 $\sum_{j=N_0+1}^{\infty}\alpha_j<\varepsilon$，不失一般性，假定子矩阵 P_{ij} 的阶数亦为 N_0，则有计算误差

$$0 \le \alpha P_1^n P_1^0 - \sigma_n = a_{n+1} - \sigma_n < \varepsilon, \quad n = 0,1,\cdots. \quad (9)$$

证 将 (α, P_1) 写成新分块矩阵，即 $\alpha = (\alpha(N_0), \beta(N_0))$，$P_1 = (P_{1\infty}, P_{\bar{1}\infty})'$，其中 $P_{1\infty} = (P_{11}, P_{12}, 0, \cdots)$. 因对子随机矩阵有 $P_1^0 \le e$，$P_{1\infty} e \le e$，$P_{\bar{1}\infty} e \le e$，$P_1^n e \le e$ 和对正整数 N_0 的选取有 $\beta(N_0) e \le \varepsilon$，于是

$$\alpha P_1^n P_1^0 = \alpha(N_0) P_{1\infty} P_1^{n-1} P_1^0 + \beta(N_0) P_{\bar{1}\infty} P_1^{n-1} P_1^0 \le \sigma_n + \varepsilon.$$

而 $\alpha P_1^n P_1^0 \ge \sigma_n$ 是显然的，故(9)式成立.

对一般的离散 IPH 分布，由于子随机矩阵的行和收敛性，任给 $\varepsilon > 0$，总存在正整数序列 $0 < N_0 \le N_1 \le N_2 \le \cdots$，使得 $\sum_{j=N_0+1}^{\infty} \alpha_j \le \varepsilon$ 和 $\sum_{j=N_n+1}^{\infty} p_{ij} \le \varepsilon$，$1 \le i \le N_{n-1}$. 引进记号

$$\alpha(N_0) = (\alpha_1, \cdots, \alpha_{N_0}), \quad \beta(N_0) = (\alpha_{N_0+1}, \alpha_{N_0+2}, \cdots);$$

$$P_{N_{n-1}, N_n} = \begin{bmatrix} p_{11} & \cdots & p_{1N_n} \\ \vdots & \ddots & \vdots \\ p_{N_{n-1}1} & \cdots & p_{N_{n-1}N_n} \end{bmatrix}, \quad P_{N_n}^0 = \begin{bmatrix} p_{10}^0 \\ \vdots \\ p_{N_n,0}^0 \end{bmatrix},$$

$$P_{\bar{N}_n}^0 = \begin{bmatrix} p_{N_n+1,0}^0 \\ p_{N_n+2,0}^0 \\ \vdots \end{bmatrix}; \quad P_{\bar{N}_n,\infty} = \begin{bmatrix} p_{N_n+1,1} & p_{N_n+1,2} & \cdots \\ p_{N_n+2,1} & p_{N_n+2,2} & \cdots \\ \vdots & \vdots & \vdots \end{bmatrix},$$

$$P_{N_n, \bar{N}_{n+1}} = \begin{bmatrix} p_{1N_{n+1}+1} & p_{1N_{n+1}+2} & \cdots \\ \vdots & \vdots & \vdots \\ p_{N_n, N_{n+1}+1} & p_{N_n, N_{n+1}+2} & \cdots \end{bmatrix}.$$

我们设计如下的矩形迭代算法:

$$\sigma_{N_n} = \alpha(N_0) P_{N_0, N_1} \cdots P_{N_{n-1}, N_n} P_{N_n}^0, \quad n = 0,1,\cdots. \quad (10)$$

定理6 对一般的离散IPH分布 (α, P) 可用矩形迭代算法(10)式近似计算，计算误差满足

$$0 \le \alpha P^n P^0 - \sigma_{N_n} = a_n - \sigma_{N_n} < (n+1)\varepsilon, \quad n = 0,1,\cdots. (11)$$

证 根据定理 5 证明中同样的理由，我们有

$$\alpha P^0 = \alpha(N_0)P_{N_0}^0 + \beta(N_0)P_{\overline{N}_0}^0 \le \sigma_{N_0} + \varepsilon;$$

$$\begin{aligned}\alpha P P^0 &= \alpha(N_0)P_{N_0,\infty}P^0 + \beta(N_0)P_{\overline{N}_0,\infty}P^0 \\ &= \alpha(N_0)P_{N_0,N_1}P_{N_1}^0 + \alpha(N_0) \\ &\quad \cdot P_{N_0,\overline{N}_1}P_{\overline{N}_1}^0 + \beta(N_0)P_{\overline{N}_0,\infty}P^0 \\ &\le a_{N_1} + \alpha(N_0)\varepsilon e + \varepsilon \le \sigma_{N_1} + 2\varepsilon;\end{aligned}$$

$$\cdots \qquad \cdots \qquad \cdots$$

$$\begin{aligned}\alpha P^n P^0 &= \alpha(N_0)P_{N_0,\infty}P^{n-1}P^0 + \beta(N_0)P_{\overline{N}_0,\infty}P^{n-1}P^0 \\ &\le \alpha(N_0)P_{N_0,\infty}P^{n-1}P^0 + \varepsilon \\ &\le \alpha(N_0)P_{N_0,N_1}P_{N_1,\infty}P^{n-2}P^0 + \varepsilon + \varepsilon \\ &\le \alpha(N_0)P_{N_0,N_1}\cdots P_{N_{n-1},\infty}P^0 + n\varepsilon \\ &= \alpha(N_0)P_{N_0,N_1}\cdots P_{N_{n-1},N_n}P_{N_n}^0 \\ &\quad + \alpha(N_0)P_{N_0,N_1}\cdots P_{N_{n-1},\overline{N}_n}P_{\overline{N}_n}^0 + n\varepsilon \\ &\le \sigma_{N_n} + (n+1)\varepsilon.\end{aligned}$$

而 $\alpha P^n P^0 \ge \sigma_{N_n}$ 是显然的，故(11)式成立.

注 3 文[10]从不同的角度得到了相同的算法，但他们给出的计算误差为

$$0 \le \alpha P^n P^0 - \sigma_{N_n} < [0.5n(n+1) + 2n + 1]\varepsilon, \qquad n = 0,1,\cdots.$$

注 4 由于 $\alpha P^n P^0 \ge \sigma_{N_n}$，采用 σ_{N_n} 去逼近 IPH 分布总是保守的，另外，$\alpha_0 + \sum_{n=0}^{\infty}\sigma_{N_n}$ 一般都小于 1，不构成分布. 因此构造对所有 n 比 σ_{N_n} 大的序列是改进逼近的一种途径. 我们注意到 $\alpha P^n P^0 = \alpha P^n e - \alpha P^{n+1} e$，计算 $\alpha P^n e$ 还要相对容易些. 令

$$\theta_{N_n} = \alpha(N_0)P_{N_0,N_1}\cdots P_{N_{n-1},N_n}e, \qquad n = 0,1,\cdots, \tag{12}$$

同样可证

$$0 \le \alpha P^n e - \theta_{N_n} < (n+1)\varepsilon, \quad n = 0,1,\cdots,$$

$$0 \le \alpha P^n e - \theta_n < \varepsilon, \quad n = 0,1,\cdots.$$

并且可得特别重要的关系：$\theta_{N_n} - \theta_{N_{n+1}} \ge \sigma_{N_n}$. 因此，若以

$$a_0 \approx 1 - \theta_{N_0}, \quad a_{n+1} \approx \theta_{N_n} - \theta_{N_{n+1}}, \quad n = 0,1,\cdots \tag{13}$$

作为 IPH 分布的一种近似，因有

$$1 - \theta_{N_0} + \sum_{n=0}^{\infty} (\theta_{N_n} - \theta_{N_{n+1}}) = 1,$$

则它构成分布. 由于

$$(\theta_{N_n} - \theta_{N_{n+1}}) - a_{n+1} = (\alpha P^{n+1} e - \theta_{N_{n+1}}) - (\alpha P^n e - \theta_{N_n}), \quad n = 0,1,2,\cdots,$$

并且可望有更小的误差.

2.2.2 连续 IPH 分布

Neuts 在研究了离散 PH 分布后，给出了指数分布的矩阵类比，即连续 PH 分布. 然而对一般的规则马氏链，指数分布的算子类比还不能建立. 而只是对其中的有界马氏链才能建立指数分布的算子类比.

定义 1 不失一般性，从状态空间 $E=\{0,1,2,\cdots\}$ 上满足收敛性假设的规则马氏链 $S(t)$ (或以分块生成元矩阵 $\begin{bmatrix} T_{00} & T_0 \\ T^0 & T \end{bmatrix}$ 记之)，构造吸收马氏链 $\begin{bmatrix} 0 & 0 \\ T^0 & T \end{bmatrix}$ (即把 0 看成吸收状态)，对满足条件 $0 < \alpha e \le 1$ 的任意初始概率向量 (α_0, α)，链被吸收的时间 ξ 的分布 $F(t)$ 称为连续 IPH 分布，(α, T) 称为它的一个表示.

定理 1 对任意的 α，连续 IPH 分布为真分布的充要条件是方程组 $Tz + T^0 = 0$ 存在唯一的非负有界解 $z=e$.

证 根据马氏链理论，由原链 $S(t)$ 可构造它对应的跳跃链

$\begin{bmatrix} 1 & 0 \\ P^0 & P \end{bmatrix}$. 从跳跃链的结构，方程组 $Pz+P^0=z$ 与方程组 $Tz+T^0=0$ 是相同的，由离散 IPH 分布的定理 1，这说明 $F(t)$为真分布的充要条件是方程组 $Tz+T^0=0$ 存在唯一的非负有界解 $z=e$.

定理 2 当 Re $(s)>0$ 时，有 $(sI-T)^{-1}\in F(l^\infty)$，故连续 IPH 分布$(\alpha,T)$的 LS 变换为

$$\tilde{f}(s)=\alpha_0+\alpha(sI-T)^{-1}T^0, \qquad \mathrm{Re}\,(s)>0. \tag{1}$$

证 令 $p_{ij}(t)$表吸收马氏链的转移概率函数，它的 L 变换记为

$$\psi_{ij}(s)=\int_0^\infty \exp(-st)p_{ij}(t)dt$$

并定义矩阵 $B=[\psi_{ij}(s)]_{i,j\in E_1}$， $E_1=\{1,2,\cdots\}$. 对 Re $(s)>0$，因

$$\|[\psi_{ij}(s)]_{i,j\in E_1}\|\le \sup_{i\in E_1}|\sum_{j\in E_1}\int_0^\infty \exp(-st)p_{ij}(t)dt|\le \frac{1}{\mathrm{Re}(s)},$$

我们有 $B\in F(l^\infty)$.

从 Kolmogorov 向后方程组的代数形式有

$$s\psi_{ij}(s)-\sum_{k\in E_1}T_{ik}\psi_{kj}(s)=\delta_{ij}, \quad i,j\in E_1.$$

因此对 Re $(s)>0$， $(sI-T)B=I$. 类似地，从向前方程组的代数形式，得 $B(sI-T)=I$. 于是

$$(sI-T)^{-1}=B=[\int_0^\infty \exp(-st)p_{ij}(t)dt]_{i,j\in E_1}\in F(l^\infty).$$

再根据第一章吸收分布的密度公式

$$f(t)=\sum_{i\in E_1}\hat{P}_i(t)T_{i0}=\alpha[p_{ij}(t)]_{i,j\in E_1}T^0.$$

两边取 L 变换并利用密度函数的 L 变换和分布函数的 LS 变换相等，最终得到

$$\tilde{f}(s)=\alpha_0+\int_0^\infty \exp(-st)f(t)dt=\alpha_0+\alpha(sI-T)^{-1}T^0.$$

例 1 一个典型的连续 IPH 分布是 $M/M/\infty$排队的忙期分布，

它有表示(α,T)如下：$\alpha=(1,0,\cdots)$，

$$T=\begin{bmatrix} -(\lambda+\mu) & \lambda & & & \\ 2\mu & -(\lambda+2\mu) & \lambda & & \\ & 3\mu & -(\lambda+3\mu) & \lambda & \\ & & \ddots & \ddots & \ddots \end{bmatrix},$$

其中λ是到达率，μ是服务率.

现在我们来阐述指数分布的算子类比——SPH 分布，它是矩阵类比——PH 分布的直接推广. 我们将证明 SPH 分布实质上等价于 EMP 分布(定义见[9])和 Erlang-n 可数混合分布(定义见[11])，并利用这一结果给出重要的逼近定理. 我们还将证明 SPH 分布的一个特征定理.

定义 2 若不可约马氏链 $S(t)$ 的生成元矩阵满足一致有界条件：$c=\sup\limits_i|T_{ii}|<\infty$，则连续 IPH 分布 $F(t)$称为连续 SPH 分布. 类似地，根据初始概率向量的结构可定义有限初始；根据矩阵 T 的结构可定义自由上跳型和 $GI/M/1$ 型连续 SPH 分布.

因为 SPH 分布的矩阵 T 一致有界，它可以看成为从 Banach 空间l^∞到l^∞上的有界线性算子. 利用 Banach 空间$F(l^\infty)$上的抽象微积分，我们可以证明下面的引理和定理.

引理 1 令 $\hat{P}(t)=\begin{bmatrix} 1 & 0 \\ P^0(t) & P(t) \end{bmatrix}$表示吸收马氏链$\begin{bmatrix} 0 & 0 \\ T^0 & T \end{bmatrix}$的转移概率函数阵，则

$$P(t)=\exp(Tt),\quad P^0(t)=[I-\exp(Tt)]e. \tag{2}$$

定理 3 表示为(α,T)的 SPH 分布函数具有算子指数形式

$$F(x)=1-\alpha\exp(Tx)e,\quad x\geq 0; \tag{3}$$

它的密度函数

$$f(x)=F'(x)=\alpha\exp(Tx)T^0,\quad x>0; \tag{4}$$

它的 LS 变换

$$\tilde{f}(s)=\alpha_0+\alpha(sI-T)^{-1}T^0, \quad \mathrm{Re}(s)>0. \tag{5}$$

进一步，如果 T 存在逆算子 $T^{-1}\in F(l^\infty)$，则 SPH 分布的各阶矩存在且

$$\mu_k=(-1)^k k!\alpha T^{-k}e, \quad k=1,2,\cdots. \tag{6}$$

注 1 值得注意的是：逆算子 T^{-1} 存在只是 SPH 分布的各阶矩存在的充分条件．当 $T^{-1}\notin F(l^\infty)$ 时，如果有 $0<\mu_k<\infty$，则(6)式仍成立．

例 2 证明当 $\rho=\lambda\mu^{-1}\le 1$ 时，$M/M/1$ 排队的忙期分布是具有表示(e_1, M)的 SPH 分布，且当 $\rho<1$ 时平均忙期为 $(1-\rho)^{-1}$，其中 λ 是到达率，μ 是服务率；$e_1=(1,0,\cdots)$，

$$M=\begin{bmatrix} -(\lambda+\mu) & \lambda & 0 & 0 & \cdots \\ \mu & -(\lambda+\mu) & \lambda & 0 & \cdots \\ 0 & \mu & -(\lambda+\mu) & \lambda & \cdots \\ \vdots & \vdots & \ddots & \ddots & \ddots \end{bmatrix}.$$

证 通过直接计算，我们有

$$M^{-1}=-\frac{1}{\mu}\begin{bmatrix} 1 & \rho & \rho^2 & \rho^3 & \rho^4 & \rho^5 & \cdots \\ 1 & (1+\rho) & \rho(1+\rho) & \rho^2(1+\rho) & \rho^3(1+\rho) & \rho^4(1+\rho) & \cdots \\ 1 & (1+\rho) & \sum_{k=0}^{2}\rho^k & \rho\sum_{k=0}^{2}\rho^k & \rho^2\sum_{k=0}^{2}\rho^k & \rho^3\sum_{k=0}^{2}\rho^k & \cdots \\ 1 & (1+\rho) & \sum_{k=0}^{2}\rho^k & \sum_{k=0}^{3}\rho^k & \rho\sum_{k=0}^{3}\rho^k & \rho^2\sum_{k=0}^{3}\rho^k & \cdots \\ 1 & (1+\rho) & \sum_{k=0}^{2}\rho^k & \sum_{k=0}^{3}\rho^k & \sum_{k=0}^{4}\rho^k & \rho\sum_{k=0}^{4}\rho^k & \cdots \\ \vdots & \vdots & \vdots & \vdots & \vdots & \vdots & \vdots \end{bmatrix},$$

显而易见它不是 Banach 空间上的有界线性算子．但容易验证 $z=(\rho^{-1},\rho^{-2},\cdots)$ 是无穷维代数方程组 $Mz+M^0=0$ 的解．因为 $Me+M^0=0$，并且当 $\rho<1$ 时，z 是无界解；所以 e 是方程组 $Mz+M^0=0$ 的唯一有界解．根据定理 1 和 SPH 分布的定义，当

$\rho=\lambda\mu^{-1}\le 1$时，*M/M/*1 排队的忙期分布是具有表示 (e_1, M) 的 SPH 分布. 另一方面，由排队论知[2]：当$\rho<1$时，平均忙期为$(1-\rho)^{-1}$. 这时尽管 $M^{-1}\notin F(l^{\infty})$，但仍有

$$\mu_1=-e_1M^{-1}e=(1-\rho)^{-1}.$$

这是一个真正的SPH分布，因众所周知*M/M/*1 排队忙期分布的 LS 变换(见[2])

$$\tilde{f}(s)=\left(\lambda+\mu+s-\sqrt{(\lambda+\mu+s)^2-4\lambda\mu}\right)\Big/(2\lambda)$$

是一个无理函数，而连续 PH 分布的 LS 变换都是有理函数.

注 2 我们能证明下面的SPH分布(α,T)是一个PH分布，其中$\alpha=(1,0,\cdots)$，

$$T=\begin{bmatrix} -\lambda & \lambda & & & & \\ & -\lambda & \lambda & & & \\ & & \ddots & \ddots & & \\ & & & -(\lambda+\mu) & \lambda & \\ & & & & \ddots & \ddots \end{bmatrix}.$$

但如何直接从无限矩阵 T 识别一个 SPH 分布是不是 PH 分布，这是一个有难度的问题.

定理 4 令 $P=I+c^{-1}T$，对任意具有表示(α,T)的 SPH 分布都可表示成 Erlang-n 分布的可数混合，或者说可用 Erlang-n 分布的正项级数展开，系数形成具有表示(α,P)的离散 IPH 分布.

$$F(x)=1-\sum_{n=0}^{\infty}(\alpha P^n e)\frac{(cx)^n}{n!}e^{-cx}$$

$$=\alpha_0+\sum_{n=0}^{\infty}(\alpha P^n P^0)E_{n+1}(c,x)\,; \tag{7}$$

$$f(x)=\sum_{n=0}^{\infty}(\alpha P^n P^0)E'_{n+1}(c,x)=\sum_{n=0}^{\infty}(\alpha P^n P^0)\frac{c(cx)^n}{n!}e^{-cx}\,; \tag{8}$$

$$\widetilde{f}(s)=\alpha_0+\sum_{n=0}^{\infty}(\alpha P^n P^0)\left(\frac{c}{s+c}\right)^n, \tag{9}$$

其中

$$E_n(c,x)=1-\sum_{k=0}^{n-1}\frac{(cx)^k}{k!}e^{-cx}. \tag{10}$$

证 由一致化技巧将 $T=cP-cI$ 代入(3)~(5)式经计算即得.

注 3 由定理 4 可知 SPH 分布和 EMP 分布, Erlang-n 可数混合分布实际上都是同一个分布. 文献上还有人称它为 GPH 分布(Shanthikumar [17])和 APH 分布(Ott [16]), 但我们认为称为 SPH 分布较为准确, 因为 S 反映了生成元矩阵的上确界有限.

注 4 另一方面, 定理 4 建立了离散 IPH 分布和连续 SPH 分布的一一对应关系. 因此由离散 IPH 分布的运算封闭性可推出连续 SPH 分布的运算封闭性.

利用一致化技巧和矩形迭代算法很容易得到下述逼近定理, 见文献[19].

定理 5 给定 ε 和有限区间[0, X], 下面的函数[x]定义为取 x 的整数, e=exp(1), 令

$$M=\min\{\max([2ceX],[\log_2(1/\varepsilon)]),\inf\{n|\theta_{N_{n+1}}\le\varepsilon\},$$

$$F_N(x)=1-\theta_{N_0}+\sum_{n=1}^{\infty}(\theta_{N_{n-1}}-\theta_{N_n})E_n(c,x),$$

$$F_{NM}(x)=1-\theta_{N_0}+\sum_{n=1}^{M}(\theta_{N_{n-1}}-\theta_{N_n})E_n(c,x)+\theta_{N_M}E_{M+1}(c,x),$$

其中$\{\theta_{N_n}\}$由本节一公式(12)计算. 对任意具有表示(α,T)的 SPH 分布 $F(x)$, 则我们有

$$0\le F_N(x)-F(x)\le(cx+1)\varepsilon,\quad x\ge 0,$$

$$0\le F_{NM}(x)-F(x)\le(cX+2)\varepsilon,\quad 0\le x\le X. \tag{11}$$

证 由定义, 分别有

$$F_N(x)=1-\sum_{n=0}^{\infty}\theta_{N_n}\frac{(cx)^n}{n!}e^{-cx},$$

$$F_{NM}(x)=1-\sum_{n=0}^{M}\theta_{N_n}\frac{(cx)^n}{n!}e^{-cx}.$$

于是我们有

$$0\le F_N(x)-F(x)=\sum_{n=0}^{\infty}(\alpha P^n e-\theta_{N_n})\frac{(cx)^n}{n!}e^{-cx}$$

$$\le\sum_{n=0}^{\infty}(n+1)\varepsilon\frac{(cx)^n}{n!}e^{-cx}=(cx+1)\varepsilon.$$

$$0\le F_{NM}(x)-F(x)=\sum_{n=0}^{\infty}(\alpha P^n e-\theta_{N_n})\frac{(cx)^n}{n!}e^{-cx}$$

$$+\sum_{n=M+1}^{\infty}\theta_{N_n}\frac{(cx)^n}{n!}e^{-cx}$$

$$\le(cx+1)\varepsilon+\theta_{N_{M+1}}\sum_{n=M+1}^{\infty}\frac{(cx)^n}{n!}e^{-cx}.$$

如果 $M=\inf\{n|\theta_{N_{n+1}}\le\varepsilon\}$，则 $\theta_{N_{M+1}}\sum_{n=M+1}^{\infty}\frac{(cx)^n}{n!}e^{-cx}\le\varepsilon$；否则根据 Taylor 展开，存在$\zeta\in(0,x)$使得对$0<x\le X$，有

$$\theta_{N_{M+1}}\sum_{n=M+1}^{\infty}\frac{(cx)^n}{n!}e^{-cx}\le e^{-cx}\frac{(cx)^{M+1}}{(M+1)!}e^{-c\zeta}$$

$$\le\frac{(cx)^{M+1}}{(M+1)!}\le\frac{(cX)^{M+1}}{(M+1)!}$$

$$\le\frac{(ceX)^{M+1}}{(M+1)},\qquad(\because n^n e^{-n}<n!)$$

$$\le(1/2)^{M+1}\le\varepsilon,\qquad\text{(根据 }M\text{ 的定义)}$$

因此对区间[0, X]中的 x 得到

$$0\le F_{NM}(x)-F(x)\le(cx+1)+\varepsilon\le(cX+2)\varepsilon.$$

推论 1 给定ε，令$\widetilde{M}=\inf\{n|\theta_n\le\varepsilon\}$，对任意具有表示$(\alpha,T)$的 *GI/M/*1 型 SPH 分布 $F(x)$，则我们有一致逼近和误差估计如下：

$$0\le F_N(x)-F(x)\le\varepsilon,\quad x\ge 0,$$
$$0\le F_{N\widetilde{M}}(x)-F(x)\le 2\varepsilon,\quad x\ge 0.$$

推论 2 对任意具有有限初始表示为(α,T)的 *GI/M/*1 型 SPH 分布，则我们有

$$F_N(x)=F(x),$$
$$0\le F_{N\widetilde{M}}(x)-F(x)\le\varepsilon,\quad x\ge 0.$$

用矩形迭代算法计算 SPH 分布的步骤如下：

第一步 给定逼近误差δ和正实数 X；

第二步 置

$$\varepsilon=\delta/(cX+2),$$
$$M=\min\{\max([2ceX],[\log_2(1/\varepsilon)]),\inf\{n|\theta_{N_{n-1}}\le\varepsilon\}\};$$

第三步 生成 $N_0, N_1, \cdots, N_M$;

第四步 计算 θ_{N_n}, $n=0, 1, \cdots, M$;

第五步 获得一致逼近 $F_{NM}(x)$.

定理 6(特征定理) 寿命分布 $F(x)$ 为 SPH 分布当且仅当：

(a) 对所有 $n=0,1,2,\cdots$，各阶导数 $F^{(n)}(x)$在$[0,\infty)$上有界连续；

(b) $f(x)=F'(x)$ 在$(0,\infty)$上恒正；

(c) 令$g_0(x)=f(x)$，则在$(0,\infty)$上存在正数λ，使得对所有的 $n=0,1,2,\cdots$，有$g_{n+1}(x)=g_n(x)+\lambda^{-1}g_n'(x)\ge 0$.

证 必要性 令 $F(x)$ 是一个有表示(α,T)的 SPH 分布，根据 Banach 空间上的微积分，我们得到

$$F^{(n)}(x)=\alpha\exp(Tx)T^{n-1}T^0,\quad n=1,2,\cdots.$$

因为$\|\exp(Tx)\|\le 1$，我们有

$$|F^{(n)}(x)|\le\|\alpha\|\cdot\|\exp(Tx)\|\cdot\|T\|^{n-1}\cdot\|T^0\|\le(2c)^n.$$

$F^{(n)}(x)$的连续性是显然的，于是条件(a)成立.

显然有 $f(x)=F'(x)=\alpha\exp(Tx)T^0$ 且 $\alpha\neq 0$. 如果列向量 $\exp(Tx)T^0$ 的第 i 个分量为零，由引理 1，则定义 SPH 分布的马氏链从状态 i 开始吸进状态 0 的概率也应当为零. 这与 SPH 分布的定义相矛盾. 于是条件(b)也成立.

将 $g_0(x)=f(x)$ 和 $\lambda=c$ 代入

$$g_{n+1}(x)=g_n(x)+\lambda^{-1}g_n'(x)\geq 0,$$

我们有

$$g_{n+1}(x)=\alpha(I+c^{-1}T)^n\exp(Tx)T^0\geq 0.$$

必要性证毕.

充分性 因为 $F(x)$ 是有密度的分布，于是 $\lim\limits_{x\to\infty}f(x)=0$. 利用归纳法，假设 $\lim\limits_{x\to\infty}f^{(n)}(x)=0$，由条件(a)，存在 M_{n+2} 使得 $f^{(n+2)}(x)\leq M_{n+2}$. 于是对任意的 $\varepsilon>0$，令 $\delta=\varepsilon/M_{n+2}$，则当 $|x-y|<\delta$ 时，对 $x<\eta<y$，有

$$|f^{(n+1)}(x)-f^{(n+1)}(y)|=|f^{(n+2)}(\eta)||x-y|<\varepsilon.$$

由假定 $\lim\limits_{x\to\infty}f^{(n)}(x)=0$，我们有

$$\lim_{x\to\infty}\frac{f^{(n)}(x+\delta)-f^{(n)}(x)}{\delta}=0.$$

又根据中值定理

$$\frac{f^{(n)}(x+\delta)-f^{(n)}(x)}{\delta}=f^{(n+1)}(x+\delta\cdot\theta(x)),$$

其中 $\theta(x)\in(0,1)$. 于是存在常数 $A>0$, 使得当 $x>A$ 时, $|f^{(n+1)}(x+\delta\cdot\theta(x))|<\varepsilon$ 且

$$|f^{(n+1)}(x)|\leq|f^{(n+1)}(x)-f^{(n+1)}(x+\delta\cdot\theta(x))|$$
$$+|f^{(n+1)}(x+\delta\cdot\theta(x))|<2\varepsilon.$$

因此 $\lim\limits_{x\to\infty}f^{(n+1)}(x)=0$. 根据归纳法

$$\lim_{x\to\infty}f^{(n)}(x)=0,\quad n=0,1,2,\cdots.$$

进一步由条件(c)得到

$$\lim_{\lambda\to\infty} g_n(x)=0,\quad n=0,1,2,\cdots. \tag{12}$$

从条件(c)和(12)式，我们有

$$\int_0^\infty g_{n+1}(x)dx=\int_0^\infty g_n(x)dx-\frac{1}{\lambda}g_n(0)\ge 0,\quad n=0,1,2,\cdots. \tag{13}$$

情况 1　假定在(13)式中，

$$\int_0^\infty g_{n+1}(x)dx=\int_0^\infty g_n(x)dx-\frac{1}{\lambda}g_n(0)>0,\quad n=0,1,2,\cdots.$$

由条件(b)，我们有 $F(0)<1$. 于是我们可定义下述分布函数

$$F_1(x)=\frac{\int_0^x f(u)du}{1-F(0)}=\frac{\int_0^x g_0(u)du}{1-F(0)},$$

$$F_n(x)=\int_0^x g_{n-1}(u)du\Big/\left(\int_0^\infty g_{n-2}(u)du-\frac{1}{\lambda}g_{n-2}(0)\right),n=2,3,\cdots. \tag{14}$$

从(14)式和条件(c)有

$$F_{n+1}(x)=\frac{\int_0^\infty g_{n-2}(u)du-\frac{1}{\lambda}g_{n-2}(0)}{\int_0^\infty g_{n-1}(u)du-\frac{1}{\lambda}g_{n-1}(0)}\left(F_n(x)+\frac{1}{\lambda}F_n'(x)-\frac{1}{\lambda}F_n'(0)\right).$$

由(13)式和(14)式它可改写为

$$\frac{d}{dx}F_n(x)=[\lambda-F_n'(0)]F_{n+1}(x)-\lambda F_n(x)+F_n'(0),\quad n=1,2,\cdots.$$

令 $\overline{F}_n(x)=1-F_n(x)$，得到微分方程组

$$\begin{cases}\overline{F}_n'(x)=-\lambda\overline{F}_n(x)+[\lambda-F_n'(0)]\overline{F}_{n+1}(x)\\ \overline{F}_n(0)=1,\qquad n=1,2,\cdots.\end{cases} \tag{15}$$

现在我们来证明下述微分方程组

$$
\begin{cases} H_n'(x) = -\lambda H_n(x) + [\lambda - F_n'(0)]H_{n+1}(x) \\ H_n(0) = 1, \quad 0 \le H_n(x) \le 1, \quad n = 1,2,\cdots \end{cases} \tag{16}
$$

存在唯一解．显然由(15)式，$\overline{F}_n(x)$ 是微分方程组(16)的一个解．假定微分方程组(16)还有其它解，不妨设为 $H_n(x)$，如果定义函数 $G_n(x) = \overline{F}_n(x) - H_n(x)$，则它满足微分方程组

$$
\begin{cases} G_n'(x) = -\lambda G_n(x) + [\lambda - F_n'(0)]G_{n+1}(x) \\ G_n(0) = 0, \quad |G_n(x)| \le 1, \quad n = 1,2,\cdots. \end{cases} \tag{17}
$$

解微分方程组(17)，我们得到

$$
G_m(x) = e^{-\lambda x}[\lambda - F_m'(0)]\int_0^x e^{\lambda u} G_{m+1}(u)du
$$

$$
= e^{-\lambda x}\left(\prod_{k=0}^{n-1}[\lambda - F_{m+k}'(0)]\right)\int_0^x dx_1 \int_0^{x_1} dx_2 \cdots \int_0^{x_n} e^{\lambda x_n} G_{m+n}(x_n)dx_n,
$$

$$
n = 1,2,\cdots, \qquad m = 1,2,\cdots.
$$

根据对(13)式所作的假定，

$$
\lambda \ge \lambda - F_n'(0)
$$

$$
= \lambda\left(\int_0^x g_{n-1}(u)du - \frac{1}{\lambda} g_{n-1}(0)\right) \Big/ \left(\int_0^\infty g_{n-1}(u)du\right) > 0.
$$

因 $\exp(-\lambda x) \le 1$，我们有

$$
|G_m(x)| \le \lambda^n \int_0^x dx_1 \int_0^{x_1} dx_2 \cdots \int_0^{x_n} e^{\lambda x_n} |G_{m+n}(x_n)| dx_n
$$

$$
\le \lambda^n \int_0^x dx_1 \int_0^{x_1} dx_2 \cdots \int_0^{x_n} e^{\lambda x_n} dx_n = e^{\lambda x} - \sum_{k=0}^{n-1} \frac{(\lambda x)^k}{k!}.
$$

令 $n \to \infty$，我们得到 $G_m(x) = 0$．因此微分方程组(16)的解唯一．

令 $\alpha = (1,0,0,\cdots)$，$Q = \begin{bmatrix} 0 & 0 \\ T^0 & T \end{bmatrix}$，

$$T = \begin{bmatrix} -\lambda & \lambda - F_1'(0) & 0 & \cdots \\ 0 & -\lambda & \lambda - F_2'(0) & \cdots \\ \vdots & \ddots & \ddots & \ddots \end{bmatrix}. \tag{18}$$

从 Q 过程的唯一性[1] 和微分方程组(16)解的唯一性可知，存在一个在状态空间 E 上以 Q 为生成元矩阵的连续时间马氏链. 由引理 1，微分方程组(16)的解 $\overline{F}_n(x)$ 是从状态 n 开始该链将不被状态 0 吸收的概率，即

$$\overline{F}_n(x) = (0,\cdots,0,1,0,\cdots)\exp(Tx)e, \quad n = 1,2,\cdots.$$

另一方面，根据 $\overline{F}_n(x)$ 的构造有 $\lim\limits_{x\to\infty}\overline{F}_n(x) = 0$, $n = 1,2,\cdots$，于是该链所有非零状态 n 都将被状态 0 吸收. 因此根据 SPH 分布的定义, $F_1(x)$是一个有表示 (α,T) 的 SPH 分布.

注意到 $f(x) = [1-F(0)]F_1'(x)$，我们得到

$$\begin{aligned} F(x) &= F(0) + \int_0^x f(u)du \\ &= 1-[1-F(0)]\alpha\exp(Tx)e. \end{aligned} \tag{19}$$

故在情况 1 的条件下, $F(x)$是一个有表示 $([1-F(0)]\alpha,T)$ 的 SPH 分布.

情况 2 由条件(b)，有 $\int_0^\infty g_0(x)dx > 0$，假定在(13)式中存在 $n>1$，使得

$$\int_0^\infty g_k(x)dx > 0, \quad k = 0,1,\cdots,n-1; \quad \int_0^\infty g_n(x)dx = 0, \tag{20}$$

则由非负性可推出 $g_k(x) \equiv 0$, $k = n,n+1,\cdots$.

根据(13)式、(14)式和假定(20)，对 $k = 1,2,\cdots,n$，我们仍可定义分布函数 $F_k(x)$，并且有 $F_n'(0) = \lambda$. 由假定(20)和条件(c)，还有 $g_{n-1}(x) = -\lambda^{-1}g_{n-1}'(x)$. 于是我们得到

$$F_n(x) = \int_0^x g_{n-1}(u)du \Big/ \int_0^\infty g_{n-1}(u)du = -\lambda^{-1}F_n'(x) + 1.$$

类似于情况 1，有微分方程组

$$\begin{cases} \overline{F}_k'(x) = -\lambda \overline{F}_k(x) + [\lambda - F_k'(0)]\overline{F}_{k+1}(x), \quad k = 1,2,\cdots,n-1 \\ \overline{F}_n'(x) = -\lambda \overline{F}_n(x), \quad \overline{F}_k(0) = 1, \quad k = 1,2,\cdots,n. \end{cases}$$

在这种情况下，$F(x)$ 是一个特殊的SPH分布，即(有限)混合Erlang分布.

注 5 由条件(c)和(13)式，对 $n = 1,2,\cdots$，定理中的 $F_n'(0)$ 可如下计算：$F_1'(0) = f(0)/[1-F(0)]$，

$$F_{n+1}'(0) = \sum_{k=0}^{n}\binom{n}{k}\frac{1}{\lambda^k}f^{(k)}(0) \Big/ \left[1 - F(0) - \sum_{k=0}^{n-1}\binom{n}{k+1}\frac{1}{\lambda^{k+1}}f^{(k)}(0)\right]. \tag{21}$$

§2.3 求联合分布问题

本节讨论一个在应用概率和随机模型中都感兴趣的问题(见文[18])，即两个更新过程的穿越时间及其更新数的联合分布.

模型描述如下：令 N 是一个取整值的随机变量，$\{X_i\}$和$\{Y_j\}$是两个独立同分布的随机变量序列，$N_1(t)$和$N_2(t)$是与这两个序列相伴的更新过程. 假定 N, $N_1(t)$和$N_2(t)$相互独立，我们感兴趣的问题是求

$$\xi_N = \inf\{n | T_n \ge S_N\}, \quad T_{\xi_N} = \sum_{j=1}^{\xi_N} Y_j,$$

$$\eta_N = N_1(T_{\xi_N}) \tag{1}$$

的联合分布和边缘分布，其中 $S_n = \sum_{i=1}^{n} X_i$ 和 $T_n = \sum_{j=1}^{n} Y_j$.

一个对偶的问题是求

$$R_N = \inf\{t | N_2(t) \geq N + N_1(t)\}, \quad \theta_N = N_1(R_N),$$
$$\delta_N = N_2(R_N) \tag{2}$$

的联合分布和边缘分布.

为了简便，我们只考虑问题(1)，并进一步假定 N 是一个给定的正整数，而 X_i 是有表示 (α,T)，的 m 阶 PH 分布，其中 $\alpha e = 1$；Y_j 是有表示 (β,S)，的 n 阶 PH 分布，其中 $\beta e = 1$．即 $N_1(t)$和 $N_2(t)$是两个 PH 更新过程.

2.3.1 向量马氏过程(VMP)方法

因为 PH 分布由一个有限状态吸收马氏链所定义的，令 $I(t)$和 $J(t)$分别表示 X_i 和 Y_j 在时刻 t 所处的状态．考虑四维吸收马氏链 $\{N_1(t), N_2(t), I(t), J(t)\}$，它的状态空间为

$$E = \{(i,j,k,l),(i',j')| i,j = 0,1,\cdots;\ \ k = 1,\cdots,m;$$
$$l = 1,\cdots,n;\ \ i' = N',N'+1',\cdots;\ \ j' = 1',2',\cdots\},$$

其中 (i',j') 表示该四维吸收马氏链的吸收状态．该链的状态转移情况见图 1.

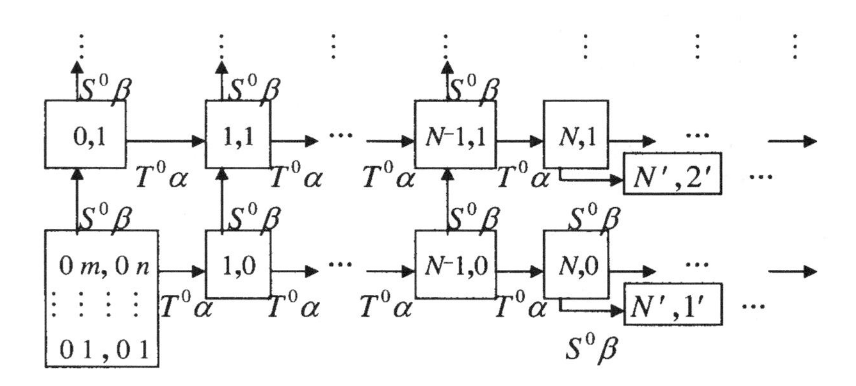

图 1　四维吸收马氏链$\{N_1(t), N_2(t), I(t), J(t)\}$的状态转移图

令 $p_{ij}(k,l,t)=P\{N_1(t)=i,N_2(t)=j,I(t)=k,J(t)=l\}$,
$P_{ij}(t)=[p_{ij}(1,1,t),\cdots,p_{ij}(1,n,t),\cdots,p_{ij}(m,1,t),\cdots,p_{ij}(m,n,t)]$.
根据状态转移图我们有微分方程组

$$P'_{ij}(t)=P_{ij}(t)[T\oplus S]+P_{i-1j}(t)[T^0\alpha\otimes I]+P_{ij-1}(t)[I\otimes S^0\beta]$$
$$i=0,1,\cdots,N-1;\quad j=0,1,2,\cdots, \tag{3}$$

$$P'_{ij}(t)=P_{ij}(t)[T\oplus S]+P_{i-1j}(t)[T^0\alpha\otimes I]$$
$$i=N,N+1,\cdots;\quad j=0,1,2,\cdots; \tag{4}$$

初始条件

$$P_{00}(0)=\alpha\otimes\beta,\ \text{其余为零}.$$

其中我们假定了 $P_{-1,j}(t)=P_{i,-1}(t)=0$.

我们使用Z和L变换解这个微分方程组. 令

$$P_i(t,u)=\sum_{j=0}^{\infty}P_{ij}(t)u^j,\quad |u|\le 1,$$

则得到一个新的微分方程组

$$P'_i(t,u)=P_i(t,u)[T\oplus S]+P_{i-1}(t,u)[T^0\alpha\otimes I]$$
$$+P_i(t,u)u[I\otimes S^0\beta],\quad i=0,1,\cdots,N-1, \tag{5}$$

$$P'_i(t,u)=P_i(t,u)[T\oplus S]+P_{i-1}(t,u)[T^0\alpha\otimes I]$$
$$i=N,N+1,\cdots; \tag{6}$$

初始条件

$$P_0(0,u)=\alpha\otimes\beta,\quad \text{其余为零}.$$

进一步令 $P(t,u,z)=\sum_{i=0}^{\infty}P_i(t,u)z^i$, $|z|\le 1$, 我们得到微分方程

$$P'(t,u,z)=P(t,u,z)[T\oplus S]+P(t,u,z)$$
$$\cdot z[T^0\alpha\otimes I]+\sum_{i=0}^{N-1}P_i(t,u)z^iu[I\otimes S^0\beta]; \tag{7}$$

初始条件

$$P(0,u,z)=\alpha\otimes\beta.$$

最后，令 $P^*(s,u,z)=\int_0^{\infty}\exp(-st)P(t,u,z)dt$，$\mathrm{Re}(s)>0$，则有

$$sP^*(s,u,z)-\alpha\otimes\beta=P^*(s,u,z)[T\oplus S]$$
$$+P^*(s,u,z)z[T^0\alpha\otimes I]+\sum_{i=0}^{N-1}P_i^*(s,u)z^i u[I\otimes S^0\beta].$$

矩阵 $\left(sI-T\oplus S-z[T^0\alpha\otimes I]\right)$ 对角占优，故非奇异，于是得到

$$P^*(s,u,z)=\left([\alpha\otimes\beta]+\sum_{i=0}^{N-1}P_i^*(s,u)z^i u[I\otimes S^0\beta]\right)$$
$$\cdot\left(sI-T\oplus S-z[T^0\alpha\otimes I]\right)^{-1}. \tag{8}$$

余下的问题是确定 $\sum_{i=0}^{N-1}P_i^*(s,u)z^i$ 的值.

引理 1 当 $\mathrm{Re}(s)>0$, $|u|\le 1$ 和 $|z|\le 1$ 时，这个值可用两个 PH 分布的表示完全确定如下：

$$\sum_{i=0}^{N-1}P_i^*(s,u)z^i=[\alpha\otimes\beta]$$
$$\cdot\left(sI-T\oplus S-u[I\otimes S^0\beta]-z[T^0\alpha\otimes I]\right)^{-1}$$
$$\cdot[I-\{z[T^0\alpha\otimes I]\left(sI-T\oplus S-u[I\otimes S^0\beta]\right)^{-1}\}^N]. \tag{9}$$

证 显然矩阵 $\left(sI-T\oplus S-u[I\otimes S^0\beta]-z[T^0\alpha\otimes I]\right)$ 也是对角占优矩阵，故非奇异. 于是从(5)式我们有

$$P^*_0(s,u)=[\alpha\otimes\beta]\left(sI-T\oplus S-u[I\otimes S^0\beta]\right)^{-1},$$
$$P^*_i(s,u)=P^*_{i-1}(s,u)[T^0\alpha\otimes I]$$
$$\cdot\left(sI-T\oplus S-u[I\otimes S^0\beta]\right)^{-1},\quad i=1,\cdots,N-1.$$

因为 $(I-X)(I+X+\cdots+X^{N-1})=I-X^N$，故

$$\sum_{i=0}^{N-1} P*_i(s,u)z^i = [\alpha \otimes \beta]\left(sI - T \oplus S - u[I \otimes S^0\beta]\right)^{-1}$$

$$\cdot[I + z[T^0\alpha \otimes I]\left(sI - T \oplus S - u[I \otimes S^0\beta]\right)^{-1} + \cdots$$

$$+\{z[T^0\alpha \otimes I]\left(sI - T \oplus S - u[I \otimes S^0\beta]\right)^{-1}\}^{N-1}]$$

$$= [\alpha \otimes \beta]\left(sI - T \oplus S - u[I \otimes S^0\beta]\right)^{-1}$$

$$\cdot[I - \{z[T^0\alpha \otimes I]\left(sI - T \oplus S - u[I \otimes S^0\beta]\right)^{-1}\}]^{-1}$$

$$\cdot[I - \{z[T^0\alpha \otimes I]\left(sI - T \oplus S - u[I \otimes S^0\beta]\right)^{-1}\}^N]$$

$$= [\alpha \otimes \beta]\left(sI - T \oplus S - u[I \otimes S^0\beta] - z[T^0\alpha \otimes I]\right)^{-1}$$

$$\cdot[I - \{z[T^0\alpha \otimes I]\left(sI - T \oplus S - u[I \otimes S^0\beta]\right)^{-1}\}^N].$$

定理 1 问题(1)中三个随机变量 T_{ξ_N}, ξ_N 和 η_N 的联合变换函数，当 Re(*s*)>0, $|u| \le 1$ 和$|z| \le 1$ 时为

$$\tilde{f}(s,u,z) = E[\exp(-sT_{\xi_N})u^{\xi_N}z^{\eta_N}]$$

$$= u[\alpha \otimes \beta]\{z\left(sI - T \oplus S - u[I \otimes S^0\beta]\right)^{-1}[T^0\alpha \otimes I]\}^N$$

$$\cdot\left(sI - T \oplus S - z[T^0\alpha \otimes I]\right)^{-1}[e \otimes S^0]. \tag{10}$$

证 因分布的LS变换等于密度的L变换，再根据吸收分布公式和(8), (9)两式有

$$\tilde{f}(s,u,z) = \sum_{i=N}^{\infty}\sum_{j=1}^{\infty}\int_0^{\infty} e^{-st}dP\{T_{\xi_N} \le t, \xi_N = j, \eta_N = i\}u^j z^i$$

$$= f*(s,u,z) = \sum_{i=N}^{\infty}\sum_{j=0}^{\infty} P*_{ij}(s)u^j z^i[e \otimes S^0]$$

$$= u\left[\sum_{i=0}^{\infty}\sum_{j=0}^{\infty} P*_{ij}(s)u^j z^i - \sum_{i=0}^{N-1}\sum_{j=0}^{\infty} P*_{ij}(s)u^j z^i\right][e \otimes S^0]$$

$$
\begin{aligned}
&= u\Bigg[[\alpha \otimes \beta] + \sum_{i=0}^{N-1} P_i * (s,u) z^i u[I \otimes S^0 \beta] \\
&\quad - \sum_{i=0}^{N-1} P_i * (s,u) z^i \left(sI - T \oplus S - z[T^0 \alpha \otimes I]\right)\Bigg] \\
&\quad \cdot \left(sI - T \oplus S - z[T^0 \alpha \otimes I]\right)^{-1} [e \otimes S^0] \\
&= u\Big[[\alpha \otimes \beta] - [\alpha \otimes \beta] \\
&\quad \cdot \left(sI - T \oplus S - u[I \otimes S^0 \beta] - z[T^0 \alpha \otimes I]\right)^{-1} \\
&\quad \cdot [I - \{z[T^0 \alpha \otimes I]\left(sI - T \oplus S - u[I \otimes S^0 \beta]\right)^{-1}\}^N] \\
&\quad \cdot \left(sI - T \oplus S - u[I \otimes S^0 \beta] - z[T^0 \alpha \otimes I]\right)\Big] \\
&\quad \cdot \left(sI - T \oplus S - z[T^0 \alpha \otimes I]\right)^{-1} [e \otimes S^0] \\
&= u[\alpha \otimes \beta]\left(sI - T \oplus S - u[I \otimes S^0 \beta] - z[T^0 \alpha \otimes I]\right)^{-1} \\
&\quad \cdot \{z[T^0 \alpha \otimes I]\left(sI - T \oplus S - u[I \otimes S^0 \beta]\right)^{-1}\}^N \\
&\quad \cdot \left(sI - T \oplus S - u[I \otimes S^0 \beta] - z[T^0 \alpha \otimes I]\right) \\
&\quad \cdot \left(sI - T \oplus S - z[T^0 \alpha \otimes I]\right)^{-1} [e \otimes S^0] \\
&= u[\alpha \otimes \beta]\Big[\{I - \left(sI - T \oplus S - u[I \otimes S^0 \beta]\right)^{-1} z[T^0 \alpha \otimes I]\}^{-1} \\
&\quad \cdot \left(sI - T \oplus S - u[I \otimes S^0 \beta]\right)^{-1} z[T^0 \alpha \otimes I] \\
&\quad \cdot \{\left(sI - T \oplus S - u[I \otimes S^0 \beta]\right)^{-1} z[T^0 \alpha \otimes I]\}^{N-1} \\
&\quad \cdot \{I - \left(sI - T \oplus S - u[I \otimes S^0 \beta]\right)^{-1} z[T^0 \alpha \otimes I]\}\Big] \\
&\quad \cdot \left(sI - T \oplus S - z[T^0 \alpha \otimes I]\right)^{-1} [e \otimes S^0] \\
&= u[\alpha \otimes \beta]\Big[\{I - \left(sI - T \oplus S - u[I \otimes S^0 \beta]\right)^{-1} z[T^0 \alpha \otimes I]\}^{-1}
\end{aligned}
$$

$$\cdot\Big[\{(sI - T\oplus S - u[I\otimes S^0\beta])^{-1} z[T^0\alpha\otimes I]\}^N$$

$$-\{(sI - T\oplus S - u[I\otimes S^0\beta])^{-1} z[T^0\alpha\otimes I]\}^{N+1}\Big]$$

$$\cdot(sI - T\oplus S - z[T^0\alpha\otimes I])^{-1}[e\otimes S^0]$$

$$= u[\alpha\otimes\beta]\{z(sI - T\oplus S - u[I\otimes S^0\beta])^{-1}[T^0\alpha\otimes I]\}^N$$

$$\cdot(sI - T\oplus S - z[T^0\alpha\otimes I])^{-1}[e\otimes S^0].$$

由于

$$(-T\oplus S - T^0\alpha\otimes I)^{-1}(e\otimes S^0) = e,$$

$$(-T\oplus S - I\otimes S^0\beta)^{-1}\cdot(T^0\otimes e) = e.$$

因此在(10)式中，令 $u = z = 1$ 和 $s\to 0$，我们得 $\tilde{f}(0,1,1) = 1$. 这说明问题(1)中三个随机变量 T_{ξ_N} , ξ_N 和 η_N 的联合分布是一个真分布.

推论 1 对两个 Poisson 过程情况，即 $\alpha = \beta = 1$，$T = -\lambda$，$S = -\mu, T^0 = \lambda, S^0 = \mu$，我们有:

(a) T_{ξ_N} , ξ_N 和 η_N 的联合变换函数为

$$\tilde{f}(s,u,z) = \frac{u\mu}{s+\lambda+\mu-z\lambda}\left[\frac{z\lambda}{s+\lambda+\mu-u\mu}\right]^N; \qquad (11)$$

(b) T_{ξ_N} , ξ_N 和 η_N 的联合分布函数为(其中 $E_k(\lambda,t)$ 表示参数为 λ 的 k 阶 Erlang 分布)

$$P\{T_{\xi_N}\le t, \xi_N = i, \eta_N = j\} = \binom{N+j-2}{j-1}$$

$$\cdot\left[\frac{\lambda}{\lambda+\mu}\right]^i\left[\frac{\mu}{\lambda+\mu}\right]^j E_{i+j}(\lambda+\mu,t)$$

$$=\binom{N+j-2}{j-1}\left[\frac{\lambda}{\lambda+\mu}\right]^i\left[\frac{\mu}{\lambda+\mu}\right]^j\sum_{r=i+j}^{\infty}\frac{[(\lambda+\mu)t]^r}{r!}$$

$$\cdot\exp\{-(\lambda+\mu)t\},\ i=N,N+1,\cdots;\quad j=1,2,\cdots.\ (12)$$

证 (11)式由(10)式直接可得. 进一步, (11)式可展开如下:

$$\tilde{f}(s,u,z)=\sum_{i=N}^{\infty}\sum_{j=1}^{\infty}\int_0^{\infty}e^{-st}dP\{T_{\xi_N}\le t,\xi_N=j,\eta_N=i\}u^jz^i$$

$$=\frac{u\mu}{s+\lambda+\mu-z\lambda}\left[\frac{z\lambda}{s+\lambda+\mu-u\mu}\right]^N$$

$$=\frac{\mu}{s+\lambda+\mu}\frac{1}{1-\dfrac{z\lambda}{s+\lambda+\mu}}z^N\left[\frac{\lambda}{s+\lambda+\mu}\right]^N\left[\frac{1}{1-\dfrac{u\mu}{s+\lambda+\mu}}\right]^N u$$

$$=\sum_{k=0}^{\infty}\frac{\mu}{s+\lambda+\mu}\left[\frac{\lambda}{s+\lambda+\mu}\right]^k z^{k+N}$$

$$\cdot\sum_{l=0}^{\infty}\binom{-N}{l}\left[\frac{\lambda}{s+\lambda+\mu}\right]^N\left[\frac{\mu}{s+\lambda+\mu}\right]^l u^{l+1}$$

$$=\sum_{k=0}^{\infty}\sum_{l=0}^{\infty}\binom{N+l-1}{l}\left[\frac{\lambda}{s+\lambda+\mu}\right]^{N+k}\left[\frac{\mu}{s+\lambda+\mu}\right]^{l+1}u^{l+1}z^{N+k}$$

$$=\sum_{i=N}^{\infty}\sum_{j=1}^{\infty}\binom{N+j-2}{j-1}\left[\frac{\lambda}{\lambda+\mu}\right]^i\left[\frac{\mu}{\lambda+\mu}\right]^j\left[\frac{\lambda+\mu}{s+\lambda+\mu}\right]^{i+j}u^jz^i.$$

两边比较 u^jz^i 的系数并取 LS 变换的逆, 由 Erlang 分布的 LS 变换可得(12)式.

再在定理 1 中, 分别令 $s\to 0$, $z=1$ 和 $u=1$, 类似地我们可得下述定理 2 和推论 2. 其中推论 2 取逆变换时要用到部分分式展开.

定理 2 问题(1)中的两个随机变量的联合变换分别是

(a) $$f_1(u,z)=u[\alpha\otimes\beta]\{z\left(-T\oplus S-u[I\otimes S^0\beta]\right)^{-1}$$

$$\cdot[T^0\alpha\otimes I]\}^N\left(-T\oplus S-z[T^0\alpha\otimes I]\right)^{-1}[e\otimes S^0];\qquad(13)$$

(b) $$\widetilde{f}_2(s,u)=u[\alpha\otimes\beta]\{\left(sI-T\oplus S-u[I\otimes S^0\beta]\right)^{-1}$$

$$\cdot[T^0\alpha\otimes I]\}^N\left(sI-T\oplus S-[T^0\alpha\otimes I]\right)^{-1}[e\otimes S^0];\qquad(14)$$

(c) $$\widetilde{f}_3(s,z)=[\alpha\otimes\beta]\{z\left(sI-T\oplus S-[I\otimes S^0\beta]\right)^{-1}$$

$$\cdot[T^0\alpha\otimes I]\}^N\left(sI-T\oplus S-z[T^0\alpha\otimes I]\right)^{-1}[e\otimes S^0].\qquad(15)$$

推论 2 对两个 Poisson 过程情况，我们有

(a) $$P\{\xi_N=j,\eta_N=i\}=\binom{N+j-2}{j-1}\left[\frac{\lambda}{\lambda+\mu}\right]^i\left[\frac{\mu}{\lambda+\mu}\right]^j$$

$$=\binom{N+j-2}{j-1}\left[\frac{\lambda}{\lambda+\mu}\right]^N\left[\frac{\mu}{\lambda+\mu}\right]^{j-1}$$

$$\cdot\left[\frac{\mu}{\lambda+\mu}\right]\left[\frac{\lambda}{\lambda+\mu}\right]^{i-N},$$

$$i=N,N+1,\cdots;\quad j=1,2,\cdots;\qquad(16)$$

(b) $$P\{T_{\xi_N}\le t,\xi_N=j\}=\binom{N+j-2}{j-1}\frac{\lambda^N\mu^{j-1}}{(\lambda+\mu)^{N+j-1}}$$

$$\cdot E_1(\mu,t)*E_{N+j-1}(\lambda+\mu,t)$$

$$=\binom{N+j-2}{j-1}\left[\frac{\mu}{\lambda}\right]^{j-1}\Big[[1-\exp(-\mu t)]$$

$$-\frac{\mu}{\lambda+\mu}\sum_{k=0}^{N+j-2}\sum_{r=k+1}^{\infty}\left[\frac{\lambda}{\lambda+\mu}\right]^r\frac{[(\lambda+\mu)t]^r}{r!}$$

$$\cdot\exp[-(\lambda+\mu)t]\Big],\qquad j=1,2,\cdots;\qquad(17)$$

(c) $$P\{T_{\xi_N} \le t, \eta_N = i\} = \frac{\lambda^{i-N}\mu}{(\lambda+\mu)^{i-N+1}} \cdot E_N(\lambda,t) * E_{i-N+1}(\lambda+\mu,t)$$

$$= \left[\frac{\lambda}{\mu}\right]^i \sum_{k=0}^{N-1}\sum_{r=k+1}^{\infty}(-1)^k \binom{i-N+k}{i-N}\left[\frac{\mu}{\lambda}\right]^{k+1} \cdot \frac{(\lambda t)^r}{r!}\exp(-\lambda t) + \sum_{k=0}^{i-N}\sum_{r=k+1}^{\infty}(-1)^N\binom{N+k-1}{N-1} \cdot \left[\frac{\lambda}{\lambda+\mu}\right]^{k+1}\frac{[(\lambda+\mu)t]^r}{r!}\exp[-(\lambda+\mu)t],$$

$$i = N, N+1, \cdots. \qquad (18)$$

2.3.2 PH 更新过程的继承性

定理 1 本节问题(1)中三个随机变量的一维分布都是 PH 分布. 且进一步有:

(a) T_{ξ_N} 是 $mn(N+1)$阶连续 PH 分布, 具有表示(γ, L), 其中

$\gamma = [(\alpha\otimes\beta), 0, \cdots, 0]$,

$$L = \begin{bmatrix} (T\oplus S)+I\otimes S^0\beta & T^0\alpha\otimes I & & \\ & (T\oplus S)+I\otimes S^0\beta & T^0\alpha\otimes I & \\ & & \ddots & \ddots \\ & & & (T\oplus S)+T^0\alpha\otimes I \end{bmatrix};$$

(b) η_N 是 $mn(N+1)$阶离散 PH 分布, 具有表示(γ, M), 其中

$\gamma = [(\alpha\otimes\beta), 0, \cdots, 0]$, $M = \begin{bmatrix} 0 & A & & & \\ & 0 & A & & \\ & & \ddots & \ddots & \\ & & & 0 & AB \\ & & & & B \end{bmatrix}$, 而

$$A=[-T\oplus S-I\otimes S^0\beta]^{-1}[T^0\alpha\otimes I],$$
$$B=-[T\oplus S]^{-1}[T^0\alpha\otimes I];$$

(c) ξ_N 是 $mn(N+1)$阶离散 PH 分布，具有表示(γ,R)，其中

$$\gamma=[(\alpha\otimes\beta),0,\cdots,0],\quad R=\begin{bmatrix}0 & C & BC & \cdots & B^{N-1}C\\ & C & BC & \cdots & B^{N-1}C\\ & & C & \cdots & B^{N-2}C\\ & & & \ddots & \vdots\\ & & & & C\end{bmatrix},$$

而$C=-[T\oplus S]^{-1}[I\otimes S^0\beta]$.

证 首先我们说明这些表示都是 PH 分布的表示. 根据矩阵理论，不可约半稳定矩阵存在逆矩阵且逆矩阵是正矩阵(见[5])，所以矩阵

$$(-T\oplus S)^{-1},\ (-T\oplus S-I\otimes S^0\beta)^{-1},$$
$$(-T\oplus S-T^0\alpha\otimes I)^{-1}$$

都是正矩阵. 然后容易验证 M 和 R 都是子随机矩阵.

其次我们只需证明如此表示的 PH 分布与它们相应的一维分布有相同的LS或Z变换. 因$\gamma_{mn(N+1)}=0$，于是，连续PH分布的LS 变换是 $\tilde{f}_4(s)=\gamma(sI-L)^{-1}L^0$，而离散 PH 分布的 Z 变换是 $f_5(z)=z\gamma(I-zM)^{-1}M^0$. 我们可以利用分块求逆公式分别来计算它们. 众所周知

$$\begin{bmatrix}X & Z\\ 0 & Y\end{bmatrix}^{-1}=\begin{bmatrix}X^{-1} & -X^{-1}ZY^{-1}\\ & Y^{-1}\end{bmatrix}. \tag{1}$$

(a) 令

$$K=(sI-L),\ D=(sI-T\oplus S-I\otimes S^0\beta),$$
$$E=-(T^0\alpha\otimes I)\text{ 和 }F=(sI-T\oplus S-T^0\alpha\otimes I),$$

则由(1)式可得

$$K^{-1}=\begin{bmatrix} D^{-1} & (-D^{-1}E)F^{-1} & (-D^{-1}E)^2F^{-1} & \cdots & (-D^{-1}E)^N F^{-1} \\ & D^{-1} & (-D^{-1}E)F^{-1} & \cdots & (-D^{-1}E)^{N-1}F^{-1} \\ & & D^{-1} & \cdots & (-D^{-1}E)^{N-2}F^{-1} \\ & & & \ddots & \vdots \\ & & & & F^{-1} \end{bmatrix},$$

$$L^0=-Le=[0,\cdots,0,(e\otimes S^0)]'.$$

于是

$$\begin{aligned}\tilde{f}_4(s)&=[(\alpha\otimes\beta),0,\cdots,0]K^{-1}[0,\cdots,0,(e\otimes S^0)]'\\ &=(\alpha\otimes\beta)[(-D^{-1}E)^N F^{-1}](e\otimes S^0)\\ &=(\alpha\otimes\beta)\{(sI-T\oplus S-I\otimes S^0\beta)^{-1}(T^0\alpha\otimes I)\}^N\\ &\quad\cdot(sI-T\oplus S-T^0\alpha\otimes I)^{-1}(e\otimes S^0).\end{aligned}$$

这与在本节 2.3.1 的(10)式中令 $z=1$ 和 $u=1$ 所得的变换相同.

(b) 令 $P=(I-zM)$，类似地有

$$P^{-1}=\begin{bmatrix} I & zA & \cdots & (zA)^{N-1} & (zA)^N B(I-zB)^{-1} \\ & I & \cdots & (zA)^{N-2} & (zA)^{N-1}B(I-zB)^{-1} \\ & & \ddots & \ddots & \vdots \\ & & & I & (zA)B(I-zB)^{-1} \\ & & & & (I-zB)^{-1} \end{bmatrix},$$

又由于 $Ae=e$ 和 $Be+Ce=e$，我们有

$$M^0=e-Me=[0,\cdots,0,ACe,Ce]'.$$

于是

$$\begin{aligned}f_5(z)&=z\gamma P^{-1}M^0\\ &=(\alpha\otimes\beta)z\{(zA)^{N-1}A+(zA)^N B(I-zB)^{-1}\}Ce\\ &=(\alpha\otimes\beta)(zA)^N(I-zB)^{-1}Ce\\ &=(\alpha\otimes\beta)[z(-T\oplus S-I\otimes S^0\beta)^{-1}(T^0\alpha\otimes I)]^N\\ &\quad\cdot[-T\oplus S-z(T^0\alpha\otimes I)]^{-1}(e\otimes S^0).\end{aligned}$$

这与在本节 2.3.1 的(10)式中令 $s \to 0$ 和 $u = 1$ 所得的变换相同.

(c) 令 $Q = (I - uR)$，类似地有

$$Q^{-1} = \begin{bmatrix} I & uC(I-uC)^{-1} & (I-uC)^{-1}BuC(I-uC)^{-1} & \cdots & [(I-uC)^{-1}B]^{N-1}uC(I-uC)^{-1} \\ & (I-uC)^{-1} & (I-uC)^{-1}BuC(I-uC)^{-1} & \ddots & [(I-uC)^{-1}B]^{N-1}uC(I-uC)^{-1} \\ & & (I-uC)^{-1} & \ddots & [(I-uC)^{-1}B]^{N-2}uC(I-uC)^{-1} \\ & & & \ddots & \ddots \\ & & & & (I-uC)^{-1} \end{bmatrix}, \quad R^0 = \begin{bmatrix} B^N(I-B)^{-1}Ce \\ B^N(I-B)^{-1}Ce \\ B^{N-1}(I-B)^{-1}Ce \\ \vdots \\ B(I-B)^{-1}Ce \end{bmatrix}.$$

于是

$$\begin{aligned} f_6(u) &= u\gamma Q^{-1}R^0 = u(\alpha\otimes\beta)\Big\{B^N(I-B)^{-1} \\ &\quad \cdot Ce + uC(I-uC)^{-1}[B^N(I-B)^{-1}Ce] \\ &\quad +[(I-uC)^{-1}B]uC(I-uC)^{-1}[B^{N-1}(I-B)^{-1}Ce] \\ &\quad +[(I-uC)^{-1}B]^2uC(I-uC)^{-1}[B^{N-2}(I-B)^{-1}Ce] \\ &\quad +\cdots+[(I-uC)^{-1}B]^{N-1}uC(I-uC)^{-1}[B(I-B)^{-1}Ce]\Big\} \\ &= u(\alpha\otimes\beta)\Big\{(I-uC)^{-1}B^N + [(I-uC)^{-1}B]uC \\ &\quad \cdot(I-uC)^{-1}B^{N-1} + [(I-uC)^{-1}B]^2uC(I-uC)^{-1}B^{N-2} \\ &\quad +\cdots+[(I-uC)^{-1}B]^{N-1}uC(I-uC)^{-1}B\Big\}(I-B)^{-1}Ce \\ &= u(\alpha\otimes\beta)\Big\{[(I-uC)^{-1}B](I-uC)^{-1}B^{N-1} \\ &\quad +[(I-uC)^{-1}B]^2uC(I-uC)^{-1}B^{N-2} \\ &\quad +\cdots+[(I-uC)^{-1}B]^{N-1}uC(I-uC)^{-1}B\Big\}(I-B)^{-1}Ce \end{aligned}$$

$$=u(\alpha\otimes\beta)\Big\{[(I-uC)^{-1}B]^{2}(I-uC)^{-1}B^{N-2}$$

$$+\cdots+[(I-uC)^{-1}B]^{N-1}uC(I-uC)^{-1}B\Big\}(I-B)^{-1}Ce$$

$$=\cdots=u(\alpha\otimes\beta)[(I-uC)^{-1}B]^{N}(I-B)^{-1}Ce$$

$$=u(\alpha\otimes\beta)\Big(\{I-u[-(T\oplus S)^{-1}$$

$$\cdot(I\otimes S^{0}\beta)]\}^{-1}[-(T\oplus S)]^{-1}(T^{0}\alpha\otimes I)\Big)^{N}$$

$$\cdot\{I-[-(T\oplus S)]^{-1}(T^{0}\alpha\otimes I)\}^{-1}[-(T\oplus S)]^{-1}(e\otimes S^{0})$$

$$=u(\alpha\otimes\beta)\{[-T\oplus S-u(I\otimes S^{0}\beta)]^{-1}(T^{0}\alpha\otimes I)\}^{N}$$

$$\cdot[-T\oplus S-T^{0}\alpha\otimes I]^{-1}(e\otimes S^{0}).$$

这与在本节 2.3.1 的(10)式中令 $s\to 0$ 和 $z=1$ 所得的变换相同.

推论 1 对两个 Poisson 过程情况, 我们有:

(a) $P\{T_{\xi_N}\le t\}=E_1(\mu,t)*E_N(\lambda,t)$

$$=\left(\frac{\lambda}{\lambda-\mu}\right)^{N}\left[1-\exp(-\mu t)-\frac{\mu}{\lambda}\sum_{k=0}^{N-1}\sum_{r=k+1}^{\infty}\left(\frac{\lambda-\mu}{\lambda}\right)^{k}\frac{(\lambda t)^{r}}{r!}\exp(-\lambda t)\right];\quad(2)$$

(b) $$P\{\eta_N=i\}=\left(\frac{\mu}{\lambda+\mu}\right)\left(\frac{\lambda}{\lambda+\mu}\right)^{i-N}$$

$$i=N,N+1,\cdots;\quad(3)$$

(c) $$P\{\xi_N=j\}=\binom{N+j-2}{j-1}\left(\frac{\lambda}{\lambda+\mu}\right)^{N}\left(\frac{\mu}{\lambda+\mu}\right)^{j-1},$$

$$j=1,2,\cdots.\quad(4)$$

由本节 2.3.1 的推论 2 和本推论知 ξ_N 和 η_N 是相互独立的随机变量. 进一步对两个 Erlang 过程情况, 我们也能给出明显解析表达式. 从上述讨论可以看出: 当两个更新过程是 PH 更新过程时三个随机变量的一维分布仍是 PH 分布, 即有继承性.

另外, 对其中有一个是一般的更新过程情况, 我们也能求得它的联合分布和边缘分布, 见第六章休假排队模型. 本节对偶问题(2)的一个简要讨论也见第四章 $M/G/1$ 排队忙期及其忙期中服务顾客数的联合分布.

参考文献

[1] 钱敏平, 龚光鲁, **随机过程论**, 北京大学出版社, 第二版, 1997.

[2] 徐光辉, **随机服务系统**, 科学出版社, 第二版, 1988.

[3] Assaf, D. and Levikson, B., Closure of phase type distributions under operations arising in reliability theory, **Ann. Prob.**, 1(1982), 265-269.

[4] Barlow, R. E. and Proschan, F., *Statistical Theory of Reliability and Life Testing*, **To Begin with Silver Spring**, MD, 1981.

[5] Bellman, R. A., *Introduction to Matrix Analysis*, **McGraw-Hill**, New York, 1970.

[6] Commault, C. and Chemla, J. P., On dual and minimal phase-type representations, **Stochastic Models**, 3(1993), 421-434.

[7] Cox, D. R., A use of complex probabilities in the theory of stochastic processes, **Proc. Camb. Phil. Soc.**, 51, 1955, 313-319.

[8] Erlang, A. K., Solutions of some problems in the theory of probabilities of significance in automatic telephone exchanges, **The Post Office Electrical Engineer's Journal**, 10, 1917-18, 189-197.

[9] Esary, J. D., Marshall, A. W. and Proschan, F., Shock models and wear processes, **Ann. of Prob.**, 4(1973), 627-649.

[10] Hsu, G. H. and Yuan, X. M., First passage times and their applications for Markov processes, **Stochastic Models**, 1(1995), 195-210.

[11] Luchak. G. The solution of the sing-channel queueing equations characterized by a time dependent Poisson-distributed arrival rate and a general class of holding times, **Opns. Res.**, 4(1956), 711-732.

[12] Maier, B. S., The algebraic construction of phase type distributions, **Stochastic Models**, 4(1991), 573-602.

[13] Neuts, M. F., Probability distributions of phase type, In *Liber Amicorum Prof. Emeritus H Florin*, Dept. of Math., Univ. of Louvain, Belgium, 1975, 173-206.

[14] Neuts, M. F. *Matrix-Geometric Solution in Stochastic Models — an Algorithmic Approach.* **The John Hopkins University Press**, Baltimore, 1981.

[15] O'cinniede, C. A., Characterization of phase-type distributions, **Stochastic Models,** 1(1990), 1-57.

[16] Ott, T. J., On the stationary waiting-time distribution in the *GI/G/*1 queue, I: transform methods and almost-phase-type distributions, **Adv. Appl. Prob.**, 2(1989), 240-265.

[17] Shanthikumar, J. G., Bilateral phase type distributions, **Naval Res. Logis.**, 32, 1985, 119-136.

[18] Shi, D, H. and Talpur, Mir G. H., Some joint distributions of crossing time and renewal numbers related with two PH renewal processes, **Appl. Math.-JCU**, 2(1995), 111-122.

[19] Shi, D. H., Guo, J. L. and Liu, L. M., SPH-distributions and the Rectangle Iterative Algorithm, *Matrix-Analytic Methods in Stochastic Models* (eds. by Chakravarthy and Alfa), **Marcel Dekker**, New York , 1996, 207-224.

[20] Shi, D, H. and Liu, D., Markovian models for non-negative random variables, *Advances in Matrix Analytic Methods for Stochastic Models* (eds. by Alfa and Chakravarthy), **Notable Publications, Inc.**, New Jersey, 1998, 403-427.

第三章　可靠性模型

可靠性理论顾名思义研究系统的可靠性，其中一个重要研究方向是可修系统的建模与分析. 工程上为了延长系统的使用寿命，实践中常采用维修的手段. 可修系统就是当组成系统的部件故障或劣化时能通过各种维修手段使其恢复功能的一类系统.

构成一个可修系统的要素有：部件数和系统的结构，修理工数和维修的规则.

一个可修系统的"宏观"运行过程是完好(工作)、故障(维修)互相交替进行的，如下图所示. 图中 X_i 是系统的第 i 次完好周期(或称寿命)，Y_i 是系统的第 i 次故障周期(或称维修时间). 注意：一般它们并不形成交替更新过程，而是复杂的点过程.

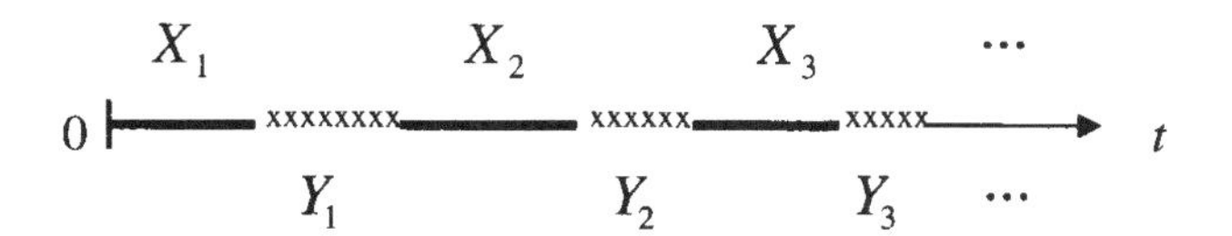

可修系统的"宏观"运行过程

然而，一个可修系统的"微观"运行过程是在一个离散状态空间中来回游动. 记系统完好状态集为 G，系统故障状态集为 F；又令 $S(t)$表示系统运行过程在时刻 t 所处的状态(离散状态随机过程)，$N(t)$表示系统在$(0, t]$中的故障次数(状态转移计数)过程，我们感兴趣的问题是通过分析过程 $S(t)$和 $N(t)$来研究系统主要的运行特征. 它极大地依赖于过程 $S(t)$的结构，当 $S(t)$是马氏链时已完满解决，因此目前研究重点是 $S(t)$为非马氏链的情形．讨论可修系统的文献非常之多，读者可查阅 Osaki[12],曹晋华和程　侃的书[3]；一个简要的综述见文[2].

本章涉及的向量马氏过程都只有有限个离散状态．§3.1 首先讨论一个最简单的两不同部件串联可修系统，主要介绍 VMP 方法的基本步骤．然后讨论一个带参数的一般两相同部件并联可修系统．由于并联可修系统的可靠性指标与部件的分布密切相关，因此我们简要地介绍了可靠性逼近方面的某些概念．又众所周知，串、并联系统都是可靠性理论和应用中最重要、最基本的可修系统．它们有许多变种，如 Barlow & Hudes[4]根据实际需要引进了带关闭规则的串联系统．§3.2 将研究一个带关闭规则、有优先修理权的一般两部件串联可修系统．主要结果是证明稳态系统可用度与部件的分布形式无关．由此我们引进了稳健(robust)系统的概念．§3.3 讨论易腐物品库存决策，对这个可靠性与库存相结合的模型[11]，我们[10]推导了一个有明显物理意义的平衡方程，使得目标函数可以递推计算而不必知道状态概率．因解方程组有一定的技巧性，所以值得在此作一介绍．至于有关预防维修策略和备件定购决策等问题可类似地讨论.

§ 3.1　指数寿命串、并联系统

3.1.1　两不同部件串联可修系统

模型描述如下：系统完好当且仅当两部件完好，任一部件故障系统就故障，这时未故障的部件中断运行不再故障也不修理.系统中只有一个修理工，对故障部件立即修理，修复后的部件像新的一样．一旦故障部件修复，系统立即投入运行，注意：未故障的部件这时仅有剩余寿命．进一步假定：部件 1 的寿命 ξ_1 有分布 $F_1(t)=1-\exp(-\lambda_1 t)$，修理时间 η_1 有分布 $G_1(t)$且均值

$\mu_1^{-1}<\infty$；部件2的寿命ξ_2有分布$F_2(t)$且均值$\lambda_2^{-1}<\infty$，修理时间η_2有分布$G_2(t)$且均值$\mu_2^{-1}<\infty$. 假定η_1,ξ_2,η_2都是连续型随机变量；且$\xi_1,\eta_1,\xi_2,\eta_2$相互独立. 系统开始运行时两部件均是新的.

虽然$S(t)$不是状态空间$E=\{0,1,2\}$上的马氏过程，但可通过引进补充变量$X(t)$表示部件2在时刻t的年龄，引进补充变量$Y_i(t)$表示部件$i=1,2$在时刻t已花去的修理时间，使得$\{S(t), X(t), Y_1(t), Y_2(t)\}$是状态空间$E_1=\{(0,x),(1,y_1),(2,y_2)|0\le x,y_1,y_2<\infty\}$上的VMP. 它的状态转移情况如图1，其中$\lambda_2(x),\mu_1(y_1),\mu_2(y_2)$分别是$\xi_2,\eta_1,\eta_2$的风险率函数.

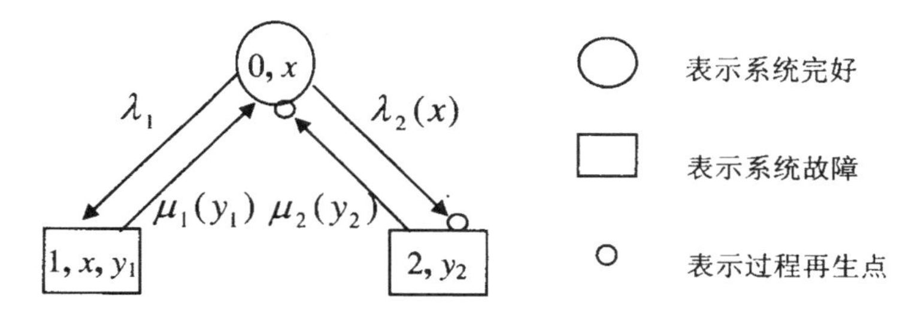

注：过程的再生点是指过程具有马氏性的时点.

图1 VMP$\{S(t),X(t),Y_1(t),Y_2(t)\}$的状态转移图

由VMP的状态转移图，不难写出它的生成元矩阵

$$Q(x,y_1,y_2)=\begin{bmatrix}-(\lambda_1+\lambda_2(x)) & \lambda_1 & \lambda_2(x)\\ \mu_1(y_1) & -\mu_1(y_1) & 0\\ \mu_2(y_2) & 0 & -\mu_2(y_2)\end{bmatrix}. \quad (1)$$

根据生成元矩阵和模型的假定，由微分的定义直接可得状态概率密度满足的偏微积分方程组、边界条件和初始条件如下：

偏微积分方程组(其中$x, y_1, y_2>0$)

$$[\frac{\partial}{\partial t}+\frac{\partial}{\partial x}+\lambda_1+\lambda_2(x)]P_0(t,x)=\int_0^\infty P_1(t,x,y_1)\mu_1(y_1)dy_1;$$

$$[\frac{\partial}{\partial t}+\frac{\partial}{\partial y_1}+\mu_1(y_1)]P_1(t,x,y_1)=0;$$

$$[\frac{\partial}{\partial t}+\frac{\partial}{\partial y_2}+\mu_2(y_2)]P_2(t,y_2)=0.$$

边界条件(其中 $t>0$)

$$P_0(t,0)=\int_0^\infty P_2(t,y_2)\mu_2(y_2)dy_2\left(+\delta(t)\right);$$

$$P_1(t,x,0)=\lambda_1 P_0(t,x),\quad P_1(t,0,y)=0;$$

$$P_2(t,0)=\int_0^\infty P_0(t,x)\lambda_2(x)dx.$$

初始条件(其中 $\delta(t)$ 是 Dirac 广义函数)

$$P_0(0,x)=\delta(x),\ P_1(0,x,y_1)=0,\ P_2(0,y_2)=0.$$

先取 L 变换，然后解方程组得

$$P_1{}^*(s,x,y_1)=\lambda_1 P_0{}^*(s,x)e^{-sy_1}\overline{G}_1(y_1),$$

$$P_2{}^*(s,y_2)=(\int_0^\infty P_0{}^*(s,x)\lambda_2(x)dx)e^{-sy_2}\overline{G}_2(y_2),$$

$$P_0{}^*(s,x)=P_0{}^*(s,0)e^{-[s+\lambda_1-\lambda_1\tilde{g}_1(s)]x}\overline{F}_2(x),$$

$$P_0{}^*(s,0)=1+(\int_0^\infty P_0{}^*(s,x)\lambda_2(x)dx)\tilde{g}_2(s).$$

注意：取 L 变换求解 $P_0{}^*(s,x)$ 时要用到初始条件 $\delta(x)$，可把它归结到 $P_0{}^*(s,0)$ 中去.

事实上我们可先将 $P_0{}^*(s,0)$ 理解为一个记号，下面论述其合理性. 因为在上述方程组的解中唯一待定的是含 $P_0{}^*(s,x)$ 的积分，为了确定它，对 $P_0{}^*(s,x)$ 两边乘以 $\lambda_2(x)$ 从 0 到 ∞ 积分，

并解出得

$$\int_0^\infty P_0*(s,x)\lambda_2(x)dx=\frac{\tilde{f}_2[s+\lambda_1-\lambda_1\tilde{g}_1(s)]}{1-\tilde{f}_2[s+\lambda_1-\lambda_1\tilde{g}_1(s)]\tilde{g}_2(s)}. \quad (2)$$

于是，1 加(2)式乘 $\tilde{g}_2(s)$ 和将 $P_0*(s,x)$ 代入 $P_0*(s,0)$ 解出 $P_0*(s,0)$ 可得同样的结果

$$P_0*(s,0)=\{1-\tilde{f}_2[s+\lambda_1-\lambda_1\tilde{g}_1(s)]\tilde{g}_2(s)\}^{-1}. \quad (3)$$

以后在边界条件中不再写 $\delta(t)$，都按此处理.

定理 1 系统瞬时可用度的 L 变换为

$$\begin{aligned}A*(s)&=\int_0^\infty e^{-st}P\{S(t)=0\}dt\\&=\frac{\overline{F}_2*[s+\lambda_1-\lambda_1\tilde{g}_1(s)]}{1-\tilde{f}_2[s+\lambda_1-\lambda_1\tilde{g}_1(s)]\tilde{g}_2(s)}.\end{aligned} \quad (4)$$

进一步，系统稳态可用度存在且

$$A=\lim_{t\to\infty}P\{S(t)=0\}=(1+\lambda_1/\mu_1+\lambda_2/\mu_2)^{-1}. \quad (5)$$

证 因为 $P\{S(t)=0\}=\int_0^\infty P_0(t,x)dx$，所以

$$\begin{aligned}A*(s)&=\int_0^\infty P_0*(s,x)dx=P_0*(s,0)\int_0^\infty e^{-[s+\lambda_1-\lambda_1\tilde{g}_1(s)]x}\overline{F}_2(x)dx\\&=\frac{\overline{F}_2*[s+\lambda_1-\lambda_1\tilde{g}_1(s)]}{1-\tilde{f}_2[s+\lambda_1-\lambda_1\tilde{g}_1(s)]\tilde{g}_2(s)}.\end{aligned}$$

由 L 变换的终值定理和 L'Hospitale 法则可得

$$\begin{aligned}A&=\lim_{s\to 0}sA*(s)=\frac{\lambda_2^{-1}}{\lambda_2^{-1}(1+\lambda_1\mu_1^{-1})+\mu_2^{-1}}\\&=(1+\lambda_1/\mu_1+\lambda_2/\mu_2)^{-1}.\end{aligned}$$

定理 2 系统瞬时故障频度的 L 变换为

$$m_f{}^*(s) = A^*(s)\{\lambda_1 + \frac{\tilde{f}_2[s+\lambda_1-\lambda_1\tilde{g}_1(s)]}{\overline{F}_2{}^*[s+\lambda_1-\lambda_1\tilde{g}_1(s)]}\}. \tag{6}$$

进一步，系统的稳态故障频度存在，且

$$m_f = \lim_{s\to 0} sm^*(s) = A(\lambda_1+\lambda_2). \tag{7}$$

证 为了能使用转移频度公式，需先验证第一章 1.2.4 小节的条件(4). 因函数 $c_i(t)$的 L 变换都是 $\mathrm{Re}(s)>0$ 上的解析函数，据此易验证该模型满足条件(4). 于是

$$\begin{aligned} m_f{}^*(s) &= \int_0^\infty P_0{}^*(s,x)[\lambda_1+\lambda_2(x)]dx \\ &= A^*(s)\lambda_1 + \frac{\tilde{f}_2[s+\lambda_1-\lambda_1\tilde{g}_1(s)]}{1-\tilde{f}_2[s+\lambda_1-\lambda_1\tilde{g}_1(s)]\tilde{g}_2(s)} \\ &= A^*(s)\{\lambda_1 + \frac{\tilde{f}_2[s+\lambda_1-\lambda_1\tilde{g}_1(s)]}{\overline{F}_2{}^*[s+\lambda_1-\lambda_1\tilde{g}_1(s)]}\}. \end{aligned}$$

而(7)式根据定理 1 显然.

定理 3 系统更新频度的 L 变换为

$$m_r{}^*(s) = \frac{\tilde{f}_2[s+\lambda_1-\lambda_1\tilde{g}_1(s)]\tilde{g}_2(s)}{1-\tilde{f}_2[s+\lambda_1-\lambda_1\tilde{g}_1(s)]\tilde{g}_2(s)}; \tag{8}$$

系统更新周期(即更新间隔分布的均值)

$$T_r = \frac{1}{\lambda_2}(1+\frac{\lambda_1}{\mu_1}+\frac{\lambda_2}{\mu_2}). \tag{9}$$

证 系统更新发生在从状态 2 转入状态 0 的时刻. 由更新频度公式

$$m_r(t) = \int_0^\infty P_2(t,y_2)\mu_2(y_2)dy_2,$$

取 L 变换，经简单计算可得(8)式. (9)式是根据第一章 1.2.4 小节的推论 2.

定理 4 系统可靠度的 L 变换

$$\overline{R}^*(s) = \overline{F}_2{}^*(s+\lambda_1); \tag{10}$$

而稳态时系统可靠度的 L 变换

$$\overline{K}^*(s)=\frac{1}{(\lambda_1+\lambda_2)(s+\lambda_1)}[\lambda_1+\lambda_2 s\overline{F}_2{}^*(s+\lambda_1)]. \quad (11)$$

证 因 $R(t)=P\{\xi_1>t,\xi_2>t\}$, (10)式显然. 为证(11)式, 由 L 变换终值定理有

$$P_0(x)=\lim_{s\to 0} sP_0{}^*(s,x)=\overline{F}_2(x)/T_r,$$

$$P_1(x,y_1)=\lim_{s\to 0} sP_1{}^*(s,x,y_1)=\lambda_1\overline{F}_2(x)\overline{G}_1(y_1)/T_r,$$

$$P_2(y_2)=\lim_{s\to 0} sP_2{}^*(s,y_2)=\overline{G}_2(y_2)/T_r.$$

令 $A=\{(0,x)\}$, $B=E\backslash A$, 根据进入概率公式(也见 Shi[13]),

$$P_{B\to(0,x)\in A}=$$

$$\frac{\int_0^\infty P_1(x,y_1)\mu_1(y_1)dy_1+\delta(x)\int_0^\infty P_2(y_2)\mu_2(y_2)dy_2}{\int_0^\infty[\int_0^\infty P_1(x,y_1)\mu_1(y_1)dy_1+\delta(x)\int_0^\infty P_2(y_2)\mu_2(y_2)dy_2]dx}$$

$$=\frac{\lambda_2[\lambda_1\overline{F}_2(x)+\delta(x)]}{(\lambda_1+\lambda_2)}.$$

现在把 B 看成吸收状态, 考虑具有初始概率 $P_{B\to(0,x)\in A}$ 的吸收 VMP $\{\hat{S}(t),X(t)\}$. 它的状态概率函数满足下述偏微分方程:

$$[\frac{\partial}{\partial t}+\frac{\partial}{\partial x}+\lambda_1+\lambda_2(x)]\hat{P}_0(t,x)=0;$$

$$\hat{P}_0(t,0)=0,\quad \hat{P}_0(0,x)=\frac{\lambda_2[\lambda_1\overline{F}_2(x)+\delta(x)]}{(\lambda_1+\lambda_2)}.$$

令 $\hat{P}_0(t,x)=\hat{Q}_0(t,x)\overline{F}_2(x)$, 因

$$\frac{\partial}{\partial x}\hat{P}_0(t,x)=\frac{\partial}{\partial x}\hat{Q}_0(t,x)\overline{F}_2(x)-\hat{Q}_0(t,x)f_2(x),$$

对偏微分方程关于 t 取 L 变换, 两边除以 $\overline{F}_2(x)$ 可化为微分方程

$$[\frac{d}{dx}+s+\lambda_1]\hat{Q}_0*(s,x)=\frac{\lambda_2[\lambda_1+\delta(x)\overline{F}_2^{-1}(x)]}{(\lambda_1+\lambda_2)};$$

$$\hat{Q}_0*(s,0)=0.$$

解此微分方程得

$$\hat{Q}_0*(s,x)=e^{-(s+\lambda_1)x}\int_0^{\lambda}e^{(s+\lambda_1)u}$$

$$\cdot\frac{\lambda_2[\lambda_1+\delta(u)\overline{F}_2^{-1}(u)]}{(\lambda_1+\lambda_2)}du$$

$$=\frac{\lambda_2}{(\lambda_1+\lambda_2)(s+\lambda_1)}[\lambda_1+se^{-(s+\lambda_1)x}].$$

由此

$$\hat{P}_0*(s,x)=\frac{\lambda_2\overline{F}_2(x)}{(\lambda_1+\lambda_2)(s+\lambda_1)}[\lambda_1+se^{-(s+\lambda_1)x}],$$

于是稳态时系统可靠度的 L 变换

$$\overline{K}*(s)=\int_0^{\infty}\hat{P}_0*(s,x)dx$$

$$=\frac{1}{(\lambda_1+\lambda_2)(s+\lambda_1)}[\lambda_1+\lambda_2 s\overline{F}_2*(s+\lambda_1)].$$

为了验证其正确性，假定 $F_2(t)=1-\exp(-\lambda_2 t)$，代入定理 4 得

$$\overline{K}*(s)=\frac{\lambda_1}{(\lambda_1+\lambda_2)(s+\lambda_1)}+$$

$$\frac{\lambda_2 s}{(\lambda_1+\lambda_2)(s+\lambda_1)(s+\lambda_1+\lambda_2)}$$

$$=\frac{1}{s+\lambda_1+\lambda_2}.$$

反演 L 变换，我们有 $\overline{K}(t)=e^{-(\lambda_1+\lambda_2)t}$，由指数分布的无记忆性，这是所期望的结果.

注 1 当 $F_2(t)$ 的 LS 变换是有理函数时，稳态系统可靠度也是有理 LS 变换分布.

3.1.2 两相同部件并联可修系统

并联系统是指系统中的 n 个部件有一个完好系统就能正常工作的一类系统. 并联系统中的部件没有故障前都同机(满负荷)工作. 当插入开关将并联各部件隔离以后，则只有一个完好部件在工作，其余部件处于待机状态，这就是工程上常用的一类所谓储备系统. 待机部件可能故障(热储备)，但有较低的失效率；也可能不故障(冷储备). 为了能把它们和并联系统统一起来，我们引进一个正比失效率的参数 k，当 $k=1$ 时表示并联；当 $0<k<1$ 时表示热备；当 $k=0$ 时表示冷备.

模型描述如下：系统由两个相同部件组成，一个部件完好系统就完好；当两个部件都故障时系统故障. 系统中只有一个修理工，先故障的部件先修理，修复后的部件像新的一样. 部件的寿命为指数分布，均值为 $\lambda^{-1}<\infty$；部件的维修时间分布为 $G(t)$，修复(风险)率函数为 $\mu(t)$，均值为 $\mu^{-1}<\infty$. 当两个部件都完好时，一个部件工作，一个部件储备；储备的部件有失效率 $k\lambda$.

研究这个简单模型的目的是为了讨论系统逼近问题，并顺便介绍求间歇随机变量和的分布一种非常有效的技巧.

若按部件的故障数定义系统的状态，则系统共有三个状态：状态 0，两个部件完好；状态 1，一个部件完好一个部件故障；状态 2，两个部件故障，其中一个部件在修理而另一个部件等待修理. 令 $S(t)$ 表示系统在时刻 t 所处的状态，易见 $S(t)$ 是状态空间 $E=\{0,1,2\}$ 上的非马氏过程. 虽然它不是马氏过程，但可通过引进补充变量 $Y(t)$ 表示部件在时刻 t 已花去的修理时间，使得 $\{S(t)$,

$Y(t)\}$是 VMP. 该 VMP 的状态空间 E_1 和状态转移情况见图 1.

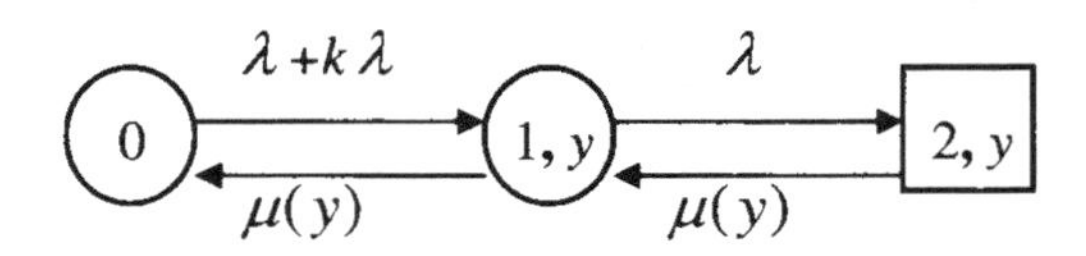

图 1 VMP$\{S(t), Y(t)\}$的状态转移图

根据状态转移图 1 可立即写出:
偏微积分方程组

$$[\frac{d}{dt}+\lambda+k\lambda]P_0(t)=\int_0^{\infty}P_1(t,y)\mu(y)dy,$$

$$[\frac{\partial}{\partial t}+\frac{\partial}{\partial y}+\lambda+\mu(y)]P_1(t,y)=0,$$

$$[\frac{\partial}{\partial t}+\frac{\partial}{\partial y}+\lambda+\mu(y)]P_2(t,y)=\lambda P_1(t,y);$$

边界条件

$$P_1(t,0)=(\lambda+k\lambda)P_0(t)+\int_0^{\infty}P_2(t,y)\mu(y)dy,$$

$$P_2(t,0)=0;$$

初始条件

$$P_0(0)=1-i,\quad P_1(0,y)=i\delta(y),\quad P_2(0,y)=0,\quad i=0,1.$$

其中 $i=0$ 对应于开始时两个部件都是新的; $i=1$ 对应于一个部件刚开始修理.

用标准的方法解上述方程组得

$$P_1*(s,y)=P_1*(s,0)e^{-(s+\lambda)y}\overline{G}(y),$$

$$P_0*(s)=\frac{(1-i)+P_1*(s,0)\tilde{g}(s+\lambda)}{s+\lambda+k\lambda},$$

$$P_2*(s,y)=P_1*(s,0)e^{-sy}\overline{G}(y)[1-e^{-\lambda y}].$$

再由边界条件和初始条件有方程

$$\begin{aligned}P_1*(s,0)&=i+(\lambda+k\lambda)P_0*(s)+P_1*(s,0)[\tilde{g}(s)-\tilde{g}(s+\lambda)]\\&=\frac{is+\lambda+k\lambda}{s+\lambda+k\lambda}+P_1*(s,0)\frac{(\lambda+k\lambda)\tilde{g}(s+\lambda)}{s+\lambda+k\lambda}\\&\quad+P_1*(s,0)[\tilde{g}(s)-\tilde{g}(s+\lambda)].\end{aligned}$$

解出 $P_1*(s,0)$ 得

$$\begin{aligned}P_1*(s,0)&=\frac{is+\lambda+k\lambda}{(s+\lambda+k\lambda)[1-\tilde{g}(s)+\tilde{g}(s+\lambda)]-(\lambda+k\lambda)\tilde{g}(s+\lambda)}\\&=\frac{is+\lambda+k\lambda}{s\left[(s+\lambda+k\lambda)\overline{G}*(s)+\tilde{g}(s+\lambda)\right]}.\end{aligned}\tag{1}$$

定理 1 系统瞬时可用度的 L 变换为

$$\begin{aligned}A_i*(s)=&\frac{(1-i)}{s+\lambda+k\lambda}+\frac{is+\lambda+k\lambda}{s+\lambda+k\lambda}\\&\cdot\frac{s+\lambda+k\lambda[1-\tilde{g}(s+\lambda)]}{s(s+\lambda)\left[(s+\lambda+k\lambda)\overline{G}*(s)+\tilde{g}(s+\lambda)\right]}.\end{aligned}\tag{2}$$

进一步，系统稳态可用度存在且与初始状态无关

$$A=\lim_{s\to 0}sA_i*(s)=\frac{\mu+k\mu-k\mu\tilde{g}(\lambda)}{\lambda+k\lambda+\mu\tilde{g}(\lambda)}.\tag{3}$$

证 因 $A_i*(s)=P_0*(s)+\int_0^{\infty}P_1*(s,y)dy$

$$\begin{aligned}&=\frac{(1-i)}{s+\lambda+k\lambda}+P_1*(s,0)\left(\frac{\tilde{g}(s+\lambda)}{s+\lambda+k\lambda}+\overline{G}*(s+\lambda)\right)\\&=\frac{(1-i)}{s+\lambda+k\lambda}+\frac{is+\lambda+k\lambda}{s+\lambda+k\lambda}\\&\quad\cdot\frac{s+\lambda+k\lambda[1-\tilde{g}(s+\lambda)]}{s(s+\lambda)\left[(s+\lambda+k\lambda)\overline{G}*(s)+\tilde{g}(s+\lambda)\right]},\end{aligned}$$

(2)式证毕; (3)式显然.

定理 2 系统瞬时故障频度的 L 变换为

$$m_f^{(i)}*(s)=\frac{\lambda(is+\lambda+k\lambda)\overline{G}*(s+\lambda)}{s\left[(s+\lambda+k\lambda)\overline{G}*(s)+\tilde{g}(s+\lambda)\right]}. \tag{4}$$

进一步，系统的稳态故障频度存在且与初始状态无关

$$m_f=\lim_{s\to 0}sm_f^{(i)}*(s)=\frac{\mu(\lambda+k\lambda)[1-\tilde{g}(\lambda)]}{\lambda+k\lambda+\mu\tilde{g}(\lambda)}. \tag{5}$$

证 $$m_f^{(i)}*(s)=\int_0^{\infty}P_1*(s,y)\lambda dy=\lambda P_1*(s,0)\overline{G}*(s+\lambda)$$

$$=\frac{\lambda(is+\lambda+k\lambda)\overline{G}*(s+\lambda)}{s\left[(s+\lambda+k\lambda)\overline{G}*(s)+\tilde{g}(s+\lambda)\right]},$$

(4)式证毕；(5)式显然.

定理 3 系统更新频度的 L 变换为

$$m_r^{(i)}*(s)=\frac{(is+\lambda+k\lambda)[i\tilde{g}(s)+(-1)^i\,\tilde{g}(s+\lambda)]}{s\left[(s+\lambda+k\lambda)\overline{G}*(s)+\tilde{g}(s+\lambda)\right]}; \tag{6}$$

特别当 $i=1$ 时，系统更新周期等于系统稳态故障频度的倒数

$$T_r=\lim_{s\to 0}\left(1/sm_r^{(1)}*(s)\right)=m_f^{-1}. \tag{7}$$

证 $$m_r^{(i)}*(s)=\int_0^{\infty}P_2*(s,y)\mu(y)dy$$

$$=P_1*(s,0)[i\tilde{g}(s)+(-1)^i\,\tilde{g}(s+\lambda)]$$

$$=\frac{(is+\lambda+k\lambda)[i\tilde{g}(s)+(-1)^i\,\tilde{g}(s+\lambda)]}{s\left[(s+\lambda+k\lambda)\overline{G}*(s)+\tilde{g}(s+\lambda)\right]},$$

(6)式证毕；(7)式显然.

定理 4 系统可靠度的 L 变换

$$R_i*(s)=\frac{1+[(1-i)\lambda+k\lambda]\overline{G}*(s+\lambda)}{s+(\lambda+k\lambda)[1-\tilde{g}(s+\lambda)]}; \tag{8}$$

进一步，系统首次失效前的平均时间

$$MTTFF_i = \frac{1+[(1-i)+k][1-\tilde{g}(\lambda)]}{(\lambda+k\lambda)[1-\tilde{g}(\lambda)]}. \tag{9}$$

证 为了求系统的可靠度，可将状态(2, y)看成吸收状态，得一新的吸收VMP. 吸收VMP比原有VMP方程组少一个状态(2, y)的方程；边界条件 $\hat{Q}_1(t,0)$ 少一个与 $\hat{P}_2(t,y)$ 有关的项. 用标准方法解吸收VMP的状态方程组得

$$\hat{P}_1{}^*(s,x) = \left((\lambda+k\lambda)\hat{P}_0{}^*(s)+i\right)e^{-(s+\lambda)x}\overline{G}(x)$$

$$\hat{P}_0{}^*(s) = \frac{(1-i)+i\tilde{g}(s+\lambda)}{s+(\lambda+k\lambda)[1-\tilde{g}(s+\lambda)]}.$$

于是系统的可靠度的L变换为

$$R_i{}^*(s) = \hat{P}_0{}^*(s) + \int_0^\infty \hat{P}_1{}^*(s,x)dx$$

$$= \frac{1+[(1-i)\lambda+k\lambda]\overline{G}{}^*(s+\lambda)}{s+(\lambda+k\lambda)[1-\tilde{g}(s+\lambda)]}.$$

而系统首次失效前的平均时间

$$MTTFF_i = R_i{}^*(0) = \frac{1+[(1-i)+k][1-\tilde{g}(\lambda)]}{(\lambda+k\lambda)[1-\tilde{g}(\lambda)]}.$$

从上面所得结果可以看出，并联系统不像串联系统那样友好. 串联系统的稳态结果只依赖分布的一阶矩，而并联系统的稳态结果却与分布函数有关. 因此对这类系统需研究系统的逼近问题，关于逼近问题的提法有如下三种：

(1) 系统剩余寿命的拟平稳分布是何种指数分布，即

$$\Pi(x) = \lim_{t\to\infty} P\{X_1 \le t+x | X_1 > t\} = 1-\exp(-\tau x),$$

其中 τ 如何依赖于系统的构成要素?

(2) 快修系统的可靠度(或称首次失效时间分布)渐近何种指数分布，即

$$R(t) \approx \exp(-q(\vartheta)t), \quad \vartheta \to 0,$$

其中 $q(\vartheta)$ 如何依赖于系统的构成要素？快修系统的意思是部件失效与修理满足

$$\vartheta = P\{\eta > \xi\} = \int_0^\infty \overline{G}(x) dF(x) \to 0 .$$

(3) 非马氏可修系统($S(t)$是非马氏过程)与马氏可修系统($S(t)$是马氏过程)的贴近性，即研究用均值相同的指数分布代替非指数分布，各项可靠性和可用性指标的上下界.

例如，对这个简单的两相同部件并联可修系统(为了便于讨论取 $i=0$)的三类逼近问题可得到下述结果.

(1) 因为系统剩余寿命的拟平稳分布

$$\Pi(x) = \lim_{t\to\infty} P\{X_1 \le t + x | X_1 > t\}$$
$$= 1 - \lim_{t\to\infty}\left(R(t+x)/R(t)\right),$$

如果假设 $R(t) = A\exp\{-\tau t\} + o(e^{-\tau t})$，其中 A 为常数，则它服从参数为 τ 的指数分布. 例如，当修理时间服从指数分布时，

$$R^*(s) = \frac{s + 2\lambda + k\lambda + \mu}{s^2 + (2\lambda + k\lambda + \mu)s + \lambda(\lambda + k\lambda)}$$

是有理函数. 它的分母零点中

$$-\tau = \tfrac{1}{2}\left(-(2\lambda + k\lambda + \mu) + \sqrt{(k\lambda)^2 + 2(2\lambda + k\lambda)\mu + \mu^2}\right)$$

是唯一的实部最大零点，反演 L 变换知可靠度有指数尾部.

剩下的问题是修理时间分布属于何种分布类才能保证满足可靠度有指数尾部的假设. 对这个简单的两相同部件并联可修系统，可以证明 PH 分布类满足这一假设. 能否扩大到更大的分布类也满足？另一方面，当寿命不是指数分布或涉及更复杂的可修系统时，问题的难度似乎较大.

(2) 令 U 和 V 表示系统在进入吸收状态 2 之前分别在状态 0 和 1 的总逗留时间，它们是某些间歇随机变量的和. 下面介绍用吸收 VMP 方法求这类间歇随机变量和的分布所用技巧[14].

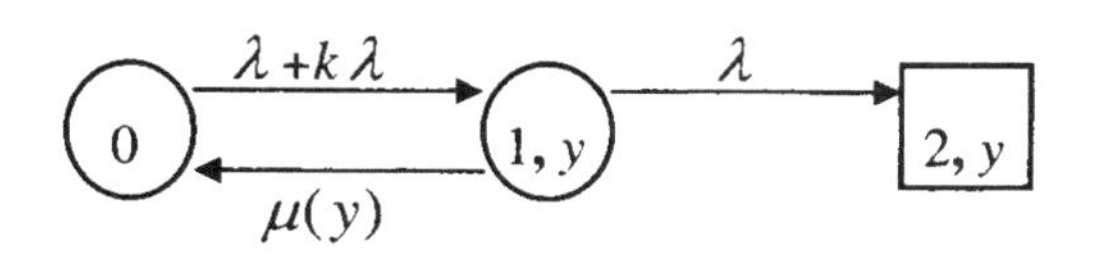

图 2　吸收 VMP{ $\hat{S}(t)$, $Y(t)$}的状态转移图

为求 U 的分布，我们必须扣除系统在状态 1 的总逗留时间，即当系统处于状态 1 时应保持日历时间不变. 根据导数的物理意义，这只要在状态 1 的微分方程中令对 t 的导数为零. 于是由图 2 我们得到:

微积分方程组

$$[\frac{d}{dt}+\lambda+k\lambda]\hat{P}_0(t)=\int_0^\infty \hat{P}_1(t,y)\mu(y)dy,$$

$$[\frac{\partial}{\partial y}+\lambda+\mu(y)]\hat{P}_1(t,y)=0;$$

边界条件

$$\hat{P}_1(t,0)=(\lambda+k\lambda)\hat{P}_0(t);$$

初始条件

$$\hat{P}_0(0)=1,\quad \hat{P}_1(0,y)=0.$$

解上述方程组得

$$\hat{P}_1(t,y)=(\lambda+k\lambda)\hat{P}_0(t)e^{-\lambda y}\overline{G}(y),$$

$$\hat{P}_0(t)=\exp\{-(\lambda+k\lambda)[1-\tilde{g}(\lambda)]t\}.$$

于是根据吸收分布公式可知

$$P\{U>t\}=\hat{P}_0(t)=\exp\{-(\lambda+k\lambda)[1-\tilde{g}(\lambda)]t\}.$$

同理(在状态 0 的微分方程中令对 t 的导数为零)，注意这时系统必须先进入状态 1，故初始条件为

$$\hat{P}_0(0)=0,\quad \hat{P}_1(0,y)=\delta(y).$$

于是可得

$$\hat{P}_1^*(s,y)=\hat{P}_1^*(s,0)e^{-(s+\lambda)y}\overline{G}(y)$$

$$=[1+(\lambda+k\lambda)\hat{P}^*_0(s)]e^{-(s+\lambda)y}\overline{G}(y),$$

$$(\lambda+k\lambda)\hat{P}^*_0(s)=[1+(\lambda+k\lambda)\hat{P}^*_0(s)]\tilde{g}(s+\lambda),$$

$$\int_0^\infty \hat{P}_1^*(s,y)dy=\frac{1}{1-\tilde{g}(s+\lambda)}\cdot\overline{G}^*(s+\lambda)=\frac{1}{s+\lambda}.$$

再根据吸收分布公式可知

$$P\{V>t\}=\exp\{-\lambda t\}.$$

现在考虑快修条件下系统可靠度的渐近分布. 当寿命分布为指数分布时, 快修条件意味着 $\vartheta=[1-\tilde{g}(\lambda)]\to 0$, 又系统首次失效时间 $X_1=U+V$, 于是

$$R(t)=P\{X_1>t\}=\int_0^\infty P\{U+x>t\}\lambda e^{-\lambda x}dx$$

$$=\exp\{-\vartheta(\lambda+k\lambda)t\}\frac{\lambda}{\lambda-\vartheta(\lambda+k\lambda)}\approx\exp\{-\vartheta(\lambda+k\lambda)t\}.$$

故 $q(\vartheta)=\vartheta(\lambda+k\lambda)$. 这是 Epstein[8]所得结果, 但方法不同.

这一结果直观上非常明显, 因为快修, 系统主要逗留在状态 0, 它一进入状态 1 很快又回到状态 0. 所以系统首次失效时间分布渐近于系统在状态 0 的逗留时间分布.

(3) 我们只考虑 k=0 的情况, 即两相同部件冷备的可修系统. 当修理时间服从指数分布时, 它退化成马氏系统. 为了简化令 $\rho=\lambda/\mu$, 其系统稳态可靠性指标分别为

$$A_0=\frac{1+\rho}{1+\rho+\rho^2},\qquad m_{f0}=\frac{\lambda\rho}{1+\rho+\rho^2},$$

$$MTTFF_0=\frac{2\lambda+\mu}{\lambda^2};$$

且只依赖于部件分布的一阶矩. 而当修理时间服从一般分布时,

相应的系统稳态可靠性指标却依赖于部件分布的 LS 变换，因此不易估算．然而，如果假定 $G(t) \in NBUE$，其中 $NBUE$ 是指满足条件：平衡剩余寿命补分布 $\overline{G}_e(t) \le \overline{G}(t)$ 的分布类，则我们可用马氏系统的指标去逼近它们．误差的上、下界如下：

$$0 \le MTTFF_0 - MTTFF \le 1/\lambda,$$

$$0 \le A - A_0 \le \frac{\rho^2}{1+\rho+\rho^2},$$

$$0 \le m_f - m_{f0} \le \frac{\lambda\rho^2(1+\rho)}{1+\rho+\rho^2}.$$

上述所得可用性指标误差的上、下界对快修系统还是紧的．

事实上，因为 $G(t) \in NBUE$，由定义 $\overline{G}_e(t) \le \overline{G}(t)$，对平衡剩余寿命分布有 $g_e(t) = \mu\overline{G}(t)$，它推出 $r_{G_e}(t) \ge \mu$，于是

$$G_e(x) = 1 - \exp\left(-\int_0^x r_{G_e}(t)dt\right) \ge 1 - \exp(-\mu x).$$

取 LS 变换知

$$\mu\overline{G}^*(\lambda) = \int_0^\infty e^{-\lambda x} dG_e(x) \ge \int_0^\infty e^{-\lambda x}\mu e^{-\mu x}dx = \frac{\mu}{\lambda+\mu}.$$

从而得到两个重要的不等式：

$$\frac{\lambda}{\lambda+\mu} \le 1 - \tilde{g}(\lambda) = \lambda\overline{G}^*(\lambda) \le \frac{\lambda}{\mu},$$

$$\frac{\mu-\lambda}{\mu} \le \tilde{g}(\lambda) \le \frac{\mu}{\lambda+\mu}.$$

利用这两个不等式，立即有

$$\frac{\lambda+\mu}{\lambda^2} \le MTTFF = \frac{1+\lambda\overline{G}^*(\lambda)}{\lambda[1-\tilde{g}(\lambda)]}$$

$$= \frac{1}{\lambda} + \frac{1}{\lambda^2\overline{G}^*(\lambda)} \le MTTFF_0;$$

$$A_0 \le A = \frac{\mu}{\lambda + \mu\tilde{g}(\lambda)} \le 1;$$

$$m_f = \frac{\mu\lambda[1 - \tilde{g}(\lambda)]}{\lambda + \mu\tilde{g}(\lambda)} = \frac{\mu\lambda^2}{\left((\lambda+\mu)/\overline{G}^*(\lambda)\right) - \lambda\mu},$$

$$m_{f0} = \frac{\mu\lambda^2}{(\lambda+\mu)^2 - \lambda\mu} \le m_f \le \frac{\mu\lambda^2}{\mu(\lambda+\mu) - \lambda\mu} = \lambda\rho;$$

于是就证明了前述的上、下界. 这一结果还可推广到寿命分布 $F(t) \in NBUE$ 的系统.

§3.2　带关闭规则的串联系统

串联系统是指系统中的所有部件都完好系统才能正常工作. 换句话说系统中只要有一个部件故障系统就故障. 串联可修系统分为三种类型: (1)互不关闭——各部件运行和修理过程相互独立, 每个部件有自己的专用修理工; (2)单向关闭——编号小的部件故障时, 关闭编号大的部件, 即暂停运行编号大的部件, 反之不然. 系统中仅有一个修理工, 编号小的部件具有优先修理权; (3)相互关闭——当一个部件故障时, 其余完好部件暂停运行, 系统中仅有一个修理工.

Barlow[6]对一般的型 1 串联可修系统, 利用更新过程理论证明了稳态系统可用度和故障频度与部件的分布形式无关, 且只依赖部件的均值. Barlow & Proschan[5]对一般的型 3 串联可修系统, 利用状态过程的样本轨道证明了稳态平均系统可用度和稳态故障频度与部件的分布形式无关, 也只依赖部件的均值. 文[1]首次用 VMP 方法研究了型 3 的一个重要特例——两部件串联可修系统, 对其中一个寿命分布为 Erlang 分布, 另三个分布为一般连续型分布, 得到了系统瞬时可靠性和可用性指标. 最早对型 2 两部件串联可修系统进行研究的是 Barlow & Hudes[4], 他们的结果被 Cao [7]利用 MRP 方法推广到另外两种修理规则. 但他们都必须至少假定部件 1 的寿命服从指数分布. Shi & Li[15]利用 VMP 方法将其中的一个模型推广到一般分布，类似地可讨论 Barlow & Hudes[4]的模型，这两个系统的 VMP 都有一个再生点.

本节基于 Shi & Liu 的论文[16]，考虑一个没有再生点的型 2 系统，利用 VMP 方法证明了稳态系统可用度与部件的分布形式无关的重要结论. 基于 Erlang 寿命情形的结果猜测稳态系统故障频度也可能与部件的分布形式无关.

模型描述如下：系统由两个部件串联组成，部件 1 故障立即关闭部件 2，这时部件 2 中断运行不维修也不老化，即部件 2 恢复工作时仅有剩余寿命. 部件 2 故障虽然系统也故障，但部件 1 为了便于修理部件 2，如提供电源等，仍继续运行. 由于负荷减轻，这时部件 1 的失效率可能会低一些. 系统中只有一个修理工，部件 1 有强行优先修理权. 换句话说，如部件 2 在修理，部件 1 又故障，则修理工中断对部件 2 的修理立即修理部件 1. 当部件 1 修理完再修理部件 2 时，部件 2 的修理时间累积计算. 假定系统中的部件寿命和修理时间都是相互独立的随机变量，并且开始时两个部件都是新的.

为了对照，我们先讨论部件 1 的寿命服从 n 阶 Erlang 分布，且满负荷、轻负荷分别有参数 λ_1 和 $\lambda_3 \le \lambda_1$；然后讨论一般分布情形. 按惯例，寿命分布用 $F_i(t)$表示，均值用 $\lambda_i^{-1} < \infty$ 表示；修理时间分布用 $G_i(t)$表示，均值用 $\mu_i^{-1} < \infty$ 表示.

3.2.1 部件 1 有 Erlang 寿命情形

定义状态 0 表示系统完好；状态 1 表示部件 1 故障，部件 2 中断运行；状态 2 表示部件 2 故障，部件 1 仍继续运行；状态 3 表示两个部件都故障，部件 1 在修理，部件 2 中断修理. 令 $S(t)$为时刻 t 系统所处的状态，显然 $S(t)$不是状态空间 $E=\{0, 1, 2, 3\}$上的马氏过程. 但可通过引进补充变量 $X_i(t)$ $(i=1, 2)$ 表示部件 i 在时刻

t 的年龄，引进 $Y_i(t)$ 表示部件 i 在时刻 t 已花去的修理时间，使得 $\{S(t), X_i(t), Y_i(t)\}$ 是 VMP. 注意 $X_1(t)$ 是一个离散补充变量，该 VMP 简化为 $\{S(t), X_2(t), Y_i(t)\}$，它的状态空间 E_1 和状态转移情况见图 1.

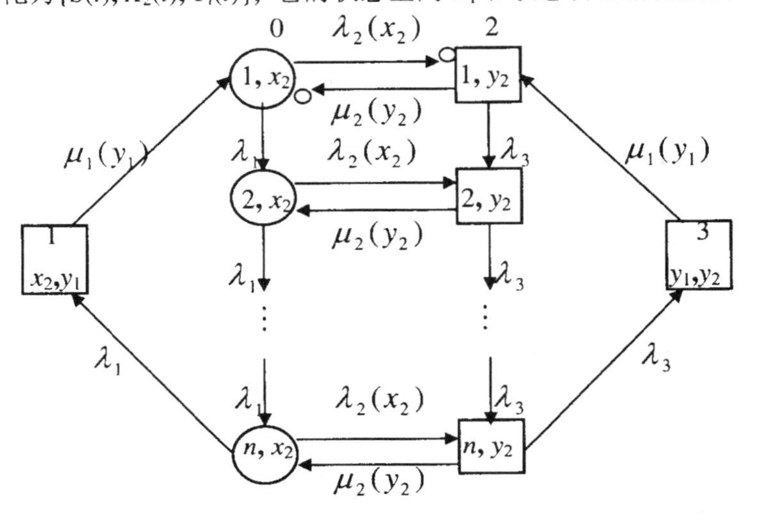

图 1　VMP$\{S(t), X_2(t), Y_i(t)\}$ 的状态转移图

根据状态转移图，我们立即可写出状态概率密度满足的下述偏微积分方程组

$$[\frac{\partial}{\partial t}+\frac{\partial}{\partial y_1}+\mu_1(y_1)]P_1(t,x_2,y_1)=0;$$

$$[\frac{\partial}{\partial t}+\frac{\partial}{\partial x_2}+\lambda_1+\lambda_2(x_2)]P_{01}(t,x_2)=\int_0^\infty P_1(t,x_2,y_1)\mu_1(y_1)dy_1;$$

$$[\frac{\partial}{\partial t}+\frac{\partial}{\partial x_2}+\lambda_1+\lambda_2(x_2)]P_{0j}(t,x_2)=\lambda_1 P_{0j-1}(t,x_2)$$

$$j=2,\cdots,n;$$

$$[\frac{\partial}{\partial t}+\frac{\partial}{\partial y_1}+\mu_1(y_1)]P_3(t,y_1,y_2)=0;$$

$$[\frac{\partial}{\partial t}+\frac{\partial}{\partial y_2}+\lambda_3+\mu_2(y_2)]P_{21}(t,y_2)=\int_0^\infty P_3(t,y_1,y_2)\mu_1(y_1)dy_1;$$

$$[\frac{\partial}{\partial t}+\frac{\partial}{\partial y_2}+\lambda_3+\mu_2(y_2)]P_{2j}(t,x_2)=\lambda_3 P_{2j-1}(t,y_2)$$

$$j=2,\cdots,n.$$

边界条件

$$P_{01}(t,0)=\int_0^\infty P_{21}(t,y_2)\mu_2(y_2)dy_2;$$

$$P_{0j}(t,0)=\int_0^\infty P_{2j}(t,y_2)\mu_2(y_2)dy_2,\quad j=2,\cdots,n;$$

$$P_1(t,x_2,0)=\lambda_1 P_{0n}(t,x_2);$$

$$P_{2j}(t,0)=\int_0^\infty P_{0j}(t,x_2)\lambda_2(x_2)dx_2,\quad j=1,\cdots,n;$$

$$P_3(t,0,y_2)=\lambda_3 P_{2n}(t,y_2).$$

初始条件

$P_{01}(0,x)=\delta(x)$，其余为零.

对方程组和边界条件取 L 变换，解方程组得

$$P_1{}^*(s,x_2,y_1)=\lambda_1 P_{0n}{}^*(s,x_2)e^{-sy_1}\overline{G}_1(y_1);\tag{1}$$

$$P_3{}^*(s,y_1,y_2)=\lambda_3 P_{2n}{}^*(s,y_2)e^{-sy_1}\overline{G}_1(y_1).\tag{2}$$

而 $P_{0j}{}^*(s,x_2)$ 和 $P_{2j}{}^*(s,y_2)$ 满足下述微分方程组:

$$[\frac{d}{dx_2}+s+\lambda_1+\lambda_2(x_2)]P_{0j}{}^*(s,x_2)=\lambda_1 P_{0j-1}{}^*(s,x_2);$$

$$[\frac{d}{dx_2}+s+\lambda_1+\lambda_2(x_2)]P_{01}{}^*(s,x_2)=\lambda_1 P_{0n}{}^*(s,x_2)\widetilde{g}_1(s);$$

$$[\frac{d}{d\,y_2}+s+\lambda_3+\mu_2(y_2)]P_{2j}*(s,y_2)=\lambda_3 P_{2j-1}*(s,y_2);$$

$$[\frac{d}{d\,y_2}+s+\lambda_3+\mu_2(y_2)]P_{20}*(s,y_2)=\lambda_3 P_{2n}*(s,y_2)\widetilde{g}_1(s).$$

其中 $j=2,\cdots,n$. 这是两个变系数常微分方程组，令

$$P_{0j}*(s,x_2)=Q_{0j}*(s,x_2)\overline{F}_2(x_2),\quad j=1,\cdots,n; \tag{3}$$

$$P_{2j}*(s,y_2)=Q_{2j}*(s,y_2)\overline{G}_2(y_2),\quad j=1,\cdots,n. \tag{4}$$

由于

$$\frac{d}{dx_2}P_{0j}*(s,x_2)=\frac{d}{dx_2}Q_{0j}*(s,x_2)\overline{F}_2(x_2)-Q_{0j}*(s,x_2)f_2(x_2);$$

$$\frac{d}{dy_2}P_{2j}*(s,y_2)=\frac{d}{dy_2}Q_{2j}*(s,y_2)\overline{G}_2(y_2)-Q_{2j}*(s,y_2)g_2(y_2),$$

变系数线性常微分方程组可转化为常系数线性常微分方程组.

$$[\frac{d}{d\,x_2}+s+\lambda_1]Q_{0j}*(s,x_2)=\lambda_1 Q_{0j-1}*(s,x_2),\quad j=2,\cdots,n;$$

$$[\frac{d}{d\,x_2}+s+\lambda_1]Q_{01}*(s,x_2)=\lambda_1 Q_{0n}*(s,x_2)\widetilde{g}_1(s);$$

$$[\frac{d}{d\,y_2}+s+\lambda_3]Q_{2j}*(s,y_2)=\lambda_3 Q_{2j-1}*(s,y_2),\quad j=2,\cdots,n;$$

$$[\frac{d}{d\,y_2}+s+\lambda_3]Q_{20}*(s,y_2)=\lambda_3 Q_{2n}*(s,y_2)\widetilde{g}_1(s).$$

引进记号

$$B(s,\lambda,\widetilde{f})=\begin{bmatrix}-s-\lambda & 0 & \cdots & \lambda\widetilde{f}(s)\\ \lambda & -s-\lambda & 0 & \cdots\\ \vdots & \ddots & \ddots & \ddots\\ 0 & \cdots & \lambda & -s-\lambda\end{bmatrix},$$

第一个常系数线性常微分方程组的特征方程为

$$|B(s+\nu,\lambda_1,\tilde{g}_1)| = [-(s+\lambda_1)-\nu]^n + (-1)^{n+1}\lambda_1^n\tilde{g}_1(s) = 0.$$

它的 n 个特征根是

$$\nu_i = -(s+\lambda_1) + \lambda_1\varpi_i\sqrt[n]{\tilde{g}_1(s)}, \quad i=1,\cdots,n,$$

其中 $\varpi_i = \cos\dfrac{2i\pi}{n} + \sqrt{-1}\sin\dfrac{2i\pi}{n}$ 为单位元根. 对每个 i, 解线性代数方程组

$$B(s+\nu_i,\lambda_1,\tilde{g}_1)U_i = 0,$$

可得到与特征根 ν_i 相对应的特征向量

$$U_i' = [1,a_i,\cdots,a_i^{n-1}], \text{ 其中 } a_i = [\varpi_i\sqrt[n]{\tilde{g}_1(s)}]^{-1}.$$

记 $K=\begin{bmatrix} 1 & 1 & \cdots & 1 \\ a_1 & a_2 & \cdots & a_n \\ \vdots & \vdots & \vdots & \vdots \\ a_1^{n-1} & a_2^{n-1} & \cdots & a_n^{n-1} \end{bmatrix}$, 有 $K^{-1} = \dfrac{1}{n}\begin{bmatrix} 1 & a_1^{-1} & \cdots & a_1^{-n+1} \\ 1 & a_2^{-1} & \cdots & a_2^{-n+1} \\ \vdots & \vdots & \vdots & \vdots \\ 1 & a_n^{-1} & \cdots & a_n^{-n+1} \end{bmatrix}$.

上述矩阵 K 是著名的 Vandermond 矩阵. 不难验证成立等式: $K^{-1}B(s,\lambda_1,\tilde{g}_1)K = \mathrm{diag}(\nu_i)$, 于是第一个方程组

$$\frac{d}{dx_2}Q_0*(s,x_2) = B(s,\lambda_1,\tilde{g}_1)Q_0*(s,x_2)$$

的通解为

$$Q_0*(s,x_2) = K\,\mathrm{diag}\{\exp(\nu_i x_2)\}C(s), \tag{5}$$

其中 $Q_0*(s,x_2)$ 和 $C(s)$ 都是相应元素组成的列向量, $C_i(s)$ 是待定常数.

类似地可得

$$Q_2*(s,y_2) = K\,\mathrm{diag}\{\exp(\tau_i y_2)\}D(s), \tag{6}$$

其中 $D_i(s)$ 是待定常数,

$$\tau_i = -(s+\lambda_3) + \lambda_3\varpi_i\sqrt[n]{\tilde{g}_1(s)}, \quad i=1,\cdots,n.$$

为了确定常数 $C_i(s)$ 和 $D_i(s)$, 对边界条件取 L 变换可导出线性代数方程组

$$\begin{bmatrix} P_{01}*(s,0) \\ \vdots \\ \vdots \\ P_{0n}*(s,0) \end{bmatrix} = \begin{bmatrix} Q_{01}*(s,0) \\ \vdots \\ \vdots \\ Q_{0n}*(s,0) \end{bmatrix} = K \begin{bmatrix} C_1(s) \\ \vdots \\ \vdots \\ C_n(s) \end{bmatrix}$$

$$= K \operatorname{diag}\{\tilde{g}_2(-\tau_i)\} \begin{bmatrix} D_1(s) \\ \vdots \\ \vdots \\ D_n(s) \end{bmatrix} + \begin{bmatrix} 1 \\ 0 \\ \vdots \\ 0 \end{bmatrix};$$

$$\begin{bmatrix} P_{21}*(s,0) \\ \vdots \\ \vdots \\ P_{2n}*(s,0) \end{bmatrix} = \begin{bmatrix} Q_{21}*(s,0) \\ \vdots \\ \vdots \\ Q_{2n}*(s,0) \end{bmatrix} = K \begin{bmatrix} D_1(s) \\ \vdots \\ \vdots \\ D_n(s) \end{bmatrix}$$

$$= K \operatorname{diag}\{\tilde{f}_2(-\nu_i)\} \begin{bmatrix} C_1(s) \\ \vdots \\ \vdots \\ C_n(s) \end{bmatrix}.$$

解上述线性代数方程组得到

$$D_i(s) = \tilde{f}_2(-\nu_i)C_i(s), \quad i = 1,\cdots,n; \tag{7}$$

$$C_i(s) = \frac{1}{n}[1 - \tilde{f}_2(-\nu_i)\tilde{g}_2(-\tau_i)]^{-1}, \quad i = 1,\cdots,n. \tag{8}$$

由(1)至(8)式状态概率已被完全确定.

定理 1 系统的瞬时可用度的 L 变换为

$$A*(s) = \sum_{i=1}^{n} C_i(s) \frac{[1 - \tilde{f}_2(-\nu_i)][1 - \tilde{g}_1(s)]}{(1 - a_i)\nu_i \tilde{g}_1(s)}; \tag{9}$$

系统的稳态可用度与部件的分布无关，仅由一阶矩确定如下:

$$A = \left(1 + \frac{\lambda_1}{n\mu_1} + \frac{\lambda_2}{\mu_2} + \frac{\lambda_3}{n\mu_1}\frac{\lambda_2}{\mu_2}\right)^{-1}. \tag{10}$$

证 根据可用度定义

$$A(t)=\sum_{j=1}^{n}\int_{0}^{\infty}P_{0j}(t,x_2)dx_2 ,$$

取 L 变换得

$$A^*(s)=(\int_{0}^{\infty}Q_0{}^*(s,x_2)\overline{F}_2(x_2)dx_2)e$$
$$=C'(s)\,\mathrm{diag}\{\overline{F}_2(-\nu_i)\}K'e ,$$

经过简单代数演算可得(9)式. 利用 L 变换终值定理和 L'Hospitale 法则并注意到单位元根 ϖ_i 的性质立即可导出(10)式.

定理 2 系统瞬时故障频度的 L 变换式

$$m_f{}^*(s)=\sum_{i=1}^{n}C_i(s)\frac{\tilde{f}_2(-\nu_i)[1-\tilde{g}_1(s)]}{(a_i-1)\tilde{g}_1(s)}$$
$$+\lambda_1\sum_{i=1}^{n}C_i(s)\frac{1-\tilde{f}_2(-\nu_i)}{-\nu_i}a_i^{n-1} ; \tag{11}$$

系统的稳态故障频度与部件的分布无关, 仅由一阶矩确定如下:

$$m_f=A[\frac{\lambda_1}{n}+\lambda_2]. \tag{12}$$

证 由第一章转移频度公式

$$m_f(t)=\sum_{j=1}^{n}\int_{0}^{\infty}P_{0j}(t,x_2)\lambda_2(x_2)dx_2+\int_{0}^{\infty}P_{0n}(t,x_2)\lambda_1dx_2 ,$$

取 L 变换经过简单演算得出(11)和(12)式.

定理 3 系统更新频度的 L 变换为

$$m^*(s)=\sum_{i=1}^{n}C_i(s)\tilde{f}_2(-\nu_i)\tilde{g}_2(-\tau_i) ; \tag{13}$$

系统稳态更新周期与部件的分布无关, 仅由一阶矩确定如下:

$$T_r=\frac{n}{\lambda_2}+\frac{n}{\mu_2}+\frac{\lambda_1}{\lambda_2\mu_1}+\frac{\lambda_3}{\mu_1\mu_2}. \tag{14}$$

证 由第一章更新频度公式

$$m(t)=\int_0^\infty P_{21}(t,y_2)\mu_2(y_2)dy_2\ ,$$

取 L 变换经过简单演算得出(13)和(14)式.

定理 4 令 $\overline{\Omega}_k*(s)$, $k=1,2$ 表示部件 k 的生存概率(可靠度)的 L 变换，记

$$e_1'=(1,0,\cdots,0)\ ,$$

$$<\overline{F}_2*(-\nu_i)>=[\overline{F}_2*(-\nu_1),\cdots,\overline{F}_2*(-\nu_n)]'\ ,$$

$$D(s,\lambda,f)=\begin{bmatrix} f*(s+\lambda) & 0 & \cdots & 0 \\ -\lambda f*^{(1)}(s+\lambda) & f*(s+\lambda) & 0 & \cdots \\ \vdots & \vdots & \ddots & \vdots \\ \dfrac{(-\lambda)^{n-1}}{(n-1)!}f*^{(n-1)}(s+\lambda) & \dfrac{(-\lambda)^{n-2}}{(n-2)!}f*^{(n-2)}(s+\lambda) & \cdots & f*(s+\lambda) \end{bmatrix},$$

我们有

$$\overline{\Omega}_1*(s)=e'[D(s,\lambda_1,\overline{F}_2)+D(s,\lambda_3,\overline{G}_2)D(s,\lambda_1,f_2)] \cdot[I-D(s,\lambda_3,g_2)D(s,\lambda_1,f_2)]^{-1}e_1, \tag{15}$$

$$\overline{\Omega}_2*(s)=\frac{1}{n}e'K<\overline{F}_2*(-\nu_i)>+\frac{\lambda_1}{n}\overline{G}_1*(s)\sum_{i=1}^{n}a_i^{n-1}\overline{F}_2*(-\nu_i)\ ; \tag{16}$$

$$MTTFF_1=e'[D(0,\lambda_1,\overline{F}_2)+D(0,\lambda_3,\overline{G}_2)D(0,\lambda_1,f_2)] \cdot[I-D(0,\lambda_3,g_2)D(0,\lambda_1,f_2)]^{-1}e_1, \tag{17}$$

$$MTTFF_2=\frac{1}{\lambda_2}+\frac{\lambda_1}{n\mu_1}\sum_{i=1}^{n}\varpi_i^{-1}\overline{F}_2*(\lambda_i-\lambda_i\varpi_i)\ . \tag{18}$$

证 每个部件的首次失效时间分布也是一个重要的可靠性指标. 为了证明(15)式，把状态$(1,x_2,y_1)$看成吸收状态，构造一个新的吸收 VMP. 利用标准的方法，经过复杂的演算可证(15)式； 并立即可得(17)式. 类似地构造另一个新的吸收 VMP，可证(16)式和(18)式.

3.2.2 部件1有一般寿命情形

注意这时$X_1(t)$ 是一个连续补充变量，它的状态空间E_1 和状态转移情况如图1.

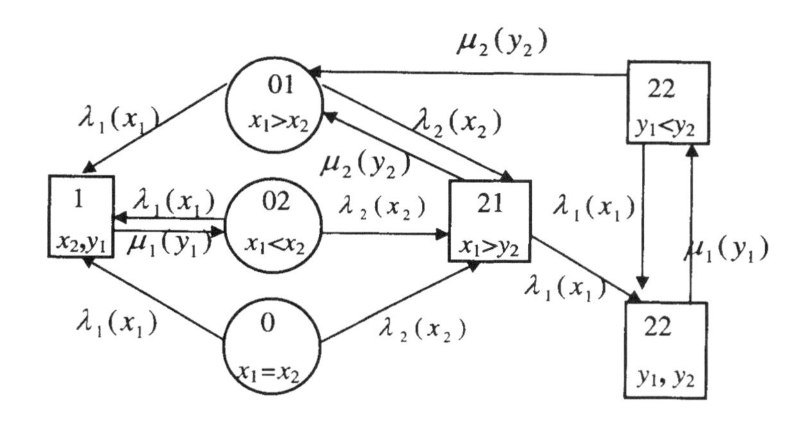

图1 VMP$\{S(t), X_i(t), Y_i(t)\}$的状态转移图

为了简便，我们只讨论稳态指标. 根据状态转移图，可立即写出稳态状态概率密度满足的偏微分方程组和边界条件如下：

偏微分方程组

$$[\frac{d}{d\,x_1}+\lambda_1(x_1)+\lambda_2(x_1)]P_0(x_1)=0;$$

$$[\frac{\partial}{\partial x_1}+\frac{\partial}{\partial x_2}+\lambda_1(x_1)+\lambda_2(x_2)]P_{01}(x_1,x_2)=0,\quad x_1>x_2;$$

$$[\frac{\partial}{\partial x_1}+\frac{\partial}{\partial x_2}+\lambda_1(x_1)+\lambda_2(x_2)]P_{02}(x_1,x_2)=0,\quad x_1<x_2;$$

$$[\frac{d}{d\,y_1}+\mu_1(y_1)]P_1(x_2,y_1)=0;$$

$$[\frac{\partial}{\partial x_1}+\frac{\partial}{\partial y_2}+\lambda_1(x_1)+\mu_2(y_2)]P_{21}(x_1,y_2)=0,\quad x_1>y_2;$$

$$[\frac{\partial}{\partial x_1}+\frac{\partial}{\partial y_2}+\lambda_1(x_1)+\mu_2(y_2)]P_{22}(x_1,y_2)=0,\quad x_1<y_2;$$

$$[\frac{d}{d\,y_1}+\mu_1(y_1)]P_3(y_1,y_2)=0.$$

边界条件

$$P_0(0)=0;$$

$$P_{01}(x_1,0)=\int_0^{x_1}P_{21}(x_1,y_2)\mu_2(y_2)dy_2+\int_{x_1}^{\infty}P_{22}(x_1,y_2)\mu_2(y_2)dy_2;$$

$$P_{02}(0,x_2)=\int_0^{\infty}P_1(x_2,y_1)\mu_1(y_1)dy_1;$$

$$P_1(x_2,0)=\int_{x_2}^{\infty}P_{01}(x_1,x_2)\lambda_1(x_1)dx_1+\int_0^{x_2}P_{02}(x_1,x_2)\lambda_1(x_1)dx_1+P_0(x_1)\lambda_1(x_1);$$

$$P_{21}(x_1,0)=\int_0^{x_1}P_{01}(x_1,x_2)\lambda_2(x_2)dx_2+\int_{x_1}^{\infty}P_{02}(x_1,x_2)\lambda_2(x_2)dx_2+P_0(x_2)\lambda_2(x_2);$$

$$P_{22}(0,y_2)=\int_0^{\infty}P_3(y_1,y_2)\mu_1(y_1)dy_1;$$

$$P_3(0,y_2)=\int_{y_2}^{\infty}P_{21}(x_1,y_2)\lambda_1(x_1)dx_1+\int_0^{y_2}P_{22}(x_1,y_2)\lambda_1(x_1)dx_1.$$

定理 1 这一系统的稳态可用度与部件分布无关且只依赖一阶矩，它可表示为

$$A=\left(1+\frac{\lambda_1}{\mu_1}+\frac{\lambda_2}{\mu_2}+\frac{\lambda_1}{\mu_1}\frac{\lambda_2}{\mu_2}\right)^{-1}. \tag{1}$$

证 首先解常微分方程，然后解偏微分方程得

$$P_0(x_1)=0,$$

$$P_1(x_2,y_1)=P_1(x_2,0)\overline{G}_1(y_1),$$

$$P_3(y_1,y_2)=P_3(0,y_2)\overline{G}_1(y_1);$$

$$P_{01}(x_1,x_2)=H_1(x_1-x_2)\overline{F}_1(x_1)\overline{F}_2(x_2),\quad x_1>x_2,$$

$$P_{02}(x_1,x_2)=H_2(x_2-x_1)\overline{F}_1(x_1)\overline{F}_2(x_2),\quad x_1<x_2,$$

$$P_{21}(x_1,y_2)=H_3(x_1-y_2)\overline{F}_1(x_1)\overline{G}_2(y_2),\quad x_1>y_2,$$

$$P_{22}(x_1,y_2)=H_4(y_2-x_1)\overline{F}_1(x_1)\overline{G}_2(y_2),\quad x_1<y_2,$$

其中 $H_k(x)$, $k=1,2,3,4$ 都是待定函数. 下面我们利用边界条件建立这些待定函数满足的积分方程组. 由边界条件

$$P_1(x_2,0)=P_{02}(0,x_2)=H_2(x_2)\overline{F}_2(x_2),$$

可得积分方程

$$H_2(x_2)=\int_{x_2}^{\infty}H_1(x_1-x_2)f_1(x_1)dx_1+\int_0^{x_2}H_2(x_2-x_1)f_1(x_1)dx_1.$$

由边界条件

$$P_3(0,y_2)=P_{22}(0,y_2)=H_4(y_2)\overline{G}_2(y_2),$$

可得积分方程

$$H_4(y_2)=\int_{y_2}^{\infty}H_3(x_1-y_2)f_1(x_1)dx_1+\int_0^{y_2}H_4(y_2-x_1)f_1(x_1)dx_1.$$

由边界条件

$$P_{21}(x_1,0)=H_3(x_1)\overline{F}_1(x_1),$$

可得积分方程

$$H_3(x_1)=\int_0^{x_1}H_1(x_1-x_2)f_2(x_2)dx_2+\int_{x_1}^{\infty}H_2(x_2-x_1)f_2(x_2)dx_2.$$

由边界条件

$$P_{01}(x_1,0) = H_1(x_1)\overline{F}_1(x_1),$$

可得积分方程

$$H_1(x_1) = \int_0^{x_1} H_3(x_1 - y_2)g_2(y_2)dy_2 + \int_{x_1}^{\infty} H_4(y_2 - x_1)g_2(y_2)dy_2 .$$

从这些积分方程还不能导出所要求的结果. 现在我们用相应的补分布函数(即 $\overline{F}(t)$)去替代上述积分方程组中的密度函数, 记所得的函数为 $\overline{H}_k(x)$, $k = 1,2,3,4$. 从这些新的积分方程通过微积分演算可以导出下述重要关系:

例如, 令 y_2=0 得

$$\overline{H}_4(0) = \int_0^{\infty} H_3(x_1)\overline{F}_1(x_1)dx_1 ;$$

由导数恒等于零有

$$\overline{H}_2(x_2) = \overline{H}_4(y_2) = \text{常数}, \quad \overline{H}_1(x_1) + \overline{H}_3(x_1) = \text{常数};$$

通过交换积分次序有

$$\int_0^{\infty} \overline{H}_1(x_1)\overline{F}_1(x_1)dx_1 = \int_0^{\infty} \overline{H}_4(y_2)\overline{G}_2(y_2)dy_2 ,$$

$$\int_0^{\infty} \overline{H}_2(x_2)\overline{F}_2(x_2)dx_2 = \int_0^{\infty} \overline{H}_3(x_1)\overline{F}_1(x_1)dx_1 ;$$

利用正则性条件, 即所有状态概率之和为 1, 可得

$$\int_0^{\infty} \overline{H}_2(x_2)\overline{F}_2(x_2)dx_2 + \int_0^{\infty} \overline{H}_4(y_2)\overline{G}_2(y_2)dy_2$$

$$+\mu_1^{-1}[\int_0^{\infty} H_2(x_2)\overline{F}_2(x_2)dx_2 + \int_0^{\infty} H_4(y_2)\overline{G}_2(y_2)dy_2] = 1. \quad (2)$$

令 $J_k(x_k) = \dfrac{f_k(x_k)}{\overline{F}_k(x_k)} - \lambda_k$, 有 $\int_0^{\infty} J_k(x_2)\overline{F}_k(x_k)dx_k = 0$, 由

此进一步可导出

$$\int_0^\infty H_2(x_2)\overline{F}_2(x_2)dx_2 = \lambda_1\int_0^\infty \overline{H}_2(x_2)\overline{F}_2(x_2)dx_2$$

$$+\int_0^\infty \overline{H}_3(x_1)J_1(x_1)\overline{F}_1(x_1)dx_1\,;$$

$$\int_0^\infty H_3(x_1)\overline{F}_1(x_1)dx_1 = \lambda_2\int_0^\infty \overline{H}_3(x_1)\overline{F}_1(x_1)dx_1\,;$$

$$\int_0^\infty H_4(y_2)\overline{G}_2(y_2)dy_2 = \lambda_1\int_0^\infty \overline{H}_4(y_2)\overline{G}_2(y_2)dy_2$$

$$+\int_0^\infty \overline{H}_1(x_1)J_1(x_1)\overline{F}_1(x_1)dx_1\,.$$

现在利用上述关系我们可以证明系统的稳态可用度与部件的分布无关. 由状态转移图 1 知

$$A=\int_0^\infty P_0(x_1)dx_1+\int_0^\infty dx_1\int_0^{x_1} P_{01}(x_1,x_2)dx_2+\int_0^\infty dx_1\int_{x_2}^\infty P_{02}(x_1,x_2)dx_2$$

$$=\int_0^\infty \overline{H}_2(x_2)\overline{F}_2(x_2)dx_2\,.$$

在 A 的两边除以(2)式得

$$A=\left(1+\frac{\mu_1^{-1}\left[\int_0^\infty H_2(x_2)\overline{F}_2(x_2)dx_2+\int_0^\infty H_4(y_2)\overline{G}_2(y_2)dy_2\right]+\int_0^\infty \overline{H}_4(y_2)\overline{G}_2(y_2)dy_2}{\int_0^\infty \overline{H}_2(x_2)\overline{F}_2(x_2)dx_2}\right)^{-1}$$

$$=\left(1+\frac{\lambda_1}{\mu_1}+\frac{\lambda_2}{\mu_2}+\frac{\lambda_1}{\mu_1}\frac{\lambda_2}{\mu_2}\right)^{-1}.$$

定理 2　这一系统的稳态故障频度

$$m_f = A(\lambda_1 + \lambda_2) + \int_0^\infty \overline{H}_3(x_1) J_1(x_1) \overline{F}_1(x_1) dx_1 \cdot \quad (3)$$

证 利用上面已得到的关系，再根据转移频度公式和定理 1，我们有

$$m_f = \int_0^\infty dx_1 \int_0^{x_1} P_{01}(x_1, x_2) \lambda_2(x_2) dx_2 + \int_0^\infty dx_1 \int_{x_2}^\infty P_{02}(x_1, x_2) \lambda_2(x_2) dx_2$$

$$+ \int_0^\infty dx_2 \int_{x_2}^\infty P_{01}(x_1, x_2) \lambda_1(x_1) dx_1 + \int_0^\infty dx_2 \int_0^{x_2} P_{02}(x_1, x_2) \lambda_1(x_1) dx_1$$

$$= \int_0^\infty H_2(x_2) \overline{F}_2(x_2) dx_2 + \int_0^\infty H_3(x_1) \overline{F}_1(x_1) dx_1$$

$$= A(\lambda_1 + \lambda_2) + \int_0^\infty \overline{H}_3(x_1) J_1(x_1) \overline{F}_1(x_1) dx_1 .$$

注 1 关于系统稳态故障频度公式的定理 2 有一个积分项，它涉及部件 1 的寿命分布. 我们目前还不能消去它，但当它为 Erlang 分布时，3.2.1 小节的定理 2 已证明这一积分项为零. 因此，似乎有强烈的理由认为这个积分项也应该为零，即猜测

$$\int_0^\infty \overline{H}_3(x_1) J_1(x_1) \overline{F}_1(x_1) dx_1 = 0 \cdot$$

为证明这一猜测，我们建议从混合 Erlang 分布人手. 因为已经证明混合 Erlang 分布在非负随机变量分布集合中稠密. 如果能证明这个积分项对混合 Erlang 分布等于零，通过极限过度就可对一般分布证明这一结论.

注 2 假设这一猜测能够被证明，我们就有

$$m_f = A(\lambda_1 + \lambda_2) .$$

这样对型 2 串联可修系统，稳态系统故障频度也与部件的分布形式无关. 结合 Barlow 和 Proschan 对型 1 和型 3 已证明的结论，对主要的串联可修系统，都有系统稳态可用性指标与部件分布形式

无关的重要结论. 对于可靠性工程实践来说, 这样的结论是至关重要的. 因此自然会问还有什么别的系统也具有这种与部件分布形式无关的性质? 我们称这样一类系统为稳健可修系统. 找出全部稳健的可修系统应该是一件有意义的工作.

§3.3 易腐物品库存决策

易腐物品库存因库存物品可能失效, 且库存物品需要花费, 一般不宜存货过多; 另一方面每次进货需要附加费用, 缺货后供将损失部分利润. 假定每次进货除成本外需要附加费 C_0 元, 每失效一个库存品损失 C_f 元, 每单位时间一个库存品的保管费为 c_h 元, 每单位时间后供一个库存品的惩罚费为 c_b 元. 在此费用结构下, 再给定库存物品的失效规律和需求规律, 如何合理确定订货策略是经理们普遍关心的问题. 例如医院, 超级市场, 百货公司等等都面临对这类库存系统的最优订货决策.

本节基于 Liu & Shi 的论文[10]. 考虑失效为指数分布, 需求按一般更新过程到达的易腐物品库存模型. 对这个模型我们推导了一个有明显物理意义的平衡方程, 使得目标函数可以递推计算而不必知道状态概率, 且解方程组有一定的技巧性, 因此值得在此作一介绍.

模型描述如下: 考虑库存物品的寿命服从参数为 λ 的指数分布, 需求物品按一般更新过程到达, 到达间隔分布为 $G(t)$而均值 μ^{-1}有限, 允许后供. 库存系统采取连续盘点的(s, S)订货策略, 一旦库存水平降到 s 就立即进货 $M=S-s$, 使库存水平恢复到 S. 为了简化讨论, 进一步假设进货具有零滞后(即随订随到), 这时 $s\le -1$. 假定开始时库存水平为 S, 令 $I(t)$表示时刻 t 的库存水平, 显然 $I(t)$是状态空间 $E=\{S,S-1,\cdots,1,0,-1,\cdots,s+1\}$ 上的非马氏过程. 通过引进补充变量 $Y(t)$表示一个需求到达前在时刻 t 已花去的时间, 使得二维过程$\{I(t),Y(t)\}$是向量马氏过程, 其状态空间和状态转移情况如图 1.

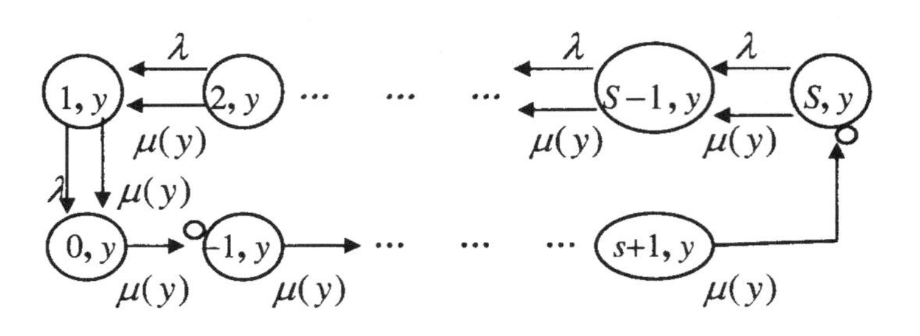

图 1　VMP{$I(t)$, $Y(t)$}的状态转移图

根据状态转移图不难列出:

偏微分方程组

$$[\frac{\partial}{\partial t}+\frac{\partial}{\partial y}+S\lambda+\mu(y)]P_S(t,y)=0,$$

$$[\frac{\partial}{\partial t}+\frac{\partial}{\partial y}+n\lambda+\mu(y)]P_n(t,y)=(n+1)\lambda P_{n+1}(t,y),$$

$$n=0,1,\cdots,S-1,$$

$$[\frac{\partial}{\partial t}+\frac{\partial}{\partial y}+\mu(y)]P_n(t,y)=0,\quad n=-1,\cdots,s+1.$$

边界条件

$$P_S(t,0)=\int_0^\infty P_{s+1}(t,y)\mu(y)dy,$$

$$P_n(t,0)=\int_0^\infty P_{n+1}(t,y)\mu(y)dy,\quad n=s+1,\cdots,S-1.$$

初始条件

$$P_S(0,y)=\delta(y),\quad P_n(0,y)=0,\quad n=s+1,\cdots,S-1.$$

令 $L(t)=\sum_{n=s+1}^{S}nP_n(t)$, $L^+(t)=\sum_{n=1}^{S}nP_n(t)$, 分别表示 t 时刻

帐面和实际平均库存水平；$d(t)=\sum_{n=s+1}^{S}\int_0^{\infty}P_n(t,y)\mu(y)dy$，因积分项说明时刻 t 需求发生于所在的状态，因此它表示瞬时需求率；$r(t)=(S-s)\int_0^{\infty}P_{s+1}(t,y)\mu(y)dy$，因其中积分所表达的是系统 t 时更新密度，故它表示瞬时库存补充率. 我们有下述平衡方程.

定理 1 对随机寿命库存系统，帐面平均库存水平可由下述微分方程确定.

$$\frac{d}{dt}L(t)+\lambda L^{+}(t)=r(t)-d(t), \tag{1}$$

令 T 表示系统更新间隔，则稳态库存减少率等于库存补充率. 即

$$\lambda L^{+}+\mu=(S-s)/E[T]. \tag{2}$$

证 令 $P_n(t)=\int_0^{\infty}P_n(t,y)dy$，因 $P_n(t,\infty)=0$，利用边界条件积分偏微分方程组得下述的：

微分方程组

$$\frac{d}{dt}P_S(t)+S\lambda P_S(t)=-\int_0^{\infty}[P_S(t,y)-P_{s+1}(t,y)]\mu(y)dy,$$

$$\frac{d}{dt}P_n(t)+\lambda[nP_n(t)-(n+1)P_{n+1}(t)]$$

$$=-\int_0^{\infty}[P_n(t,y)-P_{n+1}(t,y)]\mu(y)dy\,,\quad n=0,\cdots,S-1,$$

$$\frac{d}{dt}P_n(t)=-\int_0^{\infty}[P_n(t,y)-P_{n+1}(t,y)]\mu(y)dy$$

$$n=-1,\cdots,s+1.$$

初始条件

$$P_S(0)=1,\quad P_n(0)=0,\quad n=s+1,\cdots,S-1.$$

将微分方程组两边乘以n相加得到(1)式. 由于有限状态VMP的平稳分布存在，注意到

$$\lim_{t\to\infty}\frac{d}{dt}L(t)=0,\quad \lim_{t\to\infty}r(t)=(S-s)/E[T],$$

$$\lim_{t\to\infty}d(t)=\mu;\tag{3}$$

对(1)式两边取极限得到(2)式.

为了说明(3)式成立，令 $P_n(y)=\lim\limits_{t\to\infty}P_n(t,y)$，考虑稳态系统状态概率密度满足的:

微分方程组

$$[\frac{d}{dy}+S\lambda+\mu(y)]P_S(y)=0,$$

$$[\frac{d}{dy}+n\lambda+\mu(y)]P_n(y)=(n+1)\lambda P_{n+1}(y),$$

$$n=0,1,\cdots,S-1,$$

$$[\frac{d}{dy}+\mu(y)]P_n(y)=0,\quad n=-1,\cdots,s+1.$$

边界条件

$$P_S(0)=\int_0^\infty P_{s+1}(y)\mu(y)dy,$$

$$P_n(0)=\int_0^\infty P_{n+1}(y)\mu(y)dy,\quad n=s+1,\cdots,S-1.$$

记$k(y)=\sum\limits_{n=s+1}^{S}P_n(y)$，将此微分方程组两边相加可简化为一个微分方程

$$[\frac{d}{dy}+\mu(y)]k(y)=0,\quad k(0)=\int_0^\infty k(y)\mu(y)dy.$$

解这一微分方程得 $k(y)=k(0)\overline{G}(y)$，利用 $\sum_{n=s+1}^{S}\int_0^{\infty}P_n(y)dy=1$，我们有

$$k(y)=\mu\overline{G}(y),\qquad \sum_{n=s+1}^{S}P_n(0)=\mu. \tag{4}$$

现在回到(3)式，由(4)式立即得到(3)式中的第三个等式；而第二个等式是根据§1.2 推论 4；为证第一个等式，只需证明 $P_n'(t)$ 的极限为零. 采用反证法，设极限为 $c_n>0$（当 $c_n<0$ 时可类似证明），取 a_n 使 $c_n>a_n>0$，则存在 t_0，当 $t>t_0$ 时，$P_n'(t)\geq a_n$. 故

$$\begin{aligned}\lim_{t\to\infty}\frac{d}{dt}P_n(t)&=\lim_{t\to\infty}[P_n(t_0)+\int_{t_0}^{t}P_n'(x)dx]\\&\geq P_n(t_0)+\lim_{t\to\infty}a_n(t-t_0)=\infty.\end{aligned}$$

这与 $P_n(t)\leq 1$ 矛盾.

定理 2 令 $\Phi_S(S)=1$，对 $n=S-1,\cdots,0$ 递推计算

$$\begin{aligned}\Phi_S(n)=&\sum_{k=n+1}^{S}\binom{k}{n+1}\Phi_S(k)\\&\cdot\left[\sum_{i=0}^{k-n-1}(-1)^i\binom{k-n-1}{i}\widetilde{g}[(n+1+i)\lambda]\right],\end{aligned} \tag{5}$$

则系统平均更新周期(或称为再订货循环)为

$$E[T]=\mu^{-1}\left(\sum_{n=0}^{S-1}\Phi_S(n)-s\right). \tag{6}$$

证 解稳态系统状态概率微分方程组得

$$P_{-1}(y)=P_{-2}(y)=\cdots=P_{s+1}(y)=P_S(0)\overline{G}(y),$$

$$P_n(y)=\sum_{k=n}^{S}\binom{k}{n}P_k(0)\left[\sum_{i=0}^{k-n}(-1)^i\binom{k-n}{i}e^{-(n+i)\lambda y}\overline{G}(y)\right],$$

$$P_n(0)=\sum_{k=n+1}^{S}\binom{k}{n+1}P_k(0)\left[\sum_{i=0}^{k-n-1}(-1)^i\binom{k-n-1}{i}\tilde{g}[(n+1+i)\lambda]\right],$$

$$n=S,\cdots,0.$$

为了确定上式中唯一未知的常数 $P_S(0)$，对 $n=S,\cdots,0$，令 $P_n(0)=P_S(0)\Phi_S(n)$，利用(4)式和(5)式，可得

$$\mu=P_S(0)\left(\sum_{n=0}^{S-1}\Phi_S(n)-s\right).$$

注意到

$$\{E[T]\}^{-1}=\int_0^\infty P_{s+1}(y)\mu(y)dy=\int_0^\infty P_S(0)\overline{G}(y)\mu(y)dy=P_S(0),$$

(6)式成立.

例 1 需求按率为 μ 的 Poisson 过程到达(见文献[9]).

因 $\tilde{g}(s)=\mu/(s+\mu)$，于是由(5)，可计算出

$$\Phi_S(S)=1,\ \Phi_S(S-1)=\frac{\mu}{S\lambda+\mu},$$

$$\Phi_S(S-2)=\Phi_S(S-1)\frac{\mu}{(S-1)\lambda+\mu}$$

$$+S[\frac{\mu}{(S-1)\lambda+\mu}-\frac{\mu}{S\lambda+\mu}]=\frac{\mu}{(S-1)\lambda+\mu},$$

一般有 $\Phi_S(n)=\dfrac{\mu}{(n+1)\lambda+\mu}$. 因此由(6)得

$$E[T]=\left(\sum_{n=1}^{S}\frac{1}{n\lambda+\mu}-\frac{s}{\mu}\right).$$

例 2 需求按固定时间间隔 D 到达.

因 $\tilde{g}(s)=\exp(-Ds)$，于是(5)可简化为

$$\Phi_S(n)=\sum_{k=n+1}^{S}\binom{k}{n+1}\Phi_S(k)$$

$$\cdot\left[\sum_{i=0}^{k-n-1}(-1)^i\binom{k-n-1}{i}\exp[-D(n+1+i)\lambda]\right]$$

$$=\sum_{k=n+1}^{S}\binom{k}{n+1}\Phi_S(k)\exp(-kD\lambda)$$

$$\cdot\left[\sum_{i=0}^{k-n-1}(-1)^i\binom{k-n-1}{i}\left(\exp(D\lambda)\right)^{k-n-1-i}\right]$$

$$=\sum_{k=n+1}^{S}\binom{k}{n+1}\Phi_S(k)\exp(-kD\lambda)\left(\exp(D\lambda)-1\right)^{k-n-1}$$

例 3 需求按 PH 更新过程到达.

假定需求间隔分布有表示(β,B)，且$\beta e=1$，约定乘积符号当下标大于上标时为 1，则

$$E[T]=\sum_{i=0}^{S}\beta\left(\prod_{n=i+1}^{S}(n\lambda I-B)^{-1}(n\lambda I+B^0\beta)\right)$$
$$\cdot(i\lambda I-B)^{-1}e-(s+1)\mu^{-1}.$$

事实上，由第二章§2.1 关于 PH 分布的定义知，系统更新时间分布是有表示(γ,H)的 PH 分布，其中$\gamma=(\beta,0,\cdots,0)$，而

$$H=\begin{bmatrix}-S\lambda I+B & S\lambda I+B^0\beta & & & & \\ & \ddots & & & & \\ & & -\lambda I+B & \lambda I+B^0\beta & & \\ & & & B & B^0\beta & \\ & & & & \ddots & \ddots \\ & & & & & B\end{bmatrix}$$

$$=\begin{bmatrix}X & Z\\ & Y\end{bmatrix}.$$

注意到$-B^{-1}B^0=e$，利用分块矩阵求逆可得

$$X^{-1}=\begin{bmatrix} \cdots & \left(\prod_{n=i+1}^{S}(n\lambda I-B)^{-1}(n\lambda I+B^0\beta)\right)(i\lambda I+B)^{-1} & \cdots \\ & * & * \\ & & * \end{bmatrix},$$

$$Y^{-1}=\begin{bmatrix} \cdots & (e\beta)^{j-1}B^{-1} & \cdots \\ & * & * \\ & & * \end{bmatrix},$$

$$-X^{-1}ZY^{-1}=\left(\prod_{n=1}^{S}(n\lambda I-B)^{-1}(n\lambda I+B^0\beta)\right)(e\beta)B^{-1}.$$

因$(n\lambda I+B^0\beta)e=(n\lambda I-B)e$，有

$$\beta\left(\prod_{n=1}^{S}(n\lambda I-B)^{-1}(n\lambda I+B^0\beta)\right)e=1.$$

故

$$E[T]=-(\beta,0,\cdots,0)X^{-1}e+(\beta,0,\cdots,0)X^{-1}ZY^{-1}e$$

$$=\sum_{i=0}^{S}\beta\left(\prod_{n=i+1}^{S}(n\lambda I-B)^{-1}(n\lambda I+B^0\beta)\right)(i\lambda I-B)^{-1}e-(s+1)\mu^{-1}.$$

定理 3 对随机寿命库存系统，令$f(S)=\sum_{n=0}^{S-1}\Phi_S(n)$，记

$$C_1(s)=0.5s(s+1)c_b,$$

$$C_2(S)=\mu C_0+\mu(C_f+c_h\lambda^{-1})[S-f(S)],$$

则最优订货策略的非线性整数规划模型为

$$\min C(s,S)=\frac{C_1(s)+C_2(S)}{f(S)-s}. \tag{7}$$

证 由更新报酬定理，$C(s,S)=E[R]/E[T]$，其中$E[R]$是一个更新周期中的平均费用. 于是

$$E[R]=C_0+(C_f+c_h\lambda^{-1})\lambda L^{+}E[T]+0.5s(s+1)c_b\mu^{-1},$$

利用定理 1 和定理 2 经简单运算可得(7)式.

注1 (7)式第一项对给定的S, 显然存在唯一的最小值; 第二项对给定的 s, 当$f(S)$的一阶差分递减时, 可证它也存在唯一的最小值, 从而可简化最小值计算. 由例1知$f(S)$的一阶差分递减, 我们猜测对一般更新需求过程$f(S)$的一阶差分也递减.

参考文献

[1] 史定华, 两部件串联可修模型分析, 自动化学报, 1(1985), 71-79.

[2] 史定华, 可修系统的运行特征, 数学进展, 1(1996), 34-42.

[3] 曹晋华, 程 侃, **可靠性数学引论**, 科学出版社, 1986.

[4] Barlow, R. E. and Hudes, E. S., Asymptotic measures of system performance under alternating rules, OR Center, Univ. of California, Berkeley, 1979.

[5] Barlow, R. E. and Proschan, F., *Statistical Theory of Reliability and Life Testing*, **To Begin with Silver Spring,** MD, 1981.

[6] Barlow, R. E., System reliability: foundations, in *Theory of Reliability*, **Soc. Italiana**, 1985, 67-85.

[7] Cao, J. H., Availability and failure frequency of two-unit series system with shut-off rule, *Reliability Theory and Applications*, Proc. of China-Japan Rel. Symp., **World Scientific**, 1987, 1-13.

[8] Epstein, B., Sojourn time distributions for two unit repairable systems, **Opns. Res.**, 1971, 183-190.

[9] Liu, L. M., (s, S) continuous review models for inventory with random lifetime, **O. R. Letters**, 9, 1990, 161-167.

[10] Liu, L. M. and Shi, D. H., An (s, S) model for inventory with exponential lifetime and renewal demands, **Naval Res. Logis.**, 46, 1999, 39-56.

[11] Nahmias, S., Perishable inventory theory: a review, **Opns. Res.**, 30, 1982, 680-708.

[12] Osaki, S., System reliability analysis by Markov renewal processes, **J. ORS of Japan**, 12, 1970, 127-188.

[13] Shi, D. H., Stationary distribution of the up (down) time of repairable systems, *Reliability Theory and Applications*, Proc. of China-Japan Rel. Symp., **World Scientific,** 1987, 328-337.

[14] Shi, D. H., On some distributions of repairable queueing system, *Proc. of the APORS'91*, **Beijing Univ. Press,** 1992, 229-237.

[15] Shi, D. H. and Li, W., Availability analysis of a two-unit series system with shut-off rule and "first-fail, first-repaired", **Acta Math. Appl. Sinica.,** 1(1993), 88-91.

[16] Shi, D. H. and Liu, L. M., Availability analysis of a two-unit series system with a priority shut-off rule, **Naval Res. Logis.,** 43, 1996, 1009-1024.

第四章 经典排队模型

排队理论研究随机服务系统的拥挤现象，与可靠性理论最大的区别是这时描述系统状态的随机过程往往有可数个离散状态. 这对学术界和工程界既是一个挑战又是一个机遇，自从排队论问世以来，人们创造了许多有深远影响的理论和方法.

单服务台等待制随机服务系统是经典的排队系统. 早在50年代就对*GI/G/*1排队系统得到了比较满意的理论结果(见Cohen [9]), 但数值计算却一直困扰着人们. 经过近 40 年的努力，特别是 90 年代的大发展. 现在，对马氏排队系统，利用第二章的理论可给出瞬态的数值结果. 而 Neuts 的两本专著[15,16]不仅奠定了*GI/G/*1 排队中两个最重要的子类 *GI/M/1* 型排队和 *M/G/*1 型排队的理论基础，而且解决了它们的数值计算问题. 随后寻根方法和矩阵指数分布的引入，使得人们从不同的角度解决了更广的 *GI/R/*1 和 *R/G/*1 排队的数值计算问题(如见 Lipsky[12], Chaudhry *et. al*.[6], Asmussen & Bladt[5]).

本章§4.1 遵循 Cox[10]引进补充变量的思想，首先采用可数状态 VMP 方法详细分析了 *M/G/*1 排队系统，重新得到了 Takacs 微积分方程所得的结果(见 Kosten[11]). 然后对 *GI/M/*1 排队，通过引进服务顾客在系统中逗留时间作为补充变量去构造向量马氏过程，进行了新的简化处理. 另外，由于无限位相型分布和矩形迭代算法的发展，有了讨论一类更广的 *GI/SPH/*1 排队数值计算问题的可能性. 于是§4.2, 我们在 Ramaswami[17]和 Sengupta[18]的工作基础上建立了 *GI/SPH/*1 排队数值计算的理论. §4.3 比较完整地研究了无穷服务台排队. 初看起来，有无穷个服务台的假定似乎不现实，然而这个假定的实质是顾客随到随服务. 例如，对那些由顾客自我服务的部门就是如此，而且无穷服务台排队可作为多服务台排队的近似. 对这个模型如使用 VMP 方法必将引入可数个补充变量，所以文献[13]利用概率方法建立了一个积分方程给出了状态概率的表达式. 进一步，我们[14]利用转移频度公式和更新分布公式解决了忙期问题. 最近我们又对泊松到达和指数服务情况研究了有效的数值计算方法.

§4.1 两个基本的单服务台排队

4.1.1 经典的 *M/G/*1 排队系统

模型描述如下：顾客按率为 λ 的 Poisson 过程到达一个服务系统(或台、或称为服务员)接受服务，服务员为顾客服务的时间 χ 服从一般连续型分布 $G(t)$，均值 $\mu^{-1}<\infty$. 系统中只有一个服务员，顾客按先到先服务的规则接受服务. 如果到达的顾客发现服务员正在为别的顾客服务，他就依次排队等待. 假定等待空间无限，开始时一个顾客刚离开系统且系统中留有 i 个(排队等待加上正在服务的)顾客.

令 $S(t)$表示时刻 t 系统中的顾客数，虽然 $S(t)$ 不是状态空间 $E=\{0,1,2,\cdots\}$上的马氏过程，但可通过引进补充变量 $X(t)$表示正在服务的顾客在时刻 t 已接受过的服务时间，则向量过程 $\{S(t), X(t)\}$ 是状态空间 $E_1=\{(n,x) \mid n=0,1,2,\cdots;\ 0\leq x<\infty\}$上的 VMP. 它的状态转移情况如图 1，其中 $\mu(x)$ 是服务时间的风险率函数.

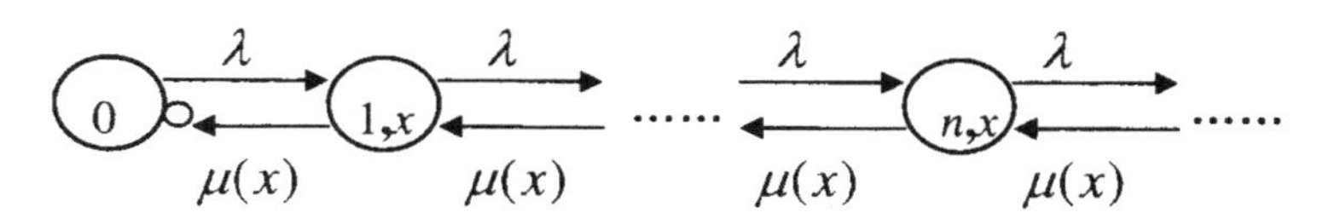

图 1 VMP$\{S(t), X(t)\}$的状态转移图

由该 VMP 的状态转移图，不难写出状态概率密度满足的微

积分方程组、边界条件和初始条件如下:
偏微积分方程组(约定 $P_0(t,x)=0$)

$$[\frac{d}{dt}+\lambda]P_0(t)=\int_0^\infty P_1(t,x)\mu(x)dx;$$

$$[\frac{\partial}{\partial t}+\frac{\partial}{\partial x}+\lambda+\mu(x)]P_n(t,x)=\lambda P_{n-1}(t,x),\quad n=1,2,\cdots.$$

边界条件

$$P_1(t,0)=\lambda P_0(t)+\int_0^\infty P_2(t,x)\mu(x)dx$$

$$P_n(t,0)=\int_0^\infty P_{n+1}(t,x)\mu(x)dx,\quad n=2,3,\cdots.$$

初始条件

$$P(0)=\delta_{0i};\quad P_n(0,x)=\delta_{ni}\delta(x),\quad n=1,2,\cdots.$$

令 $P^*(s,x,z)=\sum_{n=1}^\infty P_n^*(s,x)z^n$，先取 L 变换，再取 Z 变换，然后解方程组得

$$P^*(s,x,z)=P^*(s,0,z)e^{-(s+\lambda-\lambda z)x}\overline{G}(x),\tag{1}$$

$$P^*(s,0,z)=\frac{z[z^i-(s+\lambda-\lambda z)P_0^*(s)]}{z-\tilde{g}(s+\lambda-\lambda z)}.\tag{2}$$

为了给出上述方程解的显式表示，根据复变函数的Rouche定理可证下述定理.

定理 1 (推广的 Takacs 引理[9]) 若

(a) $\mathrm{Re}(s)\geq 0$，$|u|<1$，$|v|\leq 1$；

(b) $\mathrm{Re}(s)>0$，$|u|\leq 1$，$|v|\leq 1$；

(c) $\mathrm{Re}(s)\geq 0$，$|u|\leq 1$，$|v|\leq 1$ 且 $\rho=\lambda\mu^{-1}>1$，

则方程

$$z=u\tilde{g}(s+\lambda-\lambda vz)\tag{3}$$

在单位圆 $|z|=1$ 内有唯一解. 它可表成

$$\gamma(s,u,v)=\sum_{j=1}^{\infty}\frac{(\lambda v)^{j-1}u^{j}}{j!}\int_{0}^{\infty}e^{-(s+\lambda)x}x^{j-1}dG^{(j)}(x), \quad (4)$$

使得在 $\mathrm{Re}(s)\geq 0$，$|u|\leq 1$，$|v|\leq 1$ 内为 (s,u,v) 的连续函数，在 $\mathrm{Re}(s)>0$，$|u|<1$，$|v|\leq 1$ 内为 (s,u,v) 的解析函数．又若令 $f(v)=\gamma(0,1,v)$，$h(u)=\gamma(0,u,1)$，$\widetilde{b}(s)=\gamma(s,1,1)$，则有

$$\lim_{v\to 1}f(v)=\omega\begin{cases}=1, & \rho\leq 1\\ <1, & \rho>1,\end{cases}$$

$$\lim_{v\to 1}f'(v)=\begin{cases}\dfrac{\rho}{1-\rho}, & \rho<1\\ \infty, & \rho=1;\end{cases}$$

$$\lim_{u\to 1}h(u)=\omega\begin{cases}=1, & \rho\leq 1\\ <1, & \rho>1,\end{cases}$$

$$\lim_{u\to 1}h'(u)=\begin{cases}\dfrac{1}{1-\rho}, & \rho<1\\ \infty, & \rho=1;\end{cases}$$

$$\lim_{s\to 0}\widetilde{b}(s)=\omega\begin{cases}=1, & \rho\leq 1\\ <1, & \rho>1,\end{cases}$$

$$\lim_{s\to 0}\widetilde{b}'(s)=\begin{cases}\dfrac{-1}{\mu(1-\rho)}, & \rho<1\\ \infty, & \rho=1.\end{cases}$$

其中 ω 为方程 $z=\widetilde{g}(\lambda-\lambda z)$ 的最小非负实根，且当 $\rho>1$ 时解唯一地在(0,1)内.

证 本定理的证明与徐光辉[3]第三章引理 1 的证明类似，只需注意以下三点:

1. 当 $v=0$ 时，$z=u\widetilde{g}(s+\lambda)$ 是方程(3)在 $|z|=1$ 内的唯一解.

2. 当 $v\neq 0$ 时，新方程 $vz=uv\widetilde{g}(s+\lambda-\lambda vz)$ 在 $|vz|=1$ 内有唯一解，从而原方程在 $|z|=1$ 内有唯一解.

3. 当$v \neq 0$时，方程(3)的解

$$\gamma(s,u,v)=\frac{1}{v}\sum_{j=1}^{\infty}\frac{\lambda^{j-1}(uv)^{j}}{j!}\int_{0}^{\infty}e^{-(s+\lambda)x}x^{j-1}dG^{(j)}(x).$$

此解当v=0 时，有

$$\gamma(s,u,0)=u\int_{0}^{\infty}e^{-(s+\lambda)x}dG(x)=u\widetilde{g}(s+\lambda).$$

为了确定$P_0^*(s)$，由定理 1 分母在单位圆 $|z|=1$ 内刚好有一个零点$\widetilde{b}(s)$，因$P^*(s,0,z)$是 $|z|=1$ 内的解析函数，它也是分子的零点. 所以

$$P_0^*(s)=\widetilde{b}^{i}(s)[s+\lambda-\lambda\widetilde{b}(s)]^{-1}. \tag{5}$$

定理 2 当初始条件i=0 时，系统访问状态 0 形成一个更新过程，更新间隔分布的 LS 变换为

$$\widetilde{c}(s)=\frac{\lambda}{s+\lambda}\widetilde{b}(s). \tag{6}$$

且这个更新过程可按$\rho=\lambda\mu^{-1}$分成：(a) $\rho>1$非常返更新过程；(b) $\rho=1$零常返更新过程；(c) $\rho<1$正常返更新过程.

证 由方程组和边界条件，根据更新频度公式，级数$m_M(t)$的每一项在$[0, t]$上连续且每一项取 L 变换后组成的和函数

$$\lambda P_0^*(s)+P^*(s,0,1)\int_{0}^{\infty}e^{-sx}\overline{G}(x)[\lambda+\mu(x)]dx$$

$$=\lambda P_0^*(s)+P^*(s,0,1)[\lambda\overline{G}^*(s)+\widetilde{g}(s)]$$

是 Re(s)>0 上的解析函数，因此$m_M(t)$在$[0, t]$上连续. 再由 Dini 一致收敛定理，$m_M(t)$满足一致收敛性条件. 利用更新分布公式和第一个方程并注意到初始条件，由(5)立即有

$$\widetilde{c}(s)=\int_{0}^{\infty}P_1^*(s,x)\mu(x)dx\bigg/\left(1+\int_{0}^{\infty}P_1^*(s,x)\mu(x)dx\right)$$

$$= \frac{(s+\lambda)P_0^*(s)-1}{(s+\lambda)P_0^*(s)} = \frac{\lambda}{s+\lambda}\widetilde{b}(s).$$

再按Cinlar[8]对更新过程的分类和定理1关于解$\widetilde{b}(s)$及其导数当s趋于零时的性质，定理后半部分结论成立.

定理3 令$q_n(t)=P\{S(t)=n\}$表示任意时刻的队长分布，则任意时刻队长分布的双(L和Z)变换为

$$L^*(s,z)=P_0^*(s)+\frac{z\overline{G}^*(s+\lambda-\lambda z)[z^i-(s+\lambda-\lambda z)P_0^*(s)]}{z-\widetilde{g}(s+\lambda-\lambda z)}\quad; \tag{7}$$

当$\rho<1$时，稳态队长分布q_n的母函数

$$L(z)=\frac{(z-1)(1-\rho)\widetilde{g}(\lambda-\lambda z)}{z-\widetilde{g}(\lambda-\lambda z)}. \tag{8}$$

证 直接计算得

$$L^*(s,z)=\sum_{n=0}^{\infty}q_n^*(s)z^n=P_0^*(s)+\int_0^{\infty}P^*(s,x,z)dx$$

$$=P_0^*(s)+\frac{z\overline{G}^*(s+\lambda-\lambda z)[z^i-(s+\lambda-\lambda z)P_0^*(s)]}{z-\widetilde{g}(s+\lambda-\lambda z)}.$$

根据L变换的终值定理，由定理1有

$$P_0=\lim_{s\to 0}sP_0^*(s)=\begin{cases}1-\rho, & \rho<1\\ 0, & \rho\geq 1\end{cases}.$$

再由不可约马氏过程理论，稳态状态概率存在，或全为零或全为正，因此$\rho<1$时稳态队长分布的母函数

$$L(z)=\lim_{s\to 0}sL^*(s,z)$$

$$=P_0-\frac{z\overline{G}^*(\lambda-\lambda z)(\lambda-\lambda z)P_0}{z-\widetilde{g}(\lambda-\lambda z)}$$

$$=\frac{(z-1)(1-\rho)\widetilde{g}(\lambda-\lambda z)}{z-\widetilde{g}(\lambda-\lambda z)}.$$

定理 4 当$\rho < 1$时，令q_n^+表示稳态(一顾客)离去(时留下的)队长分布，母函数记为$L^+(z)$；q_n^-表示稳态(一顾客)到达(时见到的)队长分布，母函数记为$L^-(z)$，则

$$L^+(z) = L^-(z) = L(z).$$

证 由第一章进入概率公式

$$q_n^+ = \frac{\int_0^\infty P_{n+1}(x)\mu(x)dx}{\sum_{n=0}^\infty \int_0^\infty P_{n+1}(x)\mu(x)dx} = D\int_0^\infty P_{n+1}(x)\mu(x)dx,$$

$$\begin{aligned} L^+(z) &= D\sum_{n=0}^\infty \int_0^\infty P_{n+1}(x)z^n \mu(x)dx \\ &= \lim_{s\to 0} s\frac{D}{z}\int_0^\infty P^*(s,x,z)\mu(x)dx \\ &= \frac{D\lambda(z-1)(1-\rho)\tilde{g}(\lambda-\lambda z)}{z-\tilde{g}(\lambda-\lambda z)}. \end{aligned}$$

因$\lim_{z\to 1} L^+(z) = 1$，得$D = \lambda^{-1}$，故$L^+(z) = L(z)$.

另一方面，仍由第一章进入概率公式有

$$q_n^- = \frac{q_n\lambda}{\sum_{n=0}^\infty q_n\lambda} = q_n,$$

从而$L^-(z) = L(z)$.

定理 5 令$V(t)$表示在任意时刻一个假想的顾客到达系统直到接受服务的虚等待时间，则虚等待时间分布的L和LS双变换为

$$\tilde{w}^*(s,\theta) = \frac{\tilde{g}^i(\theta) - \theta P_0^*(s)}{s+\lambda-\lambda\tilde{g}(\theta)-\theta}. \tag{9}$$

当$\rho < 1$时，稳态虚等待时间的LS 变换为

$$\widetilde{w}(\theta)=\frac{(1-\rho)\theta}{\theta-\lambda+\lambda\widetilde{g}(\theta)}, \tag{10}$$

且等于一个顾客达系统直到接受服务的稳态实等待时间分布 LS 变换 $\widetilde{w}_q(\theta)$. 其中(10)式是著名的 Pollaczek-Khinchin 公式(见 Cohen[9]).

证 记 χ_u 为时刻 t 正在接受服务的顾客仍剩余的服务时间，其中 u 为该顾客已接受过的服务时间，则 χ_u 的密度函数 $g_u(x)=g(u+x)/\overline{G}(u)$. 因

$$W(t,x)=P\{V(t)\le x\}=P_0(t)D(x)$$

$$+\sum_{n=1}^{\infty}\int_0^{\infty}P_n(t,u)P\{\chi_u+\chi_1+\cdots+\chi_{n-1}\le x\}du,$$

对 t 取 L 变换对 x 取 LS 变换得

$$\widetilde{w}^*(s,\theta)=P_0{}^*(s)+\sum_{n=1}^{\infty}\int_0^{\infty}P_n{}^*(s,u)\widetilde{g}^{(n-1)}(\theta)$$

$$[\int_0^{\infty}e^{-\theta x}\frac{g(u+x)}{\overline{G}(u)}dx]du$$

$$=P_0{}^*(s)+\frac{1}{\widetilde{g}(\theta)}P^*(s,0,\widetilde{g}(\theta))$$

$$\cdot\int_0^{\infty}e^{-(s+\lambda-\lambda\widetilde{g}(\theta))u}\int_0^{\infty}e^{-\theta x}g(u+x)dxdu$$

$$=P_0{}^*(s)+\frac{\widetilde{g}^i(\theta)-(s+\lambda-\lambda\widetilde{g}(\theta))P_0{}^*(s)}{\widetilde{g}(\theta)-\widetilde{g}(s+\lambda-\lambda\widetilde{g}(\theta))}$$

$$\cdot\int_0^{\infty}e^{-(s+\lambda-\lambda\widetilde{g}(\theta)-\theta)u}\int_u^{\infty}e^{-\theta y}g(y)dydu$$

$$=P_0{}^*(s)+\frac{\widetilde{g}^i(\theta)-(s+\lambda-\lambda\widetilde{g}(\theta))P_0{}^*(s)}{\widetilde{g}(\theta)-\widetilde{g}(s+\lambda-\lambda\widetilde{g}(\theta))}$$

$$\cdot\int_0^\infty e^{-\theta y}g(y)\int_0^y e^{-(s+\lambda-\lambda\tilde{g}(\theta)-\theta)u}dudy$$

$$=P_0*(s)+\frac{\tilde{g}^i(\theta)-(s+\lambda-\lambda\tilde{g}(\theta))P_0*(s)}{s+\lambda-\lambda\tilde{g}(\theta)-\theta}$$

$$=\frac{\tilde{g}^i(\theta)-\theta P_0*(s)}{s+\lambda-\lambda\tilde{g}(\theta)-\theta}.$$

当$\rho<1$时，稳态虚等待时间的LS变换为

$$\tilde{w}(\theta)=\lim_{s\to0}s\tilde{w}*(s,\theta)=\frac{(1-\rho)\theta}{\theta-\lambda+\lambda\tilde{g}(\theta)}.$$

另一方面，因顾客到达间隔服从指数分布，由指数分布的无记忆性易得

$$\tilde{w}_q(\theta)=\tilde{w}(\theta).$$

定理6 令T_b为服务员从开始服务直到服务结束的时间称为忙期，N_b为忙期中服务的顾客数，则忙期和忙期中服务顾客数的联合分布的LS和Z变换为$\gamma(s,u,1)$，而忙期分布的LS变换为$\tilde{b}(s)$.

证 我们构造一个吸收VMP来求联合分布[1]. 令$N(t)$表示在时刻t已服务完毕的顾客数，则$\{S(t), N(t), X(t)\}$是状态空间$E_2=\{(i,j,x)\mid i,j=0,1,2,\cdots;\ 0\le x<\infty\}$上的VMP. 把状态集$\{(0,j+1)\mid j=0,1,2,\cdots\}$取为吸收状态得一吸收VMP$\{\hat{S}(t),\hat{N}(t),X(t)\}$，它的状态转移情况如图2(见下页). 由状态转移图不难写出状态概率满足的偏微分方程组、边界条件和初始条件如下:

偏微分方程组

$$[\frac{\partial}{\partial t}+\frac{\partial}{\partial x}+\lambda+\mu(x)]\hat{P}_{1j}(t,x)=0,\quad j=0,1,2,\cdots;$$

$$[\frac{\partial}{\partial t}+\frac{\partial}{\partial x}+\lambda+\mu(x)]\hat{P}_{ij}(t,x)=\lambda\hat{P}_{i-1,j}(t,x),$$

$$i=2,3,\cdots,\quad j=0,1,2\cdots.$$

边界条件

$$\hat{P}_{i0}(t,0)=0,\quad i=1,2,\cdots;$$

$$\hat{P}_{ij}(t,0)=\int_0^\infty \hat{P}_{i+1,j-1}(t,x)\mu(x)dx,\quad i,j=1,2,\cdots.$$

初始条件

$$\hat{P}_{i0}(0,x)=\delta_{i1}\delta(x),\quad i=1,2,\cdots;\ \text{其余为零}.$$

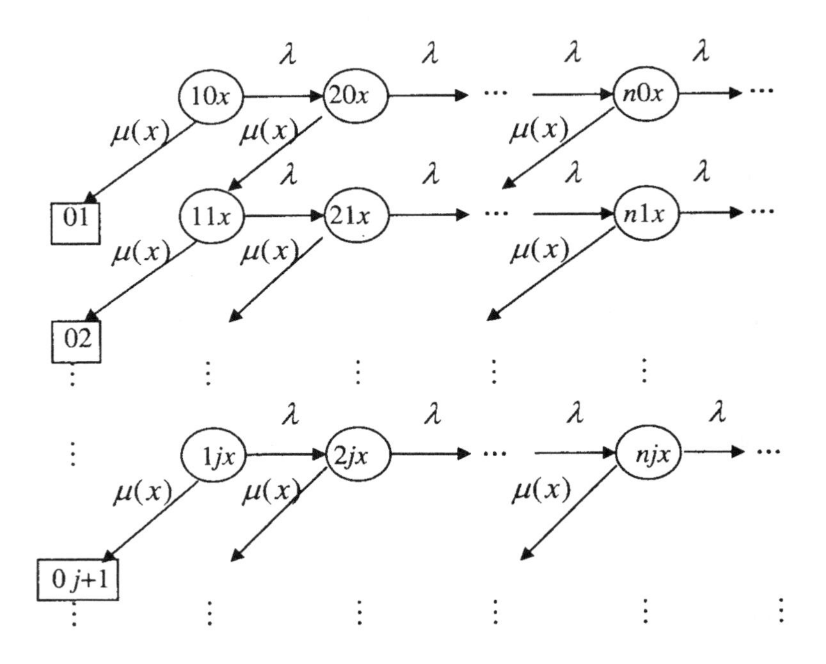

图 2　吸收 VMP $\{\hat{S}(t),\hat{N}(t),X(t)\}$ 的状态转移图

定义 L 和双重 Z 变换 $\hat{P}^*(s,x,z,u)=\sum_{j=0}^{\infty}\sum_{i=1}^{\infty}\hat{P}_{ij}{}^*(s,x)z^iu^j$，

L 和 Z 变换 $\hat{P}_1*(s,x,u)=\sum_{j=0}^{\infty}\hat{P}_{1j}*(s,x)u^j$，解方程组得

$$\hat{P}*(s,x,z,u)=\hat{P}*(s,0,z,u)e^{-(s+\lambda-\lambda z)x}\overline{G}(x),$$

$$\hat{P}*(s,0,z,u)=\frac{z[z-u\int_0^{\infty}\hat{P}_1*(s,x,u)\mu(x)dx]}{z-u\tilde{g}(s+\lambda-\lambda z)}.$$

利用定理 1 有

$$\gamma(s,u,1)=u\int_0^{\infty}\hat{P}_1*(s,x,u)\mu(x)dx.$$

令 $D_j(t)=P\{T_b\le t,N_b=j\}$，由第一章吸收分布公式(显然满足一致收敛性条件)

$$\tilde{d}_{j+1}(s)=\int_0^{\infty}\hat{P}_{1j}*(s,x)\mu(x)dx,\quad j=0,1,2,\cdots.$$

由此

$$\begin{aligned}\tilde{d}(s,u)&=\sum_{j=0}^{\infty}\tilde{d}_{j+1}(s)u^{j+1}\\&=\sum_{j=0}^{\infty}(\int_0^{\infty}\hat{P}_{1j}*(s,x)\mu(x)dx)u^{j+1}\\&=u\int_0^{\infty}\hat{P}_1*(s,x,u)\mu(x)dx=\gamma(s,u,1).\end{aligned}$$

而忙期分布 $\tilde{d}(s)=\tilde{d}(s,1)=\gamma(s,1,1)=\tilde{b}(s)$.

4.1.2 经典的 *GI/M/*1 排队系统

基于 Cox 的补充变量技巧，我们已用 VMP 方法研究了 *M/G/*1 排队. 然而，利用补充变量技巧研究 *GI/M/*1 排队的工作虽然不少，例如文献[2,7]，但都没有达到象处理 *M/G/*1 排队那样理想. 直到

80 年代末，Sengupta[18] 在推广 Neuts 的矩阵几何到矩阵指数一文中才出现了新的突破. 本小节将发展 Sengupta 的思想，利用 VMP 方法除重新得到 $GI/M/1$ 排队所有感兴趣的指标外，还可导出忙期、忙期中服务顾客数和闲期三者的联合分布.

$GI/M/1$ 排队的模型描述如下：顾客到达间隔独立同一般分布 $F(x)$，假定它有风险率函数 $\lambda(x)$；服务为参数 μ 的指数分布. 令 $S(t)$表服务台忙(1)闲(0)过程，服务台忙时，用 $X(t)$记正在服务顾客在系统中已逗留的时间，服务台闲时，用 $Y_x(t)$记到达年龄为 x 时已花去的空闲时间，则$\{S(t), X(t), Y_x(t)\}$形成一个向量马氏过程,典型的样本轨道如图 1.

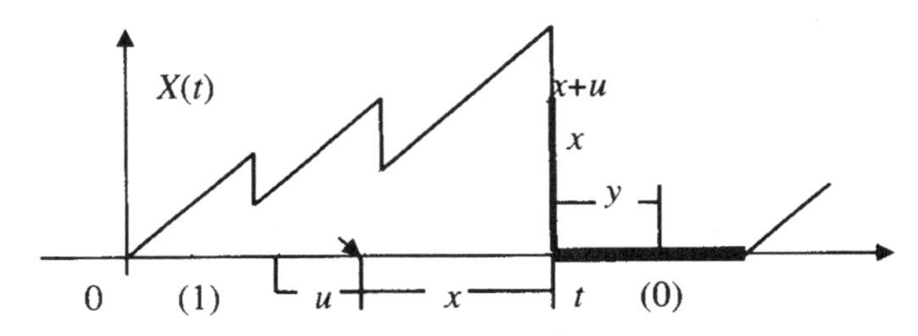

图 1　$\{S(t), X(t), Y_x(t)\}$的一条可能的样本轨道

定义

$$p_0(t,x,y)dy = P\{S(t)=0, y \le Y_x(t) < y+dy\},$$
$$p_1(t,x)dx = P\{S(t)=1, x \le X(t) < x+dx\}.$$

状态概率密度满足的微积分方程、边界条件和初始条件如下：

$$\left[\frac{\partial}{\partial t}+\frac{\partial}{\partial y}+\lambda(x+y)\right]p_0(t,x,y)=0,$$

$$\left[\frac{\partial}{\partial t}+\frac{\partial}{\partial x}+\mu\right]p_1(t,x)=\int_0^\infty p_1(t,x+u)\mu dF(u);$$

$$p_0(t,x,0)=p_1(t,x)\overline{F}(x)\mu,\quad p_0(t,0,y)=0.$$

$$p_1(t,0)=\delta(t)+\int_0^{\infty}\int_0^{\infty}p_0(t,x,y)\lambda(x+y)dydx;$$

$$p_1(0,x)=\delta(x),\quad p_0(0,x,y)=0.$$

关于 t 取 L 变换解微积分方程组得

$$p_0{}^*(s,x,y)=p_0{}^*(s,x,0)e^{-sy}\,\overline{F}(x+y)/\overline{F}(x),\tag{1}$$

$$p_1{}^*(s,x)=p_1{}^*(s,0)\exp\{-[s+\mu-z(s)\mu]x\};\tag{2}$$

第一个微分方程的解显然．对第二个微积分方程，令它的解有指数形式 $p_1{}^*(s,x)=p_1{}^*(s,0)\exp\{K(s)x\}$，代入第二个微积分方程可得 $K(s)+s+\mu=\mu\cdot\tilde{f}[-K(s)]$．根据 Takacs 引理[9]，若 $\mathrm{Re}(s)>0$，方程 $z=\tilde{f}[s+\mu-z\mu]$ 在单位圆 $|z|=1$ 内有唯一解 $z(s)$．因此 $K(s)=-[s+\mu-z(s)\mu]$．

定理 1 对 *GI/M/1* 排队，忙循环时间分布的 LS 变换为

$$\tilde{c}(s)=\frac{\tilde{f}(s)-z(s)}{1-z(s)}.\tag{3}$$

当 $\rho<1$ 时，平均忙循环时间有限，且是系统稳定的充要条件．

证 根据(1),(2)两式和边界条件与初始条件，我们有

$$p_1{}^*(s,0)=1+\int_0^{\infty}\int_0^{\infty}p_1{}^*(s,0)e^{-[s+\mu-z(s)\mu]x}\overline{F}(x)$$

$$\cdot\mu e^{-sy}\frac{\overline{F}(x+y)}{\overline{F}(x)}\lambda(x+y)dydx$$

$$=1+p_1{}^*(s,0)\mu\int_0^{\infty}e^{-[s+\mu-\delta(s,z)\mu]x}\int_0^{\infty}e^{-sy}f(x+y)dydx$$

$$=1+p_1{}^*(s,0)\mu\int_0^{\infty}e^{-[\mu-\delta(s,z)\mu]x}\int_x^{\infty}e^{-su}f(u)dudx$$

$$=1+p_1{}^*(s,0)\mu\int_0^{\infty}e^{-su}f(u)\int_0^{u}e^{-[\mu-\delta(s,z)\mu]x}dxdu$$

$$= 1 + p_1 * (s,0) \frac{\widetilde{f}(s) - z(s)}{1 - z(s)}.$$

因此

$$p_1 * (s,0) = \frac{1 - z(s)}{1 - \widetilde{f}(s)}. \tag{4}$$

显然忙循环时间序列形成向量马氏过程$\{S(t), X(t), Y_x(t)\}$的一个嵌入更新过程. 根据 VMP 方法中的转移频度公式和更新分布公式, 立即可得忙循环时间分布的 LS 变换

$$\widetilde{c}(s) = \frac{m^*(s)}{1 + m^*(s)} = \frac{\int_0^{\infty}\int_0^{\infty} p_0 * (s,x,y)\lambda(x+y)dydx}{1 + \int_0^{\infty}\int_0^{\infty} p_0 * (s,x,y)\lambda(x+y)dydx}$$

$$= \frac{p_1 * (s,0) \dfrac{\widetilde{f}(s) - z(s)}{1 - z(s)}}{1 + p_1 * (s,0) \dfrac{\widetilde{f}(s) - z(s)}{1 - z(s)}} = \frac{\widetilde{f}(s) - z(s)}{1 - z(s)}.$$

当$\rho < 1$时$z(0) = \beta < 1$, 于是$E[C] = -\widetilde{c}'(0) = 1/(1-\beta)$有限. 由 Cinlar[8], 该更新过程正常返(即稳定)的充要条件是$\rho < 1$.

定理 2 对$GI/M/1$排队, 当$\rho < 1$时, 顾客在系统中的逗留时间、实等待时间、虚等待时间分布分别为

$$W_s(x) = 1 - e^{-\mu(1-\beta)x}; \tag{5}$$

$$W_q(x) = 1 - \beta e^{-\mu(1-\beta)x}; \tag{6}$$

$$W(x) = 1 - \rho e^{-\mu(1-\beta)x}. \tag{7}$$

证 约定稳态时删去时间t, 由(2), (4)两式和 L'Hospitale 法则, 有

$$P\{X \le x, S = 1\} = \int_0^x p_1(u)du$$

$$= \int_0^x \lim_{s \to 0} sp_1 * (s,u) du = \rho[1 - e^{-\mu(1-\beta)x}].$$

于是系统忙的概率为ρ，从样本轨道图 1，一个顾客在系统中逗留时间分布为

$$W_s(x) = P\{W_q + \chi \le x\} = P\{X \le x | S = 1\} = 1 - e^{-\mu(1-\beta)x}.$$

现在令τ_n 表示第 n 个顾客的到达间隔，χ_n 表示第 n 个顾客的服务时间，w_n 表示第 n 个顾客的等待时间，则有 $w_{n+1} = [w_n + \chi_n - \tau_{n+1}]^+$. 假定 $x \ge 0$，因 τ_{n+1} 和 $w_n + \chi_n$ 相互独立，

$$W_{n+1}(x) = P\{w_{n+1} \le x\} = P\{w_n + \chi_n - \tau_{n+1} \le x\}$$

$$= \int_0^\infty P\{w_n + \chi_n \le x + u | \tau_{n+1} = u\} dF(u).$$

再由(5)式和β的定义，

$$W_q(x) = \lim_{n \to \infty} W_{n+1}(x) = \int_0^\infty W_s(x+u) dF(u) = 1 - \beta e^{-\mu(1-\beta)x}.$$

因系统空的概率为$1-\rho$，又由于服务时间分布的无记忆性，于是顾客虚等待时间分布为

$$W(x) = 1 - \rho + \rho[1 - e^{-\mu(1-\beta)x}] = 1 - \rho e^{-\mu(1-\beta)x}.$$

定理3 对 *GI/M/*1 排队，当$\rho < 1$时，顾客离去时刻和任意时刻的稳态队长分布是

$$p_n^+ = (1-\beta)\beta^n, \quad n = 0,1,2,\cdots; \tag{8}$$

$$p_0 = 1 - \rho, p_n = \rho p_{n-1}^+, \quad n = 1,2,\cdots. \tag{9}$$

证 正在服务顾客离去时留下 n 个顾客，则他在系统逗留期间必须有 n 个顾客到达. 根据更新理论，在[0, x]中有 n 个顾客到达的概率是 $F^{(n)}(x) - F^{(n+1)}(x)$，于是

$$p_n^+ = \int_0^\infty [F^{(n)}(x) - F^{(n+1)}(x)] dW_s(x) = \beta^n - \beta^{n+1} = (1-\beta)\beta^n.$$

为求任意时刻稳态队长，当系统忙时，为了保证系统中有 n 个顾客，正在服务顾客在系统逗留期间必须有 $n-$ 个顾客到达，于是 $p_0 = 1-\rho$;

$$p_n = \rho\int_0^\infty p(x)[F^{(n-1)}(x) - F^{(n)}(x)]dx = \rho p_{n-1}^{+}.$$

接下来讨论 $GI/M/1$ 排队的忙期、忙期中服务顾客数和闲期三者的联合分布，为此只需考虑一个忙循环时间. 约定相应的量均冠以“^”，则 $\{\hat{N}(t), \hat{X}(t)\}$ 形成一吸收向量马氏过程. 其中 $\hat{N}(t)$ 表 t 时刻服务(包括正在服务)的顾客数. 该过程的状态概率密度满足的微积分方程，边界条件和初始条件如下:

$$\left[\frac{\partial}{\partial t} + \frac{\partial}{\partial x} + \mu\right]\hat{p}_1(t,x) = 0,$$

$$\left[\frac{\partial}{\partial t} + \frac{\partial}{\partial x} + \mu\right]\hat{p}_n(t,x) = \int_0^\infty \hat{p}_{n-1}(t, x+u)\mu dF(u),$$

$$n = 2,3,\cdots;$$

$$\hat{p}_n(t,0) = 0; \quad \hat{p}_1(0,x) = \delta(x).$$

记 $\hat{P}*(s,x,z) = \sum_{n=1}^{\infty} \hat{p}_n*(s,x)z^n$，解上述方程组得

$$\left[\frac{d}{dx} + s + \mu\right]\hat{P}*(s,x,z) = z\int_0^\infty \hat{P}*(s,x+u,z)\mu dF(u).$$

设微积分方程有解 $\hat{P}*(s,x,z) = \hat{P}*(s,0,z)\exp\{K(s,z)x\}$，代入上述微积分方程得函数方程

$$K(s,z) + s + \mu = \mu\cdot z\cdot \tilde{f}[-K(s,z)].$$

根据 Takacs 引理，若 $\mathrm{Re}(s)>0$ 和 $|z|\le 1$，方程 $x = z\tilde{f}(s+\mu - x\mu)$ 在单位圆 $|z|=1$ 内有唯一解 $\delta(s,z)$. 代入函数方程，于是得到 $K(s,z) = s+\mu-\delta(s,z)\mu$. 再由边界条件得

$$\hat{P}*(s,x,z) = z\exp\{-[s+\mu-\delta(s,z)\mu]x\}. \tag{10}$$

定理 4 对 *GI/M/*1 排队，忙期、忙期服务顾客数和闲期三者联合分布的 LS 和 Z 变换为

$$\tilde{l}(s,\theta,z)=\frac{\mu[z\tilde{f}(\theta)-\delta(s,z)]}{s-\theta+\mu-\delta(s,z)\mu}. \tag{11}$$

证 若正在服务顾客在系统中已逗留的时间为 x，他服务完成结束忙期并服务了 n 个顾客(这一事件简记为 D_n^x)，则闲期等于年龄为 x 的剩余到达时间，其密度为 $f_x(y)=f(x+y)/\overline{F}(x)$. 根据 VMP 方法中的吸收分布公式，我们有

$$\sum_{n=1}^{\infty}\int_0^{\infty}e^{-st}dP\{D_n^x\le t\}z^n=\hat{P}*(s,x,z)\overline{F}(x)\mu,$$

$$\tilde{l}(s,\theta,z)=\int_0^{\infty}\sum_{n=1}^{\infty}\int_0^{\infty}e^{-st}dP\{D_n^x\le t\}z^n\int_0^{\infty}e^{-\theta y}dP\{I\le y|D_n^x\}dx$$

$$=\int_0^{\infty}\hat{P}*(s,x,z)\overline{F}(x)\mu\int_0^{\infty}e^{-\theta y}\frac{f(x+y)}{\overline{F}(x)}dydx$$

$$=\frac{\mu[z\tilde{f}(\theta)-\delta(s,z)]}{s-\theta+\mu-\delta(s,z)\mu}.$$

定理 5 对 *GI/M/*1 排队，忙期和忙期服务顾客数联合分布的 LS 和 Z 变换为

$$\sum_{n=1}^{\infty}\int_0^{\infty}e^{-st}dP\{D\le t,N=n\}z^n=\frac{\mu[z-\delta(s,z)]}{s+\mu-\delta(s,z)\mu}, \tag{12}$$

证 在(11)式中令 $\theta\to 0$ 即得.

定理 6 对 *GI/M/*1 排队，忙期分布的 LS 变换为

$$\tilde{d}(s)=\frac{\mu[1-z(s)]}{s+\mu-z(s)\mu}; \tag{13}$$

证 在(12)式中令 $z=1$ 即得，其中 $z(s)=\delta(s,1)$.

定理 7 对 *GI/M/*1 排队，当 $\rho<1$ 时，忙期服务顾客数的 Z 变换为

$$P(z)=\sum_{n=1}^{\infty}P\{N=n\}z^n=\frac{z-\delta(0,z)}{1-\delta(0,z)}. \tag{14}$$

证 因 $\rho<1$ 时，$\delta(0,z)<1$. 在(12)式中令 $s\to 0$ 即得.

定理 8 对 *GI/M/1* 排队，当 $\rho<1$ 时，忙期和闲期联合分布的 LS 变换为

$$\widetilde{h}(s,\theta)=\widetilde{l}(s,\theta,1)=\frac{\mu[\widetilde{f}(\theta)-z(s)]}{s-\theta+\mu-z(s)\mu}. \tag{15}$$

证 因 $\rho<1$ 时，对 $\mathrm{Re}(s)=0$，$\delta(s,1)=z(s)$ 仍然存在，在(11)式中令 $z=1$ 即得.

定理 9 对 *GI/M/1* 排队，当 $\rho<1$ 时，闲期分布的 LS 变换为

$$\widetilde{i}(\theta)=\frac{\mu[\widetilde{f}(\theta)-\beta]}{-\theta+\mu-\beta\mu}. \tag{16}$$

证 因 $\rho<1$ 时，$z(0)=\beta<1$. 在(15)式中令 $s\to 0$ 即得.

定理 10 对 *GI/M/1* 排队，当 $\rho<1$ 时，忙循环分布的 LS 变换为

$$\widetilde{c}(s)=\frac{\widetilde{f}(s)-z(s)}{1-z(s)}. \tag{17}$$

证 根据定理 8，记忙期和闲期的联合密度为 $h(t,y)$，于是忙循环时间分布

$$C(x)=P\{D+I\le x\}=\iint_{t+y\le x}h(t,y)dtdy=\int_0^x\int_0^{x-t}h(t,y)dydt.$$

关于 x 取 LS 变换可得和定理 3 一致的结果如下

$$\widetilde{c}(s)=\int_0^{\infty}e^{-sx}\int_0^x h(t,x-t)dtdx=\int_0^{\infty}\int_t^{\infty}e^{-sx}h(t,x-t)dxdt$$

$$=\int_0^{\infty}\int_0^{\infty}e^{-s(y+t)}h(t,y)dydt=\widetilde{h}(s,s)=\frac{\widetilde{f}(s)-z(s)}{1-z(s)}.$$

§ 4.2 单服务台一般到达排队

Neuts 在引进 PH 分布时首先研究的是 *GI/PH/*1 排队系统，他证明了这个排队系统顾客到达时刻的嵌入二维离散马氏链其平稳分布具有矩阵几何形式. Sengupta[18]则从考虑嵌入二维离散马氏链的连续类比过程——服务顾客逗留时间的二维向量马氏过程出发，证明了它的平稳分布具有矩阵指数形式. 但 *GI/PH/*1 排队系统只是 *GI/R/*1 排队系统的特例，由于我们引进了 SPH 分布，因此可通过 *GI/SPH/*1 排队系统来介绍和推广有关的思想与结果.

*GI/SPH/*1 型排队系统可描述如下：顾客按一般更新过程到达，到达间隔分布为 $F(x)$，均值 $\lambda^{-1} < \infty$；顾客服务时间服从 SPH 分布，有表示 (β, S)，假定 $\beta_0 = 0$，均值 $\mu^{-1} < \infty$.

4.2.1 到达顾客的二维离散马氏链

让我们首先考虑在(0, t]中连续服务顾客的数目. 因服务时间服从 SPH 分布，它形成一个 SPH 更新过程. 用 $N(t)$表示(0, t]中服务顾客数，$J(t)$ 表示 t 时所处的服务位相，则得二维连续马氏链 $\{N(t), J(t)\}$. 定义它的转移概率函数矩阵 $P(n, t)=[p_{ij}(n,t)]$，其中

$$p_{ij}(n,t) = P\{N(t) = n, J(t) = j | N(0) = 0, J(0) = i\}.$$

引理 1 转移概率函数矩阵 $P(n, t)$的母函数

$$P(z,t) = \exp\{(S + zS^0\beta)t\}. \tag{1}$$

进一步，若 π 是不可约生成元矩阵 $Q^* = S + S^0\beta$ 的平稳分布向量，则易知它也是边际马氏链 $J(t)$的平稳分布向量.

证 转移概率函数矩阵满足下述 Kolmogorov 微分方程组

$$P'(0,t) = P(0,t)S,$$

$$P'(n,t) = P(n,t)S + P(n-1,t)S^0\beta;$$

$$P(n,0) = \delta_{n0}I.$$

引进转移概率函数矩阵母函数 $P(z,t)=\sum_{n=0}^{\infty}P(n,t)z^{n}$，由微分方程

$$\frac{\partial}{\partial t}P(z,t)=(S+zS^{0}\beta)P(z,t),\qquad P(z,0)=I$$

容易算得(1)式.

如果在(1)式中令 $z=1$，可导出二维连续马氏链$\{N(t),J(t)\}$的边际马氏链 $J(t)$ 的转移概率函数矩阵$\exp\{(S+S^{0}\beta)t\}$. 于是由 $\pi(S+S^{0}\beta)=0$，可得

$$\pi\exp\{(S+S^{0}\beta)t\}=\pi\sum_{n=0}^{\infty}\frac{\{(S+S^{0}\beta)t\}^{n}}{n!}=\pi\,.$$

令 X_n 表示第 n 个到达顾客看见的队长，J_n 是他看见正在服务的顾客所处的位相，则$\{X_n, J_n\}$构成二维离散马氏链，状态空间 $E=\{(i,j)\mid i=0,1,\cdots;\ j=1,2,\cdots\}$. 定义下面矩阵 A_k，它表示一个到达间隔(看见服务所处位相为元素)中已完成服务的顾客数

$$A_{k}=\int_{0}^{\infty}P(k,t)dF(t),\quad B_{k}=\sum_{r=k+1}^{\infty}\int_{0}^{\infty}P(r,t)dF(t)(e\beta),\tag{2}$$

关于矩阵 B_k 我们需作某些说明. B_k 的第(j,h)个元素

$$\begin{aligned}&\left(\sum_{r=k+1}^{\infty}\int_{0}^{\infty}P(r,t)dF(t)e\right)_{j}\beta_{h}\\&=\left(\int_{0}^{\infty}\exp\{(S+S^{0}\beta)t\}dF(t)e-\sum_{r=0}^{k}\int_{0}^{\infty}P(r,t)dF(t)e\right)_{j}\beta_{h}\\&=\left(e-\sum_{r=0}^{k}\int_{0}^{\infty}P(r,t)dF(t)e\right)_{j}\beta_{h}\,.\end{aligned}$$

最后这个表达式的概率意义是一个到达顾客从状态(k, j)开始，在下一个顾客到达前系统变空，而下一个到达顾客以概率 β_h 从位相 h 开始服务.

另外，如果某个$\beta_h=0$，则B_k的第h列将全为零．为了使得矩阵P是不可约矩阵，应当将所有$\beta_h=0$的状态(0, h)都删去．这时矩阵P的第一行和第一列的状态需要重新定义．但为了讨论方便，不失一般性可假设向量β恒为正．

于是可以写出二维离散马氏链的转移概率矩阵如下：

$$P=\begin{bmatrix} B_0 & A_0 & 0 & 0 & \cdots \\ B_1 & A_1 & A_0 & 0 & \cdots \\ B_2 & A_2 & A_1 & A_0 & \cdots \\ \vdots & \vdots & \vdots & \vdots & \vdots \end{bmatrix}.$$

因为矩阵$P(n, t)$都是正矩阵，根据Neuts的书[15]不难论证二维离散马氏链的转移概率矩阵P是不可约非周期马氏链，因此极限状态概率存在．

定理1(Ramaswami [17]) 令$x_{jk}=\lim\limits_{n\to\infty}P\{X_n=j, J_n=k\}$，$x_j=(x_{j1}, x_{j2}, \cdots)$，则

$$x_j=x_0R^j, \tag{3}$$

其中R称为率算子(矩阵)，它是非线性算子方程$X=\sum\limits_{k=0}^{\infty}X^kA_k$的最小非负解．

证 引进n步转移概率矩阵记号$P(i, j, n)=[p_{rk}(i, j, n)]$，显然$P=P(i,j,1)$．定义${}_mP(i, j, n)$中的元素表示禁止该链访问低水平状态集0,…, m的转移概率，其中水平状态集定义为$i=\{(i,j)|j=1,2,\cdots\}$的状态集合．

显然链从水平状态集j的任一状态出发再返回该水平状态集将形成一个(延迟)更新过程．如果再禁止该链访问低水平状态集0,…, $j-1$，则由链的不可约性知更新分布小于1．这是终止更新过程，由1.2.1小节更新函数为M P j j

根据转移概率矩阵，该链仅在访问水平状态集j - 1后才能

访问水平状态集j，于是有

$$P(0,j,n)=\sum_{\tau=0}^{n-1}P(0,j-1,n-\tau-1)\cdot P(j-1,j)\cdot{}_{j-1}P(j,j,\tau)$$

因终止更新过程的更新函数 M_{tk} 有限，如果状态空间的第二个坐标有限(设为 N)，则极限可进入求和符号. 对上式两边取极限，根据马氏链理论对每个矩阵元素得

$$x_{jk}=\sum_{s=1}^{N}\sum_{t=1}^{N}x_{j-1s}\cdot[P(j-1,j)]_{st}\cdot\sum_{\tau=0}^{\infty}[{}_{j-1}P(j,j,\tau)]_{tk}\ .$$

注意到下述序列(为了简便，时间原点挑选在第零个顾客到达时刻)

$$P\{X_n=j,J_n=k\le N|X_0=i,J_0=r\}$$
$$\le P\{X_n=j,J_n=k|X_0=i,J_0=r\}$$

当$n\to\infty$时关于N一致收敛到x_{jk}，所以当$N\to\infty$时，

$$x_{jk}=\sum_{s=1}^{\infty}\sum_{t=1}^{\infty}x_{j-1s}\cdot[P(j-1,j)]_{st}\cdot M_{tk}=\sum_{s=1}^{\infty}x_{j-1s}\cdot R_{st}\ .$$

其中 $R_{sk}=\sum_{t=1}^{\infty}[P(j-1,j)]_{st}\cdot M_{tk}$ 非负有限. 这个量的概率意义是已知二维马氏链从状态($j-1$, s)出发在返回水平状态集 $j-1$ 前访问状态(j, k)的期望次数. 因它与 j 无关，或等价地已知忙期从服务位相 s 开始在一个忙期中见到一个顾客在系统中且服务位相为 k 的到达顾客期望数. 将上式写成矩阵形式得 $x_j=x_{j-1}R$，从而(3)式成立. 另外，显然有

$${}_{j-1}P(j-1,j,n)=P(j-1,j)\cdot{}_{j-1}P(j,j,n-1)\,,$$
$${}_{j-1}P(j-1,j,n)={}_{j-1}P(j-1,j+k,n-1)\cdot P(j+k,j)\,,$$
$${}_{j-1}P(j-1,j,n)=\delta_{n1}P(j-1,j)+(1-\delta_{n1})$$
$$\cdot\sum_{k=0}^{\infty}{}_{j-1}P(j-1,j+k,n-1)\cdot P(j+k,j)\,.$$

对最后一个式子两边关于 n 从 1 到∞求和得

$$R = A_0 + \sum_{k=0}^{\infty} R^{k+1} A_{k+1} = \sum_{k=0}^{\infty} R^k A_k ,$$

所以R是算子方程 $X = \sum_{k=0}^{\infty} X^k A_k$ 的解. R是最小非负解的证明可见 Neuts 的书[15].

定义 1 设二维离散马氏链$\{X_n, J_n\}$从水平状态集 0 开始，把能返回水平状态集0的轨道粘结在一起(注意：这时离开水平状态集0以后和返回它以前的时钟是停止的)，所得的相继状态记为Z_n，简称为在水平状态集 0 的滤过链. 对每个 n，若用 N_n 记录相继返回水平状态集0的步数，则显然$\{Z_n, N_n\}$是半马氏链或离散马氏更新序列.

引理2 当$(I-R)^{-1} \in F(l^{\infty})$时，二维离散马氏链$\{X_n, J_n\}$在水平状态集0的滤过链正常返且它的平稳分布向量$y_0$ 正比于原链的 x_0!

证 根据第一个顾客服务完成期间到达顾客数和率矩阵的概率意义，在引理的条件下，从定义1可知在水平状态集0的滤过链其转移概率矩阵为

$$\begin{aligned}
B[R] &= B_0 + \sum_{k=0}^{\infty} R^{k+1} B_{k+1} = \sum_{k=0}^{\infty} R^k B_k \\
&= \sum_{k=0}^{\infty} R^k \sum_{r=k+1}^{\infty} A_r (e\beta) = \sum_{r=1}^{\infty} \sum_{k=0}^{r-1} R^k A_r (e\beta) \\
&= (I-R)^{-1} \sum_{r=1}^{\infty} (I-R^r) A_r (e\beta) = (I-R)^{-1} (A-R)(e\beta) \\
&= (I-R)^{-1} (e - R \cdot e)\beta = e\beta .
\end{aligned}$$

它显然是一个随机矩阵，且 β 是它的平稳分布向量. 其中用到

$$Ae = \left(\sum_{k=0}^{\infty} A_k \right) e = e .$$

再考虑方程 $xP = x$，它可改写为

$$x_0 = \sum_{n=0}^{\infty} x_n B_n\,,\quad x_k = \sum_{n=0}^{\infty} x_{k+n-1} A_n\,,\quad k = 1,2,\cdots.$$

利用 $x_j = x_0 R^j$，由此得 $x_0 = x_0 B[R]$，这说明 y_0 正比于 x_0!

定理 2 二维离散马氏链$\{X_n, J_n\}$正常返的充分必要条件是 $(I-R)^{-1} \in F(l^{\infty})$.

证 如果二维离散马氏链$\{X_n, J_n\}$正常返，则 x_j 的每个分量大于零，且 $x_j e < 1$. 于是由 $x_j = x_{j-1}R$ 和 $\sum_{n=0}^{\infty} x_n e = 1$，可推出 $x_0 \cdot (I-R)^{-1} e < \infty$. 因 x_0 的每个分量都大于零，再由 $x_0 \cdot (I-R)^{-1} e < \infty$，知 $(I-R)^{-1} \in F(l^{\infty})$.

反之，如果 $(I-R)^{-1} \in F(l^{\infty})$，则它在水平状态集 0 的滤过链正常返. 令 y_0 表示该滤过链的平稳分布向量；由假设还可定义常数 $K = 1 + y_0 \sum_{k=1}^{\infty} R^k e$. 现在假定 $x_0 = K^{-1} y_0$ 和 $x_j = x_{j-1} R$，则有 $x_n e > 0$；注意到 $y_0 e = 1$，不难验证 $xP = x = (x_0, x_1, \cdots)$ 和

$$\sum_{n=0}^{\infty} x_n e = x_0 e + x_0 \sum_{k=1}^{\infty} R^k e = K^{-1} + K^{-1}(K-1) = 1.$$

这说明 $\boldsymbol{x}$ 是二维离散马氏链$\{X_n, J_n\}$的平稳分布向量，因此二维链正常返.

注 1 对 *GI/PH/*1 排队系统，$(I-R)^{-1}$ 有限(即存在)等价于 $(I-R)^{-1}$ 的特征值都位于单位立方体中(见 Neuts[15]). 而对 *GI/SPH/*1 排队系统，$(I-R)^{-1} \in F(l^{\infty})$ 不易判别，后面 4.2.2 中的注 2，我们将证明能使用准则 $\rho = \lambda\mu^{-1} < 1$ 去判别.

注 2 当二维离散马氏链正常返，(3)式说明它的平稳分布具有算子几何形式.

4.2.2 服务顾客的二维马氏过程

为了研究等待时间分布，我们仿照 Sengupta[18]考虑二维过程$\{X(t), J(t)\}$，其中 $X(t)$ 表示时刻 t 正在服务的顾客已在系统中所逗留的时间，$J(t)$ 表示时刻 t 正在服务的顾客所处的位相；如果在时刻t没有顾客，则令它们为零并删去这段时间，见图 1 虚线. 由图 1 知系统在 t 时刻已前的信息都已记录在其上，因此$\{X(t), J(t)\}$是二维马氏过程. 在 Δt 时间内，它的状态转移可分为三种情况：(a)服务没完成，服务位相从 i 转移到 j；(b)服务刚完成，系统中还有顾客，x 变到 $x-u$，服务位相从 i 转移到 j；(c)服务刚完成，系统中已无顾客，x 变到 0，服务位相从 i 转移到 j.

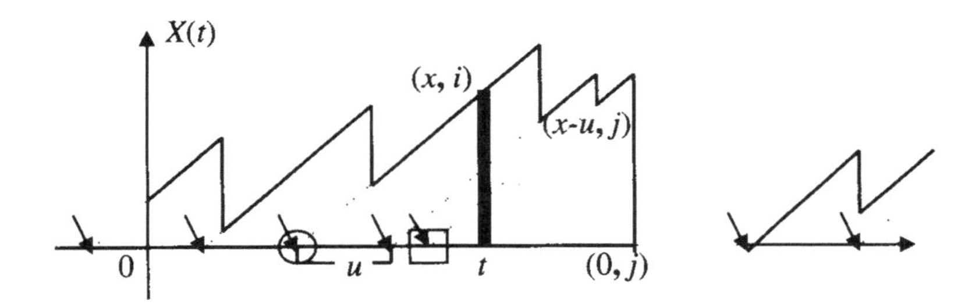

图 1　二维马氏过程 $\{X(t), J(t)\}$的一条样本轨道

据转移图 1，我们可以推导出这个二维马氏过程的有关参数.

(a) 服务没完成，服务位相从 i 转移到 j，它的转移率为

$$S_{ij}, \quad j \neq i;$$

(b) 服务刚完成，系统中还有顾客，服务位相从 i 转移到 j，而新 x 值落在 $x-u$ 与 $x-u+du$ 之间某处，它的转移率为

$$S_{i0}\beta_j dF(u);$$

(c) 服务刚完成，系统中已无顾客，这时 x 变到 0，服务位相从 i 转移到 j，它的转移率为 $S_{i0}\beta_j[1-F(x)]$. 再用 $\overline{S}$ 表示除对角

线元素为零外与 S 相同的无限矩阵，令 $D = \mathrm{diag}\{S_{11}, S_{22}, \cdots\}$，

$$A_{ij}(u) = \begin{cases} S_{ij} + S_{i0}\beta_j F(u), & j \neq i \\ S_{i0}\beta_i F(u), & j = i, \end{cases}$$

于是有

$$A(u) = \overline{S} + S^0 \beta F(u), \quad B(x) = S^0 \beta[1 - F(x)] = \int_x^\infty dA(u). \quad (1)$$

因此 $Q(x) = D + A(x) + B(x)$ 是生成元矩阵.

定理 1 二维马氏过程 $\{X(t), J(t)\}$ 正常返的充分必要条件是 $\pi\int_0^\infty udA(u)e > 1$.

证 类似 Sengupta[18]. 注 2 将证明当 $\rho = \lambda\mu^{-1} < 1$ 时，则二维马氏过程 $\{X(t), J(t)\}$ 和二维马氏链 $\{X_n, J_n\}$ 都是正常返的.

令 $\pi_i(x)$ 表示二维马氏过程 $\{X(t), J(t)\}$ 的平稳状态概率密度，即

$$\pi_i(x)dx = \lim_{t \to \infty} P\{x < X(t) \leq x + dx, J(u) = i\}.$$

它满足下面的差分积分方程组

$$\pi_i(x) = \pi_i(x - \delta)(1 + S_{ii}\delta) + \delta\sum_{j=1}^\infty \int_0^\infty \pi_j(x + u)dA_{ji}(u) + o(\delta),$$

$$\pi_i(0) = \sum_{j=1}^\infty \int_0^\infty \pi_j(u)B_{ji}(u)du.$$

取极限可改写成矩阵微积分方程形式

$$\frac{d}{dx}\Pi(x) = \Pi(x)D + \int_0^\infty \Pi(x + u)dA(u),$$

$$\Pi(0) = \int_0^\infty \Pi(u)B(u)du.$$

为了求解上述矩阵微积分方程，令 $A(t)$表示二维向量马氏过程从状态(x, j)出发，在时刻 t 处于状态$(x+u, k)$且$(0, t)$期间不返回水平 $y \leq x$ 的这一事件，定义函数

$$
{}_{y}f_{(x,j)(x+u,k)}(t) = P\{X(t) = x+u, J(t) = k, \\ X(s) \neq y, 0 < s < t | X(0) = x, J(0) = j\}
$$

为该事件发生的概率(密度). 简记 $f_{(x,j)(x+u,k)}(t) = {}_{x}f_{(x,j)(x+u,k)}(t)$，显然由过程的特性它与 x 无关，且当 $u > t$ 时，$f_{(x,j)(x+u,k)}(t) = 0$. 现在令

$$
p_{jk}(u) = \int_0^\infty f_{(x,j)(x+u,k)}(t)dt, \quad P(u) = [p_{jk}(u)],
$$

$p_{jk}(u)$ 可解释为已知过程从状态(x, j)出发在返回水平 x 前访问状态$(x+u, k)$的期望次数. 事实上，事件 $A(t)$发生相当于过程在 t 时刻访问一次，于是 t 时刻的期望次数等于事件发生的概率(密度)，将其积分得到总的期望次数.

引理 1 如果排队是稳定的，则对固定的 u，无限矩阵 $P(u)$ 有

(a) $P(u) \geq 0, \quad u \geq 0$;

(b) $\lim\limits_{u \to 0} p_{ij}(u) = \delta_{ij}$;

(c) $P(u+v) = P(u)P(v), \quad u, v \geq 0$.

证 由过程的马氏性，过程相继访问状态$(x+u, k)$可形成一延迟更新过程. 当过程正常返，即排队稳定时，因限制过程不能返回水平 x，所以这是一终止更新过程. 众所周知，终止更新过程当 t 趋于无限时，更新函数 $p_{jk}(u)$ 有限，无限矩阵 $P(u)$ 有意义.

(a)和(b)根据定义是显然的. 为证(c)，利用马氏性，我们有

$$
\begin{aligned}
f_{(x,j)(x+u+v,k)}(t) &= \sum_{h=1}^{\infty} \int_0^t f_{(x,j)(x+u,h)}(s) f_{(x+u,h)(x+u+v,k)}(t-s)ds \\
&= \sum_{h=1}^{\infty} \int_0^t f_{(x,j)(x+u,h)}(s) f_{(u,h)(u+v,k)}(t-s)ds .
\end{aligned}
$$

因此

$$p_{jk}(u+v)=\sum_{h=1}^{\infty}\int_{0}^{\infty}dt\int_{0}^{t}f_{(x,j)(x+u,h)}(s)f_{(u,h)(u+v,k)}(t-s)ds$$

$$=\sum_{h=1}^{\infty}\int_{0}^{\infty}ds\int_{s}^{\infty}f_{(x,j)(x+u,h)}(s)f_{(u,h)(u+v,k)}(t-s)dt$$

$$=\sum_{h=1}^{\infty}p_{jh}(u)p_{hk}(v).$$

引理 2 如果排队是稳定的，令 $T_{ij}=p'_{ij}(0)$，记 $T=[T_{ij}]$，则 $T\in F(l^{\infty})$.

证 由引理1，矩阵 T 存在. 类似于推导平稳状态概率密度的方程，有

$$f_{(x,j)(x+u,k)}(t)=f_{(x,j)(x+u-\delta,k)}(t-\delta)(1+\delta S_{kk})$$

$$+\delta\sum_{h=1}^{\infty}\int_{0}^{\infty}f_{(x,j)(x+u+v,h)}(t-\delta)dA_{hk}(v)+o(\delta);$$

$$[\frac{\partial}{\partial t}+\frac{\partial}{\partial u}]f_{(x,j)(x+u,k)}(t)=f_{(x,j)(x+u,k)}(t)S_{kk}$$

$$+\sum_{h=1}^{\infty}\int_{0}^{\infty}f_{(x,j)(x+u+v,h)}(t)dA_{hk}(v).$$

对 t 从 0 到 ∞ 积分上述偏微积分方程，由排队稳定左边第一项为零，得微积分方程组

$$\frac{d}{du}p_{jk}(u)=p_{jk}(u)S_{kk}+\sum_{h=1}^{\infty}\int_{0}^{\infty}p_{jh}(u+v)dA_{hk}(v). \quad (2)$$

在(2)式中令 $u=0$，于是有

$$T_{jk}=\delta_{jk}S_{kk}+\sum_{h=1}^{\infty}\int_{0}^{\infty}p_{jh}(v)dA_{hk}(v)$$

$$=\delta_{jk}S_{kk}+(1-\delta_{jk})S_{jk}+\sum_{h=1}^{\infty}\int_{0}^{\infty}p_{jh}(v)S_{h0}\beta_{k}dF(v).$$

$$= \delta_{jk} S_{kk} + (1-\delta_{jk}) S_{jk} + \sum_{h=1}^{\infty} \int_0^{\infty} p_{jh}(v) S_{h0} \beta_k dF(v).$$

从而

$$\sum_{k=1}^{\infty} |T_{jk}| \le |S_{jj}| + \sum_{k=1, k\neq j}^{\infty} S_{jk} + \sum_{h=1}^{\infty} \int_0^{\infty} p_{jh}(v) S_{h0} dF(v)$$

$$\le 2|S_{jj}| + \sum_{h=1}^{\infty} \int_0^{\infty} p_{jh}(v) S_{h0} dF(v) \le 2c+1,$$

其中最后一个不等式利用了在某个顾客到达过程中完成一个忙期循环的概率是 $\sum_{h=1}^{\infty} \int_0^{\infty} p_{jh}(v) S_{h0} dF(v)$. 事实上，考虑忙期从状态(0, j)出发在该顾客服务完成前无顾客到达的特殊情况，因此服务完成忙期结束，下一个到达结束忙期循环. 在这种情况下，过程水平 v 只能上升，于是访问状态(v, h)的期望次数 $p_{jh}(v)$ 可看成该状态发生的概率，S_{h0} 是服务完成率，$dF(v)$是下一个顾客到达的概率. 这说明我们所考虑的特殊情况事件发生的概率恰好是量 $\sum_{h=1}^{\infty} \int_0^{\infty} p_{jh}(v) S_{h0} dF(v)$，于是它小于等于 1. 因此 $T \in F(l^{\infty})$.

注 1 注意虽然有 $T_{jk} \ge 0$，但不能保证 $T_{jj} < 0$.所以 T 不一定是生成元矩阵!

定理 2 如果排队是稳定的，则有界线性算子 T 是满足非线性算子积分方程

$$T = S + \int_0^{\infty} \exp(Tu) S^0 \beta dF(u) = S + \tilde{f}(-T) S^0 \beta \qquad (3)$$

的最小解，并且有 $P(u) = \exp(Tu)$.

证 将(2)式改写成矩阵形式

$$\frac{d}{du} P(u) = P(u) D + \int_0^{\infty} P(u+v) dA(v).$$

令 u=0，由引理 2，因 $P'(0)=T$， $P(0)=I$，得

$$T=D+\int_0^\infty P(v)dA(v).$$

注意到(1)式中 $A(u)$在原点有一个跳跃$\overline{S}$，由$D+\overline{S}=S$可得

$$T=S+\int_0^\infty P(u)S^0\beta dF(u).$$

另外，由引理 1 的(c)，$P(u)D+\int_0^\infty P(u+v)dA(v)=P(u)T$，

我们有

$$\begin{cases} P'(u)=P(u)T \\ P(0)=I. \end{cases} \tag{4}$$

根据引理 2 的证明过程，我们知道$T_{kk}\le S_{kk}+1$，因此$T-I$是一个准转移生成元矩阵，从而$\exp\{(T-I)x\}$是一个准转移概率函数矩阵[4]. 故

$$\exp\{(T-I)x\}\exp(x)=\exp\{(T-I)x+Ix\}=\exp(Tx)$$

是一个完全确定的无限矩阵，显然它满足方程(4). 将 $P(u)$代入 T 的表达式，于是(3)式证毕. 最小性证明见 Sengupta[18].

定理 3 如果排队是稳定的，则$R=\widetilde{f}(-T)$.

证 类似于 Sengupta[18]，由它们的概率意义相同立即可得. 因 R_{ij} 是已知忙期从服务位相 i 开始在一个忙期中见到一个顾客在系统中且服务位相为 j 的到达顾客期望数. 当一个顾客在系统中时，下一个到达顾客若已花去时间 u，则过程恰好访问状态(u, j)，同样因过程水平 u 只能上升，所以量 $p_{ij}(u)$ 可看成访问状态(u, j)的期望次数. 于是 $p_{ij}(u)$ 乘以下一到达发生的概率 $dF(u)$并积分恰好是忙期从服务位相 i 开始在一个忙期中见到一个顾客在系统中且服务位相为 j 的到达顾客期望数. 由两者的概率意义相同我

们得到 $R_{ij}=\int_0^\infty p_{ij}(u)dF(u)$，此即 $R=\tilde{f}(-T)$.

定理 4 如果排队是稳定的，则二维马氏过程$\{X(t), J(t)\}$有算子指数形式平稳分布

$$\Pi(x)=\Pi(0)\exp(Tx), \tag{5}$$

其中$\Pi(0)$满足方程

$$\Pi(0)=\Pi(0)\int_0^\infty \exp(Tu)S^0\beta[1-F(u)]du. \tag{6}$$

证 记 $p_{(x,j)(y,k)}(t)$ 为二维马氏过程$\{X(t), J(t)\}$的转移概率密度函数，即

$$p_{(x,j)(y,k)}(t)=P\{X(t)=y, J(t)=k \mid X(0)=x, J(0)=j\}.$$

以过程在时刻 s 最后一次访问状态 $y\,(<x)$为条件，我们有

$$p_{(x,i)(x,i)}(t)={}_yf_{(x,i)(x,i)}(t)+\sum_{k=1}^\infty\int_0^t p_{(x,i)(y,k)}(t-s)f_{(y,k)(x,i)}(s)ds.$$

因 $\lim\limits_{t\to\infty}p_{(x,i)(y,k)}(t-s)=\pi_k(y)$，由排队稳定性第一项为零，于是

$$\pi_i(x)=\sum_{k=1}^\infty\int_0^\infty \pi_k(y)f_{(y,k)(x,i)}(s)ds=\sum_{k=1}^\infty \pi_k(y)p_{ki}(x-y).$$

写成矩阵形式并令$y=0$由定理2得到(5)式. 利用(1)和(5)式，可得下面(6)式

$$\Pi(0)=\int_0^\infty \Pi(u)B(u)du=\Pi(0)\int_0^\infty \exp(Tu)S^0\beta[1-F(u)]du.$$

定理 5 对 *GI/SPH/*1 排队，如果排队是稳定的，则顾客的稳态系统时间(实等待时间与服务时间之和)分布

$$W_s(x)=1-\gamma\exp(Tx)e, \tag{7}$$

其中$\gamma=-\pi T(I-R)^{-1}/\pi S^0$. 如果$S^{-1}\in F(l^\infty)$，则

$$\gamma=-\mu^{-1}\pi T(I-R)^{-1}. \tag{8}$$

证 根据二维马氏过程$\{X(t), J(t)\}$的构造，由本节 4.2.1 的引理 1 知边际马氏链 $J(t)$的平稳分布是π，所以结合定理 4 有

$$\pi = \int_0^\infty \Pi(x)dx ,$$

$$\pi T = \int_0^\infty \Pi(x)dxT = \Pi(0)\int_0^\infty \exp(Tx)dxT = -\Pi(0) . \quad (9)$$

现在，借助图 1 可以看出二维马氏过程 $\{X(t), J(t)\}$ 在下跳时刻前夕所能达到的高度是某个顾客的实等待时间与服务时间之和，所以由(9)式

$$W_s(x) = \lim_{n\to\infty} P\{w_n + \chi_n \le x\} = \int_0^x \Pi(u)S^0du \Big/ \int_0^\infty \Pi(u)S^0du$$

$$= \Pi(0)\int_0^x \exp(Tu)S^0du \Big/ \pi S^0 = -\pi\int_0^x T\exp(Tu)S^0du \Big/ \pi S^0$$

$$= \pi[I - \exp(Tx)]S^0 / \pi S^0 = 1 - \gamma\exp(Tx)e .$$

最后一个等式是因为由定理 2 和 3，通过用 e\{或$e\beta$\}右乘和用$(I-R)^{-1}$\{或 π\}左乘(3)式不难得到 $-(I-R)^{-1}Te = S^0$\{或$\pi Te\beta = \pi T$\}. 进一步，利用矩阵指数函数的幂级数展开，T 和 $\exp(Tx)$和 R 和$(I-R)^{-1}$都是可换的.

当 $S^{-1} \in F(l^\infty)$ 时，由 $\pi(S + S^0\beta) = 0$ 和 $\pi e = 1$，可得 $\pi S^0\beta S^{-1}e = -1$. 又因为$\mu^{-1} = -\beta S^{-1}e$，于是$\pi S^0 = \mu$. 猜则当$\mu^{-1} < \infty$时，$\pi S^0 = \mu$也成立.

定理 6 对 *GI/SPH/*1 排队，如果排队是稳定的，则顾客的稳态实等待时间分布

$$W_q(x) = 1 - \gamma\exp(Tx)\cdot R\cdot e . \quad (10)$$

特别$W_q(0) = \gamma(I-R)e$.

证 现在令τ_n 表示第 n 个顾客到达间隔；χ_n 表示第 n 个顾客服务时间；w_n 表示第 n 个顾客等待时间，则

$$w_{n+1} = [w_n + \chi_n - \tau_{n+1}]^+.$$

因τ_{n+1}和$w_n + \chi_n$相互独立,

$$W_{n+1}(x) = P\{w_{n+1} \le x\} = P\{w_n + \chi_n - \tau_{n+1} \le x\}$$

$$= \int_0^\infty P\{w_n + \chi_n \le x + u | \tau_{n+1} = u\} dF(u)$$

$$= \int_0^\infty P\{w_n + \chi_n \le x + u\} dF(u).$$

因此由(7)式

$$W_q(x) = \lim_{n\to\infty} W_{n+1}(x) = \int_0^\infty [1 - \gamma \exp\{T(x+u)\}e] dF(u)$$

$$= 1 - \gamma \exp(Tx) \tilde{f}(-T)e.$$

注意到$\gamma e = 1$，得$W_q(0) = \gamma(I - R)e$.

定理 7 对 *GI/SPH/1* 排队，令$z_n = (z_{n1}, z_{n2}, \cdots)$，其中$z_{nj}$表示一个刚服务完的顾客离开系统时系统中还有$n$个顾客且他离开前的服务位相是$j$的稳态概率. 如果排队是稳定的，则

$$q_n^+ = z_n e = \gamma(I - R)R^n e, \quad n = 0,1,2,\cdots. \tag{11}$$

证 令$W_s(x) = W(x)e = (W_1(x), W_2(x), \cdots)$，根据$z_{nj}$的定义，该顾客在系统逗留期间，分布为$W_j(x)$，必须有$n$个顾客到达. 而由更新理论在(0, x]中恰好有n个顾客到达的概率为$F^{(n)}(x) - F^{(n+1)}(x)$，再利用到达和服务相互独立性可得

$$z_n e = \int_0^\infty dW(x)[F^{(n)}(x) - F^{(n+1)}(x)]e$$

$$= -1 + \gamma \int_0^\infty \exp(Tx) dF^{(n)}(x)e - \left(-1 + \gamma \int_0^\infty \exp(Tx) dF^{(n+1)}(x)e\right)$$

$$= \gamma[\tilde{f}^{(n)}(-T) - \tilde{f}^{(n+1)}(-T)]e = \gamma(I - R)R^n e.$$

定理 8 对 *GI/SPH/1* 排队，令$y_n = (y_{n1}, y_{n2}, \cdots)$，其中$y_{nj}$

表示任意时刻系统中有 n 个顾客且正在服务的顾客其服务位相是 j 的稳态概率. 如果排队是稳定的, 则

$$q_0 = 1-\rho, \quad q_n = y_n e = \rho\pi(I-R)R^{n-1}e, \quad n = 1,2,\cdots. \tag{12}$$

证 众所周知(见 Cohen[9]), 对 $GI/G/1$ 排队, 系统空的稳态概率为 $1-\rho$, 系统忙(不空)的概率为 ρ. 又 $\Pi(x)e$ 表示在排队系统不空的条件下正在服务的顾客在系统中逗留时间为 x 的概率. 对 $n=1,2,\cdots$, 为了保证系统中有 n 个顾客, 该顾客在系统逗留期间必须有 $n-1$ 个顾客到达. 类似于定理 7 可得

$$\begin{aligned} y_n e &= \rho\int_0^\infty \Pi(x)[F^{(n-1)}(x) - F^{(n)}(x)]dxe \\ &= \rho\Pi(0)\int_0^\infty \exp(Tx)[F^{(n-1)}(x) - F^{(n)}(x)]dxe \\ &= -\rho\pi\int_0^\infty d[\exp(Tx)][F^{(n-1)}(x) - F^{(n)}(x)]e \\ &= \rho\pi[\tilde{f}^{(n-1)}(-T) - \tilde{f}^{(n)}(-T)]e = \rho\pi(I-R)R^{n-1}e. \end{aligned}$$

定理 9 对 $GI/SPH/1$ 排队, 令 $x_n = (x_{n1}, x_{n2}, \cdots)$, 其中 x_{nj} 表示一个刚到达的顾客看到系统中有 n 个顾客且他到达时正在服务的顾客其服务位相是 j 的稳态概率. 如果排队是稳定的, 则

$$q_n^- = x_n e = x_0 R^n e, \quad n = 0,1,2,\cdots; \quad x_0 e = \gamma(I-R)e. \tag{13}$$

证 根据本节一中定理 1, 结论的前半部分显然. 因为对这个排队系统有 $q_n^- = q_n^+$, 当 $n=0$ 时结论的后半部分成立.

定理 10 对 $GI/SPH/1$ 排队, 如果排队是稳定的, 则平均忙期为 $[-\pi Te]^{-1}$; 一个忙期中服务的平均顾客数为 $\beta(I-R)^{-1}e$.

证 由图 1 知, x 每取一次 0 相当于一个忙期, 因此 x 依次取 0 的间隔可形成一个更新过程. 对这个二维马氏过程第一章更新频度公式仍成立, 故稳态更新频度为

$$m_r = \int_0^\infty \Pi(x)B(x)dxe = \Pi(0)e = -\pi Te,$$

而它的倒数正好是平均忙期. 如果 $T^{-1} \in F(l^\infty)$, 则因 $(\pi Te)(\beta T^{-1}e) = 1$ 有

$$[-\pi Te]^{-1} = -\beta T^{-1}e = \beta\int_0^\infty \exp(Tx)dxe.$$

一个忙期中服务的平均顾客数等于服务率乘以平均忙期为

$$\mu[-\pi Te]^{-1} = [-\mu^{-1}\pi Te]^{-1} = [\gamma(I-R)e]^{-1}.$$

注意到 $[\gamma(I-R)e][\beta(I-R)^{-1}e] = \gamma e = 1$, 可得

$$[\gamma(I-R)e]^{-1} = \beta(I-R)^{-1}e.$$

注 2 由第一章, 二维马氏过程正常返当且仅当其嵌入更新过程正常返, 即更新周期有限, 或更新频度大于零. 再由已证的定理知: $-\pi Te = \mu[\gamma(I-R)e] = \mu x_0 e = \mu q_0^- = \mu C q_0 = \mu C(1-\rho) > 0$. 于是由上式和 4.2.1 小节的定理 2, 更新频度大于零等价于 $(I-R)^{-1} \in F(l^\infty)$; 易知定理 1 中的积分等价于 $\lambda^{-1}S^0\beta$; 因此 *GI/SPH/*1 排队系统的二维离散马氏链和二维马氏过程正常返的充要条件等价于 $\rho < 1$.

§4.3 无穷服务台排队

本节讨论一般的有无穷个服务台且顾客成批到达的排队系统, 即 $GI^X/G/\infty$ 排队系统.Takacs[19]研究过单个到达的 $GI/G/\infty$ 排队系统的队长和某些特殊系统的忙期, Liu *et al*.[13]研究了一般的 $GI^X/G/\infty$ 排队系统队长, 而 Liu & Shi[14]则研究了这个一般排队系统的忙期, 这里是基于文[13]和文[14]改写而成.

模型描述如下: 令批到达间隔时间 $\{\tau_n\}$ 独立同服从一般分布 $F(x)$, 均值为 λ^{-1}; 每批顾客数量 $\{X_n\}$ 独立同服从均值为 $\bar{a}$ 的离散分布, 有母函数 $A(z) = \sum_{n=1}^\infty a_n z^n$; 单个顾客的服务时间

$\{\chi_n\}$独立同服从一般分布 $G(x)$，均值为 μ^{-1}. 系统中有无穷个服务台. 为了简便，假定开始时系统是空的，上述所有随机变量相互独立.

4.3.1 队长分布的表达式

因为这个模型有无穷个服务台，如果引入补充变量将导致研究无限维 VMP，所以我们采用概率方法去获得队长分布.

定理 1 令 $S(t)$表示系统队长过程，$L(t,z)$表示队长母函数，则它满足积分方程

$$L(t,z)=\overline{F}(t)+\int_0^t L(t-y,z)A[z+(1-z)G(t-y)]dF(y). \quad (1)$$

证 令 T_n 是第 n 批顾客的到达时刻，χ_{ni} 是第 n 批顾客中第 i 个顾客的服务时间，而 $\chi(\cdot)$ 是示性函数，则队长过程

$$S(t)=\sum_{0\le T_n\le t}\sum_{i=1}^{X_n}\chi(t-T_n\le\chi_{ni})=\sum_{0\le T_n\le t}\eta(t-T_n,X_n).$$

将原点移动到 $T_1=y$，把第一批到达顾客所占用服务台分离，则因系统开始时是空的和有无穷个服务台的假定，于是成立关系

$$S(t)=\begin{cases}S(t-y)+\eta(t-y,X_1), & y\le t\\ 0, & y>t.\end{cases}$$

显然 $\eta(t-y,X_1)$ 和 $S(t-y)$ 相互独立，$\{\chi(t-y\le\chi_{1i})\}$独立同分布，其母函数是 $z+(1-z)G(t-y)$.由全期望公式

$$\begin{aligned}E[z^{\eta(t-y,X_1)}]&=E[E[z^{\eta(t-y,X_1)}|X_1]]\\&=\sum_{r=1}^{\infty}a_rE[z^{\sum_{i=1}^{r}\chi(t-y\le\chi_{1i})}]\\&=A[z+(1-z)G(t-y)].\end{aligned}$$

再利用一次全期望公式得

$$L(t,z)=\int_t^{\infty}E[z^0]dF(y)+\int_0^t E[z^{S(t-y)}]E[z^{\eta(t-y,X_1)}]dF(y)$$

$$=\overline{F}(t)+\int_0^t L(t-y,z)A[z+(1-z)G(t-y)]dF(y).$$

为了求解上述积分方程，我们引进队长分布的二项矩并定义批容量因子矩分别如下：

$$B_r(t)=\sum_{k=r}^{\infty}\binom{k}{r}P\{S(t)=k\},\quad r=1,2,\cdots,$$

$$A_r=\sum_{k=r}^{\infty}k(k-1)\cdots(k-r+1)a_k,\quad r=1,2,\cdots.$$

定理 2 若存在常数 Q 使得对所有的 k 满足 $A_k\le Q^k$，则二项矩满足积分方程

$$B_r(t)=\sum_{k=1}^{r}\frac{A_k}{k!}\int_0^t B_{r-k}(t-y)[1-G(t-y)]^k dM(y),$$
$$r=1,2,\cdots,\qquad(2)$$

其中 $M(y)=\sum_{n=1}^{\infty}F^{(n)}(y)$ 是更新函数.

证 根据队长母函数的定义，我们有

$$\left(\frac{d^r L(t,z)}{dz^r}\right)_{z=1}=r!B_r(t),\quad r=1,2,\cdots.$$

另一方面，对 $r=1,2,\cdots$，显然有

$$\left(\frac{d^r A[z+(1-z)G(t-y)]}{dz^r}\right)_{z=1}=[1-G(t-y)]^r A_r.$$

于是，对(1)式关于 z 求 r 阶偏导数并令 $z=1$，得

$$B_r(t)=\int_0^t B_r(t-y)dF(y)$$

$$+\sum_{k=1}^{r}\frac{A_k}{k!}\int_0^t B_{r-k}(t-y)[1-G(t-y)]^k dF(y).$$

令 $D_r(t)=\sum_{k=1}^{r}\frac{A_k}{k!}B_{r-k}(t)[1-G(t)]^k$，上式可改写为

$$B_r(t)=\int_0^t D_r(t-y)dF(y)+\int_0^t B_r(t-y)dF(y).$$

根据对因子矩的假定下面将证明 $D_r(t)$是有界函数，因此 $B_r(t)$作为更新型方程存在唯一有界解，这个解就是(2)式.

定理 3 假定对所有的 k 有 $A_k \le Q^k$，则对有限的 r，$B_r(t)$是有界函数，且

$$\lim_{r\to\infty}[B_r(t)]^{1/r}=0, \tag{3}$$

于是瞬时队长分布

$$P_k(t)=P\{S(t)=k\}=\sum_{n=k}^{\infty}(-1)^{n-k}\binom{n}{k}B_n(t). \tag{4}$$

证 令 $W=e^Q$ 和 $w_k=A_k/(Wk!)$，则对所有的 k，$w_k>0$ 且 $\sum_{k=1}^{r}w_k<1$. 从 $D_r(t)$定义推出

$$D_r(t)=W\sum_{k=1}^{r}w_k B_{r-k}(t)[1-G(t)]^k \le WB_{r-1}(t)[1-G(t)].$$

再从(2)式递推可得

$$B_r(t)\le W\int_0^t B_{r-1}(t-y)[1-G(t-y)]dM(y)$$

$$\le W^2\int_0^t\int_0^{t-t_2}B_{r-1}(t-t_2)[1-G(t_2-t_1)][1-G(t-t_2)]dM(t_1)dM(t_2)$$

$$\le W^r\int_{t_1+t_2+\cdots t_r\le t}[1-G(t_2-t_1)]\cdots[1-G(t-t_r)]dM(t_1)\cdots dM(t_r).$$

令 h 是一个正的常数，注意到 $M(t+h)-M(t)\le 1+M(h)$，逐

次积分有

$$B_r(t) \le W^r\left(\frac{1+M(h)}{h}\right)^r \cdot \left(\int_0^{t+h}[1-G(y)]dy\right)^r \Big/ (r!)$$

$$\le \left(\frac{1+M(h)}{h}\cdot\frac{W}{\mu}\right)^r \cdot \frac{1}{r!}.$$

于是对有限的 r, $B_r(t)$是有界函数且(3)式成立.

利用二项式展开和交换求和顺序，队长母函数可改写为

$$L(t,z) = \sum_{k=0}^{\infty} P_k(t) z^k$$

$$= \sum_{k=0}^{\infty}\sum_{r=0}^{k} P_k(t)\binom{k}{r}(z-1)^r = \sum_{r=0}^{\infty} B_r(t)(z-1)^r.$$

因为根据(3)式上述最后一个级数关于 z 一致收敛，所以求和可交换且逐项可微分. 微分队长母函数得

$$L^{(k)}(t,z) = k!\sum_{r=k}^{\infty}\binom{r}{k} B_r(t)(z-1)^{r-k}, \quad k = 0,1,2\cdots,$$

再令 $z=0$, (4)式得证.

通过上面三个定理，我们给出了 $GI^x/G/\infty$ 排队系统用二项矩表示的瞬时队长分布公式. 因为对无穷服务台排队系统不存在顾客等待的问题，下面我们讨论 $GI^x/G/\infty$ 排队系统与忙期有关的分布表示问题.

4.3.2 与忙期有关的分布

引理 1 令 S_1, S_2,⋯ 是批服务完成时间，即 S_n 为服务完相应下标批中所有顾客的时间. 对 $GI^x/G/\infty$ 排队系统，$\{S_n\}$是独立同分布的随机变量，分布函数为

$$K(x) = A[G(x)]. \tag{1}$$

证 因为假定了系统中到达顾客批的间隔和每批顾客数以及

顾客服务时间是相互独立的随机变量，所以$\{S_n\}$是独立同分布的随机变量. 不失一般性，现在考虑第 n 批，该批顾客数为 k 的概率是 a_k，服务完它的时间是 $\max\{\chi_{n1},\cdots,\chi_{nk}\}$，分布函数为 $G^k(x)$. 再由全概率公式立即得到(5)式.

定理 1 令 D_n, I_n 和 C_n 分别是第 n 个忙期、闲期和忙期循环，N_n 是第 n 个忙期中服务的顾客数，则除第一个闲期随机变量外，这些随机变量对所有的 n，各自同分布. 另外对 $\tau_{i+1} \le S_i < \tau_2+\cdots+\tau_{m+1}\ (i=1,\cdots,m-1), \tau_{m+1} > S_m$，$m=1,2,\cdots$，满足下述关系:

$$C_1 = \tau_2+\cdots+\tau_{m+1}, \tag{2.1}$$

$$D_1 = \max\left\{S_1, \tau_2+S_2, \cdots, \sum_{i=2}^{m}\tau_i + S_m\right\}, \tag{2.2}$$

$$I_2 = \sum_{i=2}^{m+1}\tau_i - \max\left\{S_1, \tau_2+S_2, \cdots, \sum_{i=2}^{m}\tau_i + S_m\right\}. \tag{2.3}$$

$$N_1 = X_1+\cdots+X_m . \tag{2.4}$$

证 结论显然，见图 1.

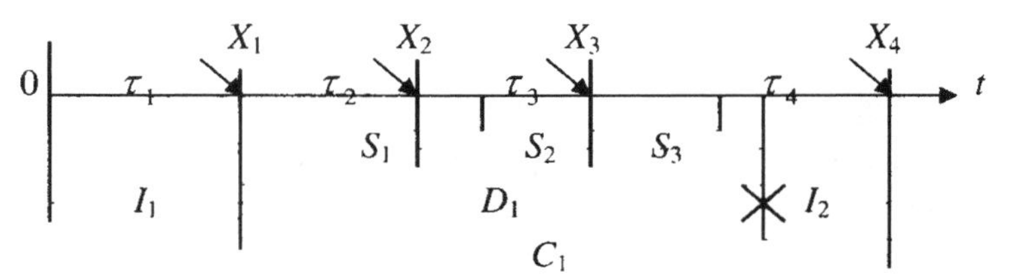

图 1 $GI^X/G/\infty$ 排队系统各量之间的关系

其中交叉表示闲期循环开始；圆圈表示忙期循环开始，忙期循环形成延迟更新过程.

引理 2 对 $GI^X/G/\infty$ 排队系统，系统空闲概率与系统忙期和忙期循环满足下述关系

$$1 - sP_0{}^*(s) = \tilde{f}(s)\frac{1-\tilde{d}(s)}{1-\tilde{c}(s)}. \tag{3}$$

证 首先考虑第一个忙期开始于时刻 0，这时的空闲概率记为 $Q_0(t)$. 由全概率公式和更新技巧，显然有

$$Q_0(t) = P\{D \le t < C\} + \int_0^t Q_0(t-x)dC(x).$$

两边取 L 变换有

$$Q_0{}^*(s) = \overline{C}{}^*(s) - \overline{D}{}^*(s) + Q_0{}^*(s)\tilde{c}(s),$$

再经简单代数运算得

$$1 - sQ_0{}^*(s) = \frac{1-\tilde{d}(s)}{1-\tilde{c}(s)}.$$

类似地，再由全概率公式和更新技巧，又有

$$P_0(t) = P\{\tau_1 > t\} + \int_0^t Q_0(t-x)dC(x).$$

经简单运算引理 2 得证.

定理 2 系统忙期循环时间分布为

$$C(x) = \sum_{n=1}^{\infty}\int_0^x\int_0^{x-x_1}\cdots\int_0^{x-x_1-\cdots x_{n-1}}\prod_{i=1}^{n-1}\left[K\left(\sum_{j=1}^{n}x_j\right)-K(x_i)\right]$$
$$\cdot K(x_n)dF(x_n)\cdots dF(x_1); \tag{4}$$

在一个忙期中服务顾客数分布的 Z 变换为

$$\Pi(z) = \sum_{n=1}^{\infty}[A(z)]^n\int_0^{\infty}\cdots\int_0^{\infty}\prod_{i=1}^{n-1}\left\{\left[K\left(\sum_{j=1}^{n}x_j\right)-K(x_i)\right]dF(x_i)\right\}$$
$$\cdot K(x_n)dF(x_n). \tag{5}$$

证 由定理 1 的(2.1)式，我们有

$$C(x) = P\{C_1 \le x\} = \sum_{n=1}^{\infty}P\left\{\sum_{j=2}^{n+1}\tau_j \le x,\right.$$
$$\left.\tau_{i+1} \le S_i < \sum_{i=2}^{n}\tau_i(i=1,\cdots,n-1), \tau_{n+1} > S_n\right\}$$

$$= \sum_{n=1}^{\infty} \int_0^x P\left\{ \sum_{j=2}^{n+1} \tau_j \le x, \quad \tau_{i+1} \le S_i \right.$$

$$\left. < \sum_{i=2}^{n} \tau_i (i = 1, \cdots, n-1), \tau_{n+1} > S_n | \tau_2 = x_1 \right\} dF(x_1)$$

$$\vdots$$

$$= \sum_{n=1}^{\infty} \int_0^x \cdots \int_0^{x-x_1-\cdots-x_{n-1}} P\left\{ x_1 \le S_i < \sum_{i=1}^{n} x_i (i = 1, \cdots, n-1), x_n > S_n \right\}$$

$$\cdot dF(x_1) \cdots dF(x_n).$$

再根据引理 1，这就证明了(4)式．类似地，由定理 1 的(2.4)式有

$$P\{N_1 = k\} = \sum_{n=1}^{\infty} P\left\{ \sum_{j=1}^{n} X_j = k \right\}$$

$$\cdot P\left\{ \tau_{i+1} \le S_i < \sum_{i=2}^{n} \tau_i (i = 1, \cdots, n-1), \tau_{n+1} > S_n \right\}.$$

两边取母函数，注意到卷积的母函数等于母函数的乘积和概率计算，立即得到(5)式．

上述定理和引理虽然给出了与忙期有关分布的理论表达式，但数值计算，甚至前两阶矩的计算都是困难的．下面我们研究某些特殊情况，借助更新理论和简化的 VMP 方法以便得到某些有用的表达式．

一、$GI^x/D/\infty$ 排队系统

引理 3 对 $GI^x/D/\infty$ 排队系统，批服务完成时间独立于批容量，且分布函数为

$$K(x) = \begin{cases} 1, & x - D \ge 0 \\ 0, & x - D < 0, \end{cases} \tag{6}$$

这时空闲概率满足积分方程

$$P_0(t)=\overline{F}(t),\quad t<D, \tag{7.1}$$

$$P_0(t)=\overline{F}(t)+\int_0^{t-D}P_0(t-y)dF(y),\quad t\geq D. \tag{7.2}$$

证 因无穷个服务台保证了对一批到达的顾客同时开始服务，故(6)式成立. 在定理 1 中，令 $z=0$ 并注意到顾客服务时间分布是定长分布即得(7)式.

定理 3 对 $GI^X/D/\infty$ 排队系统，忙期循环、忙期、闲期和忙期中服务顾客数分布的 LS 变换或 Z 变换分别如下:

$$\tilde{c}(s)=\left[\int_D^{\infty}e^{-sx}dF(x)\right]\bigg/\left[1-\int_0^{D}e^{-sx}dF(x)\right], \tag{8.1}$$

$$\tilde{d}(s)=e^{-sD}\overline{F}(D)\bigg/\left[1-\int_0^{D}e^{-sx}dF(x)\right], \tag{8.2}$$

$$\tilde{i}(s)=\frac{e^{sD}}{\overline{F}(D)}\int_D^{\infty}e^{-sx}dF(x), \tag{8.3}$$

$$\Pi(z)=A(z)[1-F(D)][1-A(z)F(D)]^{-1}. \tag{8.4}$$

证 为证(8.1)式，根据定理 2 的(4)式和引理 3 的(6)式有

$$\begin{aligned}\tilde{c}(s)&=\sum_{n=1}^{\infty}\int_D^{\infty}e^{-sx_n}\left(\int_0^{D}\cdots\int_0^{D}\prod_{i=1}^{n-1}e^{-sx_i}dF(x_i)\right)dF(x_n)\\&=\int_D^{\infty}e^{-sx}dF(x)\sum_{n=0}^{\infty}\left(\int_0^{D}e^{-sx}dF(x)\right)^n\\&=\left[\int_D^{\infty}e^{-sx}dF(x)\right]\bigg/\left[1-\int_0^{D}e^{-sx}dF(x)\right].\end{aligned}$$

对引理 3 的(7)式两边取 L 变换得

$$\int_0^{D}e^{-st}P_0(t)dt=\int_0^{D}e^{-st}\overline{F}(t)dt,$$

$$P_0*(s)=\overline{F}*(s)+\int_D^{\infty}e^{-st}\int_0^{t-D}P_0(t-y)dF(y)dt$$

$$=\overline{F}*(s)+\int_0^{\infty}dF(y)\int_{y+D}^{\infty}e^{-st}P_0(t-y)dt$$

$$=\overline{F}*(s)+\int_0^{\infty}e^{-sy}dF(y)\int_D^{\infty}e^{-su}P_0(u)du$$

$$=\overline{F}*(s)+\tilde{f}(s)P_0*(s)-\tilde{f}(s)\int_0^{D}e^{-su}P_0(u)du.$$

从上面两个式子解出

$$P_0*(s)=\overline{F}*(s)+\frac{\tilde{f}(s)}{1-\tilde{f}(s)}\int_D^{\infty}e^{-st}\overline{F}(t)dt,$$

将它和(8.1)式代入引理 2 的(3)式，经简单代数运算即得(8.2)式.

考虑忙期循环中的最后一个到达间隔，它必定大于服务时间 D，才能形成一个闲期. 并且闲期小于 x 等价于该到达间隔小于 $x+D$，于是我们有闲期分布

$$I(x)=P\{\tau\le x+D|\tau>D\}$$

$$=[F(x+D)-F(D)][1-F(D)]^{-1}.$$

两边取 LS 变换即得(8.3)式.

为证(8.4)式，将引理 3 的(6)式代入定理 2 的(5)式得

$$\Pi(z)=\sum_{n=1}^{\infty}[A(z)]^n\int_D^{\infty}\left(\int_0^D\cdots\int_0^D\prod_{i=1}^{n-1}dF(x_i)\right)dF(x_n)$$

$$=A(z)\int_D^{\infty}dF(x)\sum_{n=0}^{\infty}\left(A(z)\int_0^{D}dF(x)\right)^n=\frac{A(z)[1-F(D)]}{[1-A(z)F(D)]}.$$

推论 1 对 $GI^X/D/\infty$ 排队系统，忙期循环、忙期、闲期和忙期中服务顾客数分布的均值和方差分别为

$$\overline{C}=\lambda^{-1}[1-F(D)]^{-1},$$

$$\sigma_C^2 = \overline{C}\lambda^{-1} + \sigma_\tau^2[\overline{F}(D)]^{-1} + 2\overline{C}[\overline{F}(D)]^{-1}\int_0^D xdF(x) - \overline{C}^2;$$

$$\overline{D} = [1-F(D)]^{-1}\int_0^D xdF(x) + D,$$

$$\sigma_D^2 = [\overline{F}(D)]^{-1}\int_0^D x^2 dF(x) + \left[[\overline{F}(D)]^{-1}\int_0^D xdF(x)\right]^2;$$

$$\overline{I} = [1-F(D)]^{-1}\left[\lambda^{-1} - \int_0^D xdF(x)\right] - D,$$

$$\sigma_I^2 = [\overline{F}(D)]^{-1} e^D \int_D^\infty x(x-D)dF(x) - (D+\overline{I})\overline{I};$$

$$\overline{N} = \overline{X}[1-F(D)]^{-1},$$

$$\sigma_N^2 = \sigma_X^2 - \overline{X} + \overline{N}(1-\overline{N}) + \overline{X}[1+F(D)][F(D)]^{-1}.$$

证 根据定理 3 经简单微分和代数运算即得.

二、$M^X/G/\infty$排队系统

定理 4 对 $M^X/G/\infty$排队系统，忙期循环和忙期分布的 LS 变换分别如下

$$\tilde{c}(s) = 1 - [(s+\lambda)P_0*(s)]^{-1}, \tag{9.1}$$

$$\tilde{d}(s) = 1 + s/\lambda - 1/[\lambda P_0*(s)], \tag{9.2}$$

其中

$$P_0(t) = \exp\left\{-\lambda\int_0^t \left(1 - A[G(x)]\right)dx\right\}. \tag{9.3}$$

证 首先考虑闲期循环，令 $R_c(t)$表示$(0, t]$中平均更新(即闲期循环)数，$r_c(t)$表示它的更新密度. 为了得到用空闲概率表示更新密度的公式，我们构造一个 VMP$\{S(t), Y(t)\}$，其中 $S(t)$ 是系统中

的顾客数，$Y(t)$是在当前忙期中最后一个被服务的顾客已花去的服务时间. 定义 $P_1(t,y)dy = P\{S(t)=1, y < Y(t) \le y+dy\}$，则有微分方程

$$[\frac{d}{dt}+\lambda]P_0(t) = \int_0^{\infty} P_1(t,y)\mu(y)dy,$$

$$P_0(0)=1,$$

其中 $\mu(y)$ 是分布 $G(y)$的风险率函数. 根据第一章更新频度公式

$$r_c(t) = \int_0^{\infty} P_1(t,y)\mu(y)dy,$$

两边取 L 变换并利用微分方程得

$$r_c{}^*(s) = (s+\lambda)P_0{}^*(s) - 1.$$

因为忙期循环与闲期循环同分布，再由更新分布和更新密度的关系有

$$\widetilde{c}(s) = \frac{r_c{}^*(s)}{1+r_c{}^*(s)} = 1 - [(s+\lambda)P_0{}^*(s)]^{-1}.$$

众所周知，对按 Poisson 到达的排队系统，闲期与忙期相互独立，且

$$\widetilde{c}(s) = \widetilde{d}(s)\widetilde{i}(s) = \widetilde{d}(s)\lambda/(s+\lambda).$$

由(9.1)式即得(9.2)式.

对按 Poisson 到达的排队系统，由定理 1，队长母函数积分方程可改写为

$$L(t,z)e^{\lambda t} = 1 + \lambda\int_0^t L(y,z)e^{\lambda y}A[z+(1-z)G(y)]dy.$$

关于 t 微分上述队长母函数方程，得到微分方程

$$\frac{dL(t,z)}{dt} = \lambda L(t,z)\big(A[z+(1-z)G(t)]-1\big),$$

$$L(0,z)=1.$$

这个微分方程的解是

$$L(t,z)=\exp\left\{-\lambda\int_0^t\left(1-A[z+(1-z)G(x)]\right)dx\right\}.$$

而(9.3)式是 $z=0$ 的特殊情形.

推论 2 对 $M^X/G/\infty$ 排队系统，忙期循环和忙期分布的均值和方差分别为

$$\overline{C}=\frac{1}{\lambda P_0},$$

$$\sigma_C^2=\frac{2}{\lambda P_0^2}\int_0^\infty[P_0(t)-P_0]dt+\frac{2}{\lambda^2P_0}-\frac{1}{\lambda^2P_0^2};$$

$$\overline{D}=\frac{1}{\lambda P_0}-\frac{1}{\lambda},$$

$$\sigma_D^2=\frac{2}{\lambda P_0^2}\int_0^\infty[P_0(t)-P_0]dt+\frac{2}{\lambda^2P_0}-\frac{1}{\lambda^2P_0^2}-\frac{1}{\lambda^2}.$$

证 对具有有限终值的函数 $f(x)$，它的 L 变换满足

$$\lim_{s\to0}\frac{d}{ds}[sf^*(s)]=\int_0^\infty[f(t)-f(\infty)]dt. \tag{10}$$

事实上，由分部积分，$sf^*(s)=f(0)+\int_0^\infty e^{-st}df(t)$，于是

$$\lim_{s\to0}\frac{d}{ds}[sf^*(s)]=-\int_0^\infty tdf(t)$$

$$=-\int_0^\infty\int_0^t dudf(t)=-\int_0^\infty\int_u^\infty df(t)du$$

$$=\int_0^\infty[f(t)-f(\infty)]dt.$$

为了得到前两阶矩，只需对 LS 变换微分，并令 $s\to0$ 即得. 例如，求忙期循环的二阶矩，记 $h(s)=sP_0^*(s)$，微分忙期循环分布的 LS 变换两次得

$$\frac{d^2\tilde{c}(s)}{ds^2}=\frac{2}{(s+\lambda)^2}\frac{h(s)-sh'(s)}{[h(s)]^2}$$
$$+\frac{1}{s+\lambda}\cdot\frac{sh''(s)[h(s)]^2+2[h(s)-sh'(s)]h(s)h'(s)}{[h(s)]^4}$$
$$-\frac{2}{(s+\lambda)^3}\frac{s}{h(s)},$$

其中所有有一个 s 因子的项当 $s\to 0$ 时都变成 0，而 $h'(0)$ 可用(10)式计算得

$$\tilde{c}''(0)=\frac{2}{\lambda^2 P_0}+\frac{2}{\lambda P_0^2}\int_0^\infty [P_0(t)-P_0]dt.$$

三、$GI^x/M/\infty$ 排队系统

定理 5 对 $GI^x/M/\infty$ 排队系统，忙期循环和忙期分布的 LS 变换分别如下

$$\tilde{c}(s)=1-\frac{\tilde{f}(s)}{1-sP_0*(s)+\mu P_1*(s)},\tag{11.1}$$

$$\tilde{d}(s)=\frac{\mu P_1*(s)}{1-sP_0*(s)+\mu P_1*(s)},\tag{11.2}$$

其中

$$P_0*(s)=\sum_{k=0}^{\infty}(-1)^k B_k*(s),\quad P_1*(s)=\sum_{k=1}^{\infty}(-1)^{k-1}kB_k*(s),\tag{11.3}$$

$$B_0*(s)=\frac{1}{s},\quad B_n*(s)=\frac{\tilde{f}(s)}{1-\tilde{f}(s)}\sum_{k=1}^{n}\frac{A_k}{k!}B_{n-k}*(s+k\mu).\tag{11.4}$$

证 根据我们对系统的假定，第一个闲期是 $F(t)$，然后是相继的忙期循环，因此忙期循环形成一个延迟更新过程. 由于现在

到达间隔服从一般分布，因此闲期循环不能形成更新过程．但我们仍令 $R_c(t)$表示(0, t]中平均闲期循环函数，令 $M_d(t)$表示忙期循环延迟更新函数，$P_b(t)$表示时刻 t 系统处于忙期的概率．因为当 t 落在闲期时，忙期循环数和闲期循环数两者相等；而当 t 落在忙期时，两者之差为 1，见图 1．于是我们得到

$$M_d(t)-R_c(t)=P_b(t).$$

又因为 $M_d(t)=\sum_{n=0}^{\infty}F*C^{(n)}(t)$；再由图 1，我们有

$$\begin{aligned}P_b(t)&=P\{\tau_1\le t<\tau_1+D_1\}\\&\quad+P\{\tau_1+C_1\le t<\tau_1+C_1+D_2\}+\cdots\\&=[F(t)-F*D(t)]+[F*C(t)-F*C*D(t)]+\cdots\\&=M_d*[1-D(t)]\\&=\int_0^t[1-D(t-x)]dM_d(x).\end{aligned}$$

由上述两个式子可解出

$$r_c*(s)=\frac{\tilde{f}(s)\tilde{d}(s)}{1-\tilde{c}(s)}.$$

另一方面，根据简化的 VMP 方法又可得

$$r_c*(s)=\mu P_1*(s).$$

再结合引理 2 的关系式

$$1-sP_0*(s)=\tilde{f}(s)\frac{1-\tilde{d}(s)}{1-\tilde{c}(s)},$$

从这三个式子解出忙期循环和忙期分布的 LS 变换可得(11.1)式和(11.2)式．(11.3)式是定理 3 的直接推论．当 $G(x)=1-\exp(-\mu x)$ 时，由 4.3.1 定理 2 有

$$B_r(t)=\sum_{k=1}^{r}\frac{A_k}{k!}\int_0^t B_{r-k}(t-y)e^{-k\mu(t-y)}dM(y).$$

令 $B_0*(s)=1/s$，对上式取 L 变换得(11.4)式.

推论3 对 $GI^x/M/\infty$ 排队系统，忙期循环和忙期分布的均值和方差分别为

$$\overline{C}=\frac{1}{\mu P_1},$$

$$\sigma_C^2=\frac{2}{\mu P_1^2}\int_0^\infty[P_1(t)-P_1]dt+\frac{2}{\lambda\mu P_1}+\frac{2(1-P_0)}{\mu^2 P_1^2}-\frac{1}{\mu^2 P_1^2};$$

$$\overline{D}=\frac{1-P_0}{\mu P_1},$$

$$\sigma_D^2=\frac{2(1-P_0)}{\mu P_1^2}\int_0^\infty[P_1(t)-P_1]dt+\frac{(1-P_0)^2}{\mu^2 P_1^2}$$

$$+\frac{2}{\mu P_1}\int_0^\infty[P_0(t)-P_0]dt.$$

证 类似于推论 2.

四、$M^x/D/\infty$ 排队系统

这个排队系统是一和二的特殊情况. 按一我们可通过直接计算得到它的忙期循环和忙期分布的 LS 变换；按二我们可采用简化的 VMP 方法得到它们. 现在比较两种方法所得结果来验证简化的 VMP 方法的有效性.

按直接方法，将 $F(x)=1-\exp(-\lambda x)$ 代入(8.1)式和(8.2)式得

$$\tilde{c}(s)=\lambda\int_D^\infty e^{-(s+\lambda)t}dt\Bigg/\left[1-\lambda\int_0^D e^{-(s+\lambda)t}dt\right]$$

$$=\frac{\lambda}{s+\lambda}e^{-(s+\lambda)D}\Bigg/\left[1-\frac{\lambda}{s+\lambda}\left(1-e^{-(s+\lambda)D}\right)\right]=\frac{\lambda e^{-(s+\lambda)D}}{s+\lambda e^{-(s+\lambda)D}};$$

$$\tilde{d}(s)=e^{-(s+\lambda)D}\Big/\left[1-\frac{\lambda}{s+\lambda}\left(1-e^{-(s+\lambda)D}\right)\right]=\frac{(s+\lambda)e^{-(s+\lambda)D}}{s+\lambda e^{-(s+\lambda)D}}.$$

按简化的 VMP 方法，注意到服务时间为定长分布有

$$P_0(t)=\exp\left\{-\lambda\int_0^t\left(1-A[G(x)]\right)dx\right\}=\begin{cases}e^{-\lambda t}, & t<D\\ e^{-\lambda D}, & t\geq D.\end{cases}$$

取 L 变换

$$P_0*(s)=\int_0^D e^{-st}e^{-\lambda t}dt+\int_D^\infty e^{-st}e^{-\lambda D}dt=\frac{1}{s+\lambda}\left(1+\frac{\lambda}{s}e^{-(s+\lambda)D}\right),$$

将它代入(9.1)式和(9.2)式得

$$\tilde{c}(s)=1-[(s+\lambda)P_0*(s)]^{-1}=\frac{\lambda e^{-(s+\lambda)D}}{s+\lambda e^{-(s+\lambda)D}},$$

$$\tilde{d}(s)=1+s/\lambda-[\lambda P_0*(s)]^{-1}=\frac{(s+\lambda)e^{-(s+\lambda)D}}{s+\lambda e^{-(s+\lambda)D}},$$

两种方法结果一致.

五、*M/M/* ∞排队系统

由定理 4 的(9)式，我们有

定理 6 对 *M/M/* ∞排队系统，忙期分布的 LS 变换为

$$\tilde{d}(s)=1+\frac{s}{\lambda}-\frac{1}{\lambda}[\int_0^\infty e^{-st}\exp\{-\frac{\lambda}{\mu}(1-e^{-\mu t})dt]^{-1}$$

$$=1+\frac{s}{\lambda}-\frac{e^{-\lambda/\mu}}{\lambda}[\sum_{n=0}^{\infty}\frac{1}{n!}\cdot(\frac{\lambda}{\mu})^n\cdot\frac{1}{s+n\mu}]^{-1}. \tag{12}$$

要从这个 LS 变换反演忙期分布是困难的. 由第二章 2.2.2 我们知道该忙期分布是一个连续 IPH 分布，利用矩形迭代算法可算得满意的数值结果. 为此我们可设计如下两种算法[11]:

算法 1 一致链近似方法

$$F(t) \approx 1-\sum_{n=0}^{\infty}(\alpha K_U^n e)P_n(t), \tag{13}$$

这是用多服务台去逼近无穷服务台. 给定充分大的正整数N, 有

$$P_n(t)=P\{N_P(t)=n\}=\frac{(ct)^n}{n!}e^{-ct}, \quad c=\lambda+N\mu,$$

$$\alpha K_U^n e=\alpha(1)K_{12}^U K_{23}^U\cdots K_{n,n+1}^U e,$$

$$\alpha(1)=[1], \quad K_{12}^U=\begin{bmatrix}1-\dfrac{\lambda+\mu}{c} & \dfrac{\lambda}{c}\end{bmatrix},$$

$$K_{23}^U=\begin{bmatrix}1-\dfrac{\lambda+\mu}{c} & \dfrac{\lambda}{c} & 0\\ \dfrac{2\mu}{c} & 1-\dfrac{\lambda+2\mu}{c} & \dfrac{\lambda}{c}\end{bmatrix}, \cdots\cdots,$$

$$K_{n,n+1}^U=\begin{bmatrix}1-\dfrac{\lambda+\mu}{c} & \dfrac{\lambda}{c} & & & \\ \dfrac{2\mu}{c} & 1-\dfrac{\lambda+2\mu}{c} & \dfrac{\lambda}{c} & & \\ & \ddots & \ddots & \ddots & \\ & & \dfrac{\min(n,N)\mu}{c} & \chi(N>n)(1-\dfrac{\lambda+n\mu}{c}) & \dfrac{\lambda}{c}\end{bmatrix}.$$

其中$\chi(A)$是示性函数.

算法 2　纯生链方法

$$F(t)=1-\sum_{n=0}^{\infty}(\alpha K_D^n e)B_n(t), \tag{14}$$

为了适应对角元无限增大, 考虑率为$\lambda+i\mu$的纯生过程$N_B(t)$去代替 Poisson 过程. 令$B_n(t)=P\{N_B(t)=n\}$, 于是有

$$B_0(t)=e^{-(\lambda+\mu)t},$$

$$B_n(t)=\sum_{j=1}^{n+1}e^{-(\lambda+j\mu)t}\prod_{i=1}^{n}(\lambda+i\mu)\Big/\prod_{i=1,i\neq j}^{n+1}(i-j)\mu.$$

$$\alpha K_D^n e=\alpha(1)K_{12}^D K_{23}^D\cdots K_{n,n+1}^D e,$$

$$\alpha(1)=[1],\quad K_{12}^{D}=\begin{bmatrix}0 & \dfrac{\lambda}{\lambda+\mu}\end{bmatrix},$$

$$K_{23}^{D}=\begin{bmatrix}1 & 0 & 0\\ \dfrac{2\mu}{\lambda+2\mu} & 0 & \dfrac{\lambda}{\lambda+2\mu}\end{bmatrix},$$

$$K_{34}^{D}=\begin{bmatrix}\dfrac{2\mu}{\lambda+3\mu} & \dfrac{\lambda}{\lambda+3\mu} & 0 & 0\\ 0 & 1 & 0 & 0\\ 0 & \dfrac{3\mu}{\lambda+3\mu} & 0 & \dfrac{\lambda}{\lambda+3\mu}\end{bmatrix},$$

$$K_{45}^{D}=\begin{bmatrix}\dfrac{3\mu}{\lambda+4\mu} & \dfrac{\lambda}{\lambda+4\mu} & & & \\ \dfrac{2\mu}{\lambda+4\mu} & \dfrac{2\mu}{\lambda+4\mu} & \dfrac{\lambda}{\lambda+4\mu} & & \\ & 0 & 1 & 0 & \\ & & \dfrac{4\mu}{\lambda+4\mu} & 0 & \dfrac{\lambda}{\lambda+4\mu}\end{bmatrix},$$

…….

我们简要说明一下矩阵 K 的生成方法. 为了获得纯生过程, 考虑该马氏链每次下跳一个状态的极端情形. 发生 1 次状态跳动它只能从状态 1 跳动到状态 2 或者被吸收, 因此一致化参数是 $\lambda+\mu$. 发生 2 次状态跳动, 它只能从状态 2 跳动到状态 1, 3 且这时状态 1 是不活动状态, 一致化参数是 $\lambda+2\mu$. 发生 3 次状态跳动, 它只能从状态 3 跳动到状态 2, 4 且这时状态 2 是不活动状态, 一致化参数是 $\lambda+3\mu$. 发生 4 次状态跳动, 它只能从状态 4 跳动到状态 3,5 且这时状态 3 是不活动状态, 一致化参数是 $\lambda+4\mu$. 且余下的依次类推.

下面给出两种算法计算忙期分布函数的具体数值结果比较.

例 1 取 $\lambda=0.1$, $\mu=0.6$, 误差 $\varepsilon=0.0001$.

此时 $\rho=\lambda/\mu=0.1667$.

$F(t)$ \ t	1	2	3	5	7
算法 1	0.4378155	0.6739720	0.8079666	0.9320614	0.9757480
算法 2	0.4378170	0.6739735	0.8079674	0.9320617	0.9757481

例 2 取 $\lambda=0.45$, $\mu=0.45$, 误差 $\varepsilon=0.0001$. 此时 $\rho=\lambda/\mu=1$.

$F(t)$ \ t	0.4	2.1	4.3	8. 5	9.9
算法 1	0.1525968	0.4945003	0.6954910	0.8725494	0.9041289
算法 2	0.1526037	0.4945143	0.6955018	0.8725539	0.9041323

例 3 取 $\lambda=0.3$, $\mu=0.2$, 误差 $\varepsilon=0.0001$. 此时 $\rho=\lambda/\mu=1.5$.

$F(t)$ \ t	1	3	7	13	21
算法 1	0.1600569	0.3463769	0.5379215	0.6949491	0.8178582
算法 2	0.1600943	0.3464001	0.5378988	0.6949642	0.8178677

上述三个数值例子显示, 对充分大的正整数 N, 一致链方法有很高的精度.

参考文献

[1] 史定华, 与两个更新过程有关的某些联合分布, 系统科学与数学, 2(1997), 116-127.

[2] 吴方, 关于排队过程 GI/E$_k$/1 的若干结果, 数学学报, 1960, 190-201.

[3] 徐光辉, **随机服务系统**, 科学出版社, 第二版, 1988.

[4] 钱敏平, 龚光鲁, **随机过程论**, 北京大学出版社, 第二版, 1997.

[5] Asmussen, S. and Bladt, M, Renewal theory and queueing algorithms for matrix exponential distributions, *Matrix-Analytic Methods in Stochastic Models* (eds. by Chakravarthy and

Alfa), **Marcel Dekker**, New York , 1996, 313-341.

[6] Chaudhry, M. L., Agarwal, M. and Templeton, J. G. C., Exact and approxi-mate numerical solutions of steady-state distributions arising in the queue *GI/G/*1, **Queueing Systems**, 10, 1992, 105-152.

[7] Chaudhry, M. L. and Templeton, J. G. C., *A First Course in Bulk Queues*, **John Wiley & Sons**, New York, 1983.

[8] Cinlar, E., *Introduction to Stochastic Processes*, **Prentice-Hall, Inc.**, Englewood Cliffs, N. J., 1975.

[9] Cohen, J. W., *The Single Server Queue*, **North-Holland**, Amsterdam, 1982.

[10] Cox, D. R.. The analysis of non-Markovian stochastic processes by the inclusion of supplementary variables, **Proc. Camb. Phil. Soc.**, 51, 1955, 433-441.

[11] Kosten, L., *Stochastic Theory of Service Systems*, **Pergamon**, Oxford, 1973.

[12] Lipski, L., *Queueing Theory: A Linear Algebraic Approach*, **Macmillan**, New York, 1992.

[13] Liu, L. M., Kashyap, B. R. K. and Templeton, J. G. C., On the $GI^X/G/$ infinite,system, **J. Appl. Prob.**, 27, 1990, 671-683.

[14] Liu, L. M. and Shi, D. H., Busy period in $GI^X/G/$infinite, **J. Appl. Prob.**, 33, 1996, 815-829.

[15] Neuts, M. F. *Matrix-Geometric Solution in Stochastic Models — an Algorithmic Approach.* **The John Hopkins University Press**, Baltimore, 1981.

[16] Neuts, M. F., *Structured Stochastic Matrices of M/G/1 Type and Their Applications*, **Marcel Dekker**, New York, 1989.

[17] Ramaswami, V., Matrix analytic methods: A tutorial overview with some extensions and newresults, *Matrix-Analytic Methods in Stochastic Models*, (eds. by Chakravarthy and Alfa), **Marcel Dekker**, New York , 1996, 261-296.

[18] Sengupta, B. Markov processes whose steady state distribution is matrix-exponential with an application to the *GI/PH/*1 queue, **Adv. Appl. Prob.**, 1(1989), 159-180.

[19] Takacs, L., *Introduction to the Theory of Queues*, **Oxford University Press**, New York, 1962.

[注] Shi, D. H., Working papers during the three-month visit in HKUST, **Research Report No. IE95.01**, Executive Officer, Department of Industrial Engineering, Hong Kong University of Science & Technology, Clear Water Bay, Kowloon, Hong Kong.

第五章　流体模型

库存理论，特别是随机库存理论与可靠性理论和排队理论不同，它研究的是系统的均衡性．库存的对象可以是离散的物品，也可以是连续的流体．当库存的离散物品较多时自然可用连续流体去逼近，因此本章着重讨论流体模型．

例如，先进制造系统(如计算机集成制造系统CIMS)为增加生产线的柔性，都增设缓冲库以平衡随机波动．在建模时可假定工件到达间隔和加工时间是定长分布，即用 $D/D/1$ 排队系统去描述．但制造系统所处的环境则应看成是随机的．由于直接分析这类系统的困难，人们(如 Chen & Yao[2])发现可通过输入恒定输出有随机中断的流体模型去逼近它们．而 Mitra[4]引入的生产消费流体模型，它的输入和输出都有随机中断．另外，还可考虑有无布朗噪声的流体模型[1]．显然，这类模型在许多系统建模中都有着广泛的应用[3]．如现代通讯系统中的异步传输模式(ATM)网络技术，即多条输入线汇集到一个带缓冲库的数据开关就可归结为这类模型．又金融中的现金管理和各种证券的投资建模也需要这类模型．所以研究随机环境流体模型有着重要的意义．

本章§5.1 介绍 Chen & Yao[2]研究过的输入恒定输出有随机中断的最简单流体模型，但我们使用不同于他们的方法[5]．首先考虑库存有限、指数指数交替更新环境情况；然后考虑库存无限、指数一般交替更新环境情况．§5.2 介绍 Mitra[4]引入的生产消费流体模型，它的输入和输出都有随机中断，利用微分方程组的谱展开能给出有效的数值计算方法．这一方法容易推广到具有时变速率的随机环境流体模型．

§ 5.1 输入恒定输出有随机中断

输入恒定输出有随机中断的流体模型可描述如下：连续的流体以恒定的速率 c_1 流入一个缓冲库存放，而流体以速率 c_2(总假定 $c_2 > c_1$)流出. 缓冲库输出受到交替更新随机环境 $S(t)$的干扰，它有两种状态：工作(up)或关闭(down). 在工作状态(亦称 1 状态)，流体以速率 c_1 流入以速率 c_2 流出，库存水平下降速率为 $c_2 - c_1$. 当库存水平为零时只能以速率 c_1 流出，这时系统将损失某些输出. 在关闭状态(亦称 0 状态)，流体停止流出，库存水平以速率 c_1 上升. 库存水平过程 $Z(t)$的典型样本轨道如图 1.

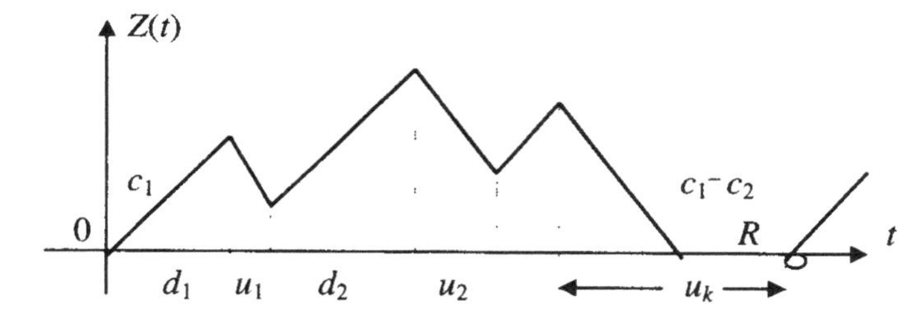

图 1　库存水平过程 $Z(t)$的典型样本轨道

其中假定了开始时环境状态为 0 且库存水平为 0，显然下一次再返回 0 状态且库存水平为 0 的时刻是系统的更新点.

本模型可用向量过程$\{S(t), Z(t)\}$来描述，它不一定是马氏过程，除非它处于马氏随机环境，即当 $S(t)$是马氏链时才有$\{S(t), Z(t)\}$为(向量)马氏过程.

5.1.1 库存有限、指数指数交替更新环境

为了简便，我们首先假定工作和关闭状态持续时间分别服从参数为 λ 和 μ 的指数分布. 这时交替更新环境 $S(t)$是两状态马氏链，于是$\{S(t), Z(t)\}$是马氏漂移过程. 漂移是指库存水平 $Z(t)$可上

可下．再假定库存容量 V 有限，当库存水平为 V 时为了避免溢出将被迫停止输入，这时系统也将损失某些输入．

虽然 $S(t)$只有两个离散状态，但由于饥饿(损失输出)和阻塞(损失输入)马氏漂移过程$\{S(t),Z(t)\}$却有四个离散状态，状态空间为 $E_1=\{(0,V),(1,0),(0,z),(1,z)|0<z<V\}$．这时马氏漂移过程$\{S(t),Z(t)\}$的状态转移情况如图 2.

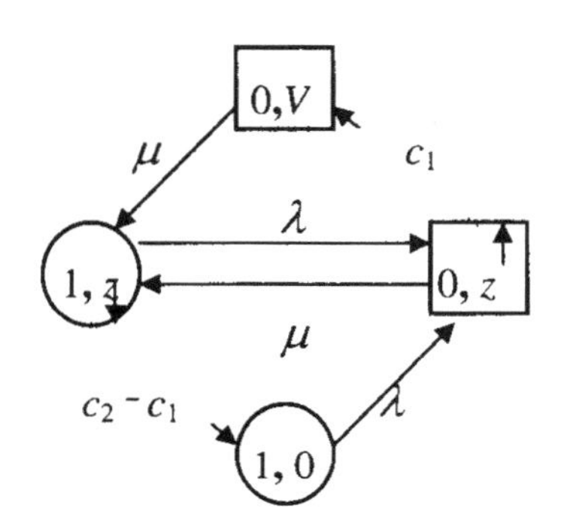

图 2 马氏漂移过程$\{S(t),Z(t)\}$的状态转移图

定义 $P_i(t,z)=P\{S(t)=i,Z(t)=z\}$，$i=0,1$，它是联合分布 $\pi(t,i,z)$ 的状态概率密度，稳态时略去 t. 边界状态分别记为:

$$P_{0V}(t)=P\{S(t)=0,Z(t)=V\},$$
$$P_{10}(t)=P\{S(t)=1,Z(t)=0\}.$$

于是根据状态转移图可写出状态概率密度满足的方程组，边界条件和初始条件如下:

偏微分方程组

$$[\frac{\partial}{\partial t}+c_1\frac{\partial}{\partial z}+\mu]P_0(t,z)=\lambda P_1(t,z),$$

$$[\frac{\partial}{\partial t}-(c_2-c_1)\frac{\partial}{\partial z}+\lambda]P_1(t,z)=\mu P_0(t,z),$$

$$[\frac{d}{dt}+\mu]P_{0V}(t)=c_1P_0(t,V),$$

$$[\frac{d}{dt}+\lambda]P_{10}(t)=(c_2-c_1)P_1(t,0).$$

边界条件

$$c_1P_0(t,0)=\lambda P_{10}(t).$$

初始条件

$$P_0(0,z)=\delta(z),\text{其余为零}.$$

因这里引进的补充变量是t时刻的库存水平，它可正可负，故上述方程组和边界条件的推导与前几章略有不同. 为了读者方便，我们在此解释一下，例如对第二个偏微分方程，考虑Δt时间变化有

$$\begin{aligned}&P_1(t+\Delta t,z-\Delta z)-P_1(t,z-\Delta z)+P_1(t,z-\Delta z)\\&=P_1(t,z)(1-\lambda\Delta t)+P_0(t,z)\mu\Delta t+o(\Delta t).\end{aligned}$$

因库存水平下降速率为c_2-c_1，即$\Delta z/\Delta t=c_2-c_1$，两边除以$\Delta t$得

$$\begin{aligned}&\frac{P_1(t+\Delta t,z-\Delta z)-P_1(t,z-\Delta z)}{\Delta t}\\&+\frac{P_1(t,z-\Delta z)-P_1(t,z)}{\Delta t}\cdot\frac{(c_2-c_1)\Delta t}{\Delta z}\\&+\frac{P_1(t,z)\lambda\Delta t}{\Delta t}=\frac{P_0(t,z)\mu\Delta t}{\Delta t}+\frac{o(\Delta t)}{\Delta t}.\end{aligned}$$

注意到 $\lim\limits_{\Delta z\to 0}\frac{P_1(t,z-\Delta z)-P_1(t,z)}{\Delta z}=-\frac{\partial}{\partial z}P_1(t,z)$，于是令$\Delta t\to 0$得到第二个偏微分方程. 另外根据假定，第四个微分方程右边的系数为c_2-c_1是从正库存下降到零库存状态；而边界条件左边的系数为c_1是从零库存转移到关闭状态.

为了简便，我们只考虑稳态情况，这时问题简化为微分方程组的边值问题

$$[c_1 \frac{d}{dz} + \mu]P_0(z) = \lambda P_1(z),$$

$$[-(c_2 - c_1)\frac{d}{dz} + \lambda]P_1(z) = \mu P_0(z),$$

$$P_0(0) = \lambda P_{10}/c_1, \quad P_0(V) = \mu P_{0V}/c_1,$$

$$P_1(0) = \lambda P_{10}/(c_2 - c_1).$$

对应齐次微分方程组的特征值问题如下:

$$\vartheta\phi\begin{bmatrix} c_1 & 0 \\ 0 & -(c_2 - c_1) \end{bmatrix} = \phi\begin{bmatrix} -\mu & \mu \\ \lambda & -\lambda \end{bmatrix}, \tag{1}$$

其中 ϑ 表示特征值, ϕ 表示特征向量. 特征方程

$$c_1(c_2 - c_1)\vartheta^2 + [(c_2 - c_1)\mu - c_1\lambda]\vartheta = 0 \tag{2}$$

的两个根是

$$\vartheta_1 = 0, \quad \vartheta_2 = -\eta = -\frac{(c_2 - c_1)\mu - c_1\lambda}{c_1(c_2 - c_1)}. \tag{3}$$

将特征值代入可解出特征向量

$$\phi_1 = (\lambda, \mu), \quad \phi_2 = ((c_2 - c_1), c_1). \tag{4}$$

当 $\eta \neq 0$ 时, 两个特征向量相互独立. 然后根据微分方程组理论, 我们有

$$P_0(z) = a_1\lambda + a_2(c_2 - c_1)\exp(-\eta z), \tag{5}$$

$$P_1(z) = a_1\mu + a_2 c_1 \exp(-\eta z). \tag{6}$$

为了确定其中系数, 将(5)和(6)两式代入边值得下述代数方程组.

$$a_1\lambda + a_2(c_2 - c_1) = \lambda P_{10}/c_1,$$

$$a_1\lambda + a_2(c_2 - c_1)\exp(-\eta V) = \mu P_{0V}/c_1,$$

$$a_1\mu + a_2 c_1 = \lambda P_{10}/(c_2 - c_1),$$

$$\int_0^V [a_1\lambda + a_2(c_2 - c_1)\exp(-\eta z)]dz + P_{0V}$$

$$+ P_{10} + \int_0^V [a_1\mu + a_2 c_1 \exp(-\eta z)]dz = 1,$$

其中最后一个等式利用了分布为 1 的性质.

解上述代数方程组得到

$$a_1 = 0, \quad a_2 = \frac{\lambda}{(c_2 - c_1)c_1} \cdot \frac{1}{\lambda + \mu} \cdot \frac{c_1 \eta}{1 - \rho e^{-\eta V}}, \tag{7}$$

$$P_{10} = \frac{1}{\lambda + \mu} \cdot \frac{c_1 \eta}{1 - \rho e^{-\eta V}}, \tag{8}$$

$$P_{0V} = \frac{\lambda}{\mu} \cdot \frac{1}{\lambda + \mu} \cdot \frac{c_1 \eta e^{-\eta V}}{1 - \rho e^{-\eta V}}, \tag{9}$$

其中 $\rho = \dfrac{c_1 \lambda}{(c_2 - c_1)\mu}$.

定理 1 当 $\eta \neq 0$ 时，马氏漂移过程 $\{S(t), Z(t)\}$ 的联合平稳分布为

$$\pi(0, z) = \frac{\lambda}{\lambda + \mu} \cdot \frac{1 - e^{-\eta z}}{1 - \rho e^{-\eta V}}, \quad \pi(0, V) = \frac{\lambda}{\lambda + \mu}, \tag{10}$$

$$\pi(1, z) = \frac{\mu}{\lambda + \mu} \cdot \frac{1 - \rho e^{-\eta z}}{1 - \rho e^{-\eta V}}. \tag{11}$$

库存水平过程 $Z(t)$ 的边缘平稳分布为

$$\pi_Z(z) = \frac{\lambda + \mu - (\lambda + \mu\rho)e^{-\eta z}}{(\lambda + \mu)(1 - \rho e^{-\eta V})}, \quad \pi_Z(V) = 1. \tag{12}$$

而平均库存为

$$\overline{Z} = \frac{(\lambda + \mu\rho)(1 - e^{-\eta V}) - (\lambda + \mu)\rho\eta V e^{-\eta V}}{\eta(\lambda + \mu)(1 - \rho e^{-\eta V})}. \tag{13}$$

证 利用所求得的系数和状态概率密度，可得联合平稳分布

$$\pi(0, z) = \int_0^z a_2 (c_2 - c_1) \exp(-\eta u) du$$

$$= \frac{\lambda}{\lambda + \mu} \cdot \frac{1 - e^{-\eta z}}{1 - \rho e^{-\eta V}},$$

$$\pi(0,V)=\int_0^V a_2(c_2-c_1)\exp(-\eta u)du+P_{0V}=\frac{\lambda}{\lambda+\mu},$$

$$\pi(1,z)=P_{10}+\int_0^z a_2 c_1\exp(-\eta u)du$$

$$=\frac{1}{\lambda+\mu}\cdot\frac{c_1\eta}{1-\rho e^{-\eta V}}+\frac{\mu\rho}{\lambda+\mu}\cdot\frac{1-e^{-\eta z}}{1-\rho e^{-\eta V}}$$

$$=\frac{\mu}{\lambda+\mu}\cdot\frac{1-\rho e^{-\eta z}}{1-\rho e^{-\eta V}}.$$

(12)式是因为 $\pi_Z(z)=\pi(z,0)+\pi(z,1)$，而且边缘平稳库存分布在 0 点和 V 点都有跳跃. 因分布函数是右连(续)左极(限)函数所以 0 点跳跃没有在公式中另行表示.

注意到 V 点有跳跃, (13)式直接计算可得.

推论 1 当 $\eta=0$ 时，马氏漂移过程 $\{S(t),Z(t)\}$ 的联合平稳分布为

$$\pi(0,z)=\frac{\lambda}{\lambda+\mu}\cdot\frac{z}{V+c_1/\mu},\quad \pi(0,V)=\frac{\lambda}{\lambda+\mu},\tag{14}$$

$$\pi(1,z)=\frac{\mu}{\lambda+\mu}\cdot\frac{z+c_1/\mu}{V+c_1/\mu}.\tag{15}$$

库存水平过程 $Z(t)$ 的边缘平稳分布为

$$\pi_Z(z)=\frac{(\lambda+\mu)z+c_1}{(\lambda+\mu)(V+c_1/\mu)},\quad \pi_Z(V)=1.\tag{16}$$

而平均库存为

$$\overline{Z}=\frac{2c_1\lambda V+(\lambda+\mu)\mu V^2}{2(\lambda+\mu)(c_1+\mu V)}.\tag{17}$$

证 因为 $\eta=(\mu/c_1)(1-\rho)$，由 L'Hospitale 法则，对定理 1 的相关结论关于 ρ 微分立即可得. 当然也可根据微分方程组具有重特征值的理论得到相同的结论.

推论 2 当$\eta > 0$和$V \to \infty$时，马氏漂移过程$\{S(t),Z(t)\}$的联合平稳分布为

$$\pi(0,z) = \frac{\lambda}{\lambda+\mu}(1-e^{-\eta z}), \quad \pi(1,z) = \frac{\mu}{\lambda+\mu}(1-\rho e^{-\eta z}). \tag{18}$$

库存水平过程$Z(t)$的边缘平稳分布为

$$\pi_Z(z) = 1 - \frac{(\lambda+\mu\rho)}{(\lambda+\mu)}e^{-\eta z}. \tag{19}$$

而平均库存为

$$\overline{Z} = \frac{(\lambda+\mu\rho)}{(\lambda+\mu)\eta}. \tag{20}$$

对瞬时情况可类似地用特征值问题进行讨论.

5.1.2 库存无限、指数一般交替更新环境

上面讨论了指数指数交替环境流体模型的平稳库存分布. 第一步推广是取消指数分布的假设，研究一般交替更新环境. 为了简便，我们只考虑库存容量无限的情况. 假设工作状态持续时间服从分布$F(x)$，均值λ^{-1}有限； 关闭状态持续时间服从分布$G(x)$，均值μ^{-1}有限. 为了研究这个交替更新环境流体模型，除了引进库存水平补充变量$Z(t)$外，我们还要引进$X(t)$和$Y(t)$去分别表示分布$F(x)$和$G(x)$在时刻t的年龄. 这样，所得过程$\{S(t),X(t),Y(t),Z(t)\}$将构成一个向量马氏漂移过程，状态转移情况见图 1.

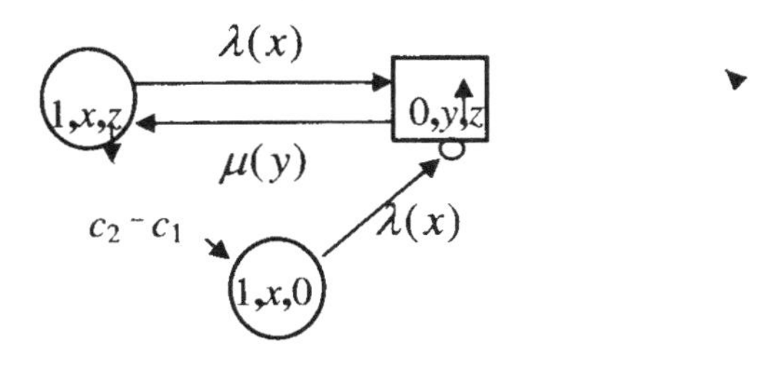

图 1 向量马氏漂移过程$\{S(t),X(t),Y(t),Z(t)\}$的状态转移图

其中 $\lambda(x)$ 和 $\mu(y)$ 分别是分布 $F(x)$和 $G(x)$的风险率函数.

我们先考虑 $F(x)$是指数分布情况. 根据状态转移图可写出: 偏微积分方程组

$$[\frac{\partial}{\partial t}+c_1\frac{\partial}{\partial z}+\frac{\partial}{\partial y}+\mu(y)]P_0(t,y,z)=0,$$

$$[\frac{\partial}{\partial t}-(c_2-c_1)\frac{\partial}{\partial z}+\lambda]P_1(t,z)=\int_0^\infty P_0(t,y,z)\mu(y)dy,$$

$$[\frac{d}{dt}+\lambda]P_{10}(t)=(c_2-c_1)P_1(t,0).$$

边界条件

$$P_0(t,0,z)=\lambda P_1(t,z),$$
$$P_0(t,y,0)=0,$$
$$c_1P_0(t,0,0)=\lambda P_{10}(t).$$

初始条件

$P_0(0,y,z)=\delta(y)\delta(z)$，其余为零.

对第一个偏微分方程关于 t 和 z 取 L 变换, L 变换的变元分别记为 s 和 θ, 注意到边界条件和初始条件, 我们有

$$[s+c_1\frac{\partial}{\partial z}+\frac{\partial}{\partial y}+\mu(y)]P_0{}^*(s,y,z)=\delta(y)\delta(z),$$

$$[s+c_1\theta+\frac{\partial}{\partial y}+\mu(y)]P_0{}^{**}(s,y,\theta)=\delta(y)[\lambda P_{10}{}^*(s)+1].$$

再由边界条件解出

$$P_0{}^{**}(s,y,\theta)=e^{-(s+c_1\theta)y}\overline{G}(y)\cdot\left(\lambda P_1{}^{**}(s,\theta)+[\lambda P_{10}{}^*(s)+1]\right). \quad (1)$$

类似地, 利用(1)式和第三个微分方程, 对第二个偏微分方程关于 t 和 z 取 L 变换得

$$[s-(c_2-c_1)\theta+\lambda]P_1{}^{**}(s,\theta)+(s+\lambda)P_{10}{}^*(s)$$
$$=\tilde{g}(s+c_1\theta)\left(\lambda P_1{}^{**}(s,\theta)+[\lambda P_{10}{}^*(s)+1]\right).$$

于是

$$P_1**(s,\theta)=\frac{[\lambda\tilde{g}(s+c_1\theta)-s-\lambda]P_{10}*(s)+\tilde{g}(s+c_1\theta)}{s-(c_2-c_1)\theta+\lambda-\lambda\tilde{g}(s+c_1\theta)}. \tag{2}$$

根据 Rouche 定理，(2)式分母在右半平面 $\mathrm{Re}(\theta)\geq 0$ 有唯一的根 θ_0. 因 $P_1**(s,\theta)$ 是 θ 在 $\mathrm{Re}(\theta)\geq 0$ 上的解析函数，它也是分子的零点，故得

$$P_{10}*(s)=\frac{\tilde{g}(s+c_1\theta_0)}{s+\lambda-\lambda\tilde{g}(s+c_1\theta_0)}. \tag{3}$$

至此各状态概率的 L 变换都可得到.

定理 1 系统更新时间分布的 LS 变换为

$$\tilde{c}(s)=\frac{\lambda\tilde{g}(s+c_1\theta_0)}{s+\lambda}, \tag{4}$$

当 $c_1\lambda<(c_2-c_1)\mu$ 时，系统平均更新周期

$$E[R]=\frac{(c_2-c_1)(\lambda+\mu)}{[-c_1\lambda+(c_2-c_1)\mu]\lambda}. \tag{5}$$

证 根据第一章的结果，系统更新过程的更新频度 L 变换为 $m_r*(s)=P_{10}*(s)\lambda$，又因为 $\tilde{c}(s)=m_r*(s)/[1+m_r*(s)]$，由(3)式得到(4)式. 为求均值，我们微分(4)式得

$$\tilde{c}'(s)=\frac{\lambda\tilde{g}'(s+c_1\theta_0)[1+c_1\theta_0'(s)](s+\lambda)-\lambda\tilde{g}(s+c_1\theta_0)}{(s+\lambda)^2}.$$

因 θ_0 是方程 $s-(c_2-c_1)\theta+\lambda-\lambda\tilde{g}(s+c_1\theta)=0$ 的根，当 $s=0$ 时有 $\theta_0=0$；且微分得

$$1-(c_2-c_1)\theta_0'(0)+(\lambda/\mu)[1+c_1\theta_0'(0)]=0.$$

故经过简单代数运算有

$$E[R]=-\tilde{c}'(0)=\frac{(c_2-c_1)(\lambda+\mu)}{[-c_1\lambda+(c_2-c_1)\mu]\lambda}.$$

定理 2 当 $c_1\lambda<(c_2-c_1)\mu$ 时，平稳库存分布的 LS 变换为

$$\tilde{\pi}_Z(\theta)=\frac{(c_2-c_1)\big(\lambda[1-\tilde{g}(c_1\theta)]+c_1\theta\big)}{(c_2-c_1)\theta-\lambda[1-\tilde{g}(c_1\theta)]}\left(\frac{\eta}{\lambda+\mu}\right), \quad (6)$$

而平均库存水平

$$\bar{Z}=\frac{c_1c_2\lambda\tilde{g}''(0)\mu^2}{2[-c_1\lambda+(c_2-c_1)\mu](\lambda+\mu)}. \quad (7)$$

证 我们首先求平稳状态概率，由(3)式

$$P_{10}=\lim_{s\to 0}sP_{10}*(s)=\frac{\mu}{c_1\theta_0'(0)\lambda+(\lambda+\mu)}=\frac{-c_1\lambda+(c_2-c_1)\mu}{(c_2-c_1)(\lambda+\mu)}.$$

由(2)式有

$$P_1*(\theta)=\lim_{s\to 0}sP_1**(s,\theta)=\frac{[\lambda\tilde{g}(c_1\theta)-\lambda]P_{10}}{-(c_2-c_1)\theta+\lambda-\lambda\tilde{g}(c_1\theta)}.$$

注意到平稳库存分布在零点有一个跃度 P_{10}，故平稳库存分布可表示成

$$\pi_Z(z)=\lim_{t\to\infty}\left[P_{10}(t)+\int_0^z\left(P_1(t,v)+\int_0^\infty P_0(t,y,v)dy\right)dv\right].$$

两边取 LS 变换，利用(1)式经计算可得

$$\begin{aligned}\tilde{\pi}_Z(\theta)&=P_{10}+\lim_{s\to 0}s\left[P_1**(s,\theta)+\int_0^\infty P_0**(s,y,\theta)dy\right]\\&=[\lambda\bar{G}*(c_1\theta)+1][P_1*(\theta)+P_{10}]\\&=\frac{(c_2-c_1)\big(\lambda[1-\tilde{g}(c_1\theta)]+c_1\theta\big)}{c_1(c_2-c_1)\theta-c_1\lambda[1-\tilde{g}(c_1\theta)]}P_{10}\\&=\frac{(c_2-c_1)\big(\lambda[1-\tilde{g}(c_1\theta)]+c_1\theta\big)}{(c_2-c_1)\theta-\lambda[1-\tilde{g}(c_1\theta)]}\left(\frac{\eta}{\lambda+\mu}\right).\end{aligned}$$

由 $\bar{F}*(\theta)=[1-\tilde{f}(\theta)]/\theta$，利用 L'Hospitale 法则两次可得(7)式.

由定理 2 不难得到下述推论.

推论 1 当 $c_1\lambda<(c_2-c_1)\mu$ 时，若关闭状态持续时间为均

值有限的 R 分布，则平稳库存分布为 R 分布.

对 $F(x)$ 是一般分布情况，根据状态转移图也可写出偏微分方程组，边界条件和初始条件，基于这套方程组要去计算平稳库存分布并不容易，但讨论存在平稳库存分布的充要条件却比较简便. 例如，直观上容易理解平稳库存分布存在的充要条件仍然是 $c_1\lambda<(c_2-c_1)\mu$，当 $c_1\lambda<(c_2-c_1)\mu$ 时，平均更新周期与(5)式相同，且稳态库存为零的概率

$$P_{10}=\frac{E[u^2]}{\lambda E[R]}.$$

这是因为工作状态的平衡剩余寿命的均值

$$E[u_e]=\frac{1}{\lambda}\int_0^{\infty}dx\int_x^{\infty}\overline{F}(u)du=\frac{1}{\lambda}\int_0^{\infty}\overline{F}(u)du\int_0^{u}dx=\frac{E[u^2]}{\lambda}.$$

再由样本轨道的直观解释：$P_{10}=E[u_e]/E[R]$，即得.

§5.2　输入和输出都有随机中断

本节介绍 Mitra[4]的生产消费流体模型，它的输入和输出都有随机中断. 这一模型在制造系统和通讯系统建模中有着广泛的应用. 为了便于读者理解，我们对Mitra[4]的证明细节作了某些补充，结构上作了某些变动.

生产消费流体模型可描述如下：输入有 m 台相同的机器，每台都按指数寿命和修理时间独立工作和维修，失效率为 λ_1，维修率为 μ_1. 输出有 n 台相同的机器，每台也都按指数寿命和修理时间独立工作和维修，失效率为 λ_2，维修率为 μ_2. 假定所有机器的寿命和修理时间都是相互独立的随机变量. 又缓冲库前的每台完好的机器按速率 c_1 输入流体，缓冲库后的每台完好的机器按速率 c_2 输出流体，缓冲库的容量为 V，见图 1. 我们只讨论稳态情况，所以对时刻零系统所处状态不作假定.

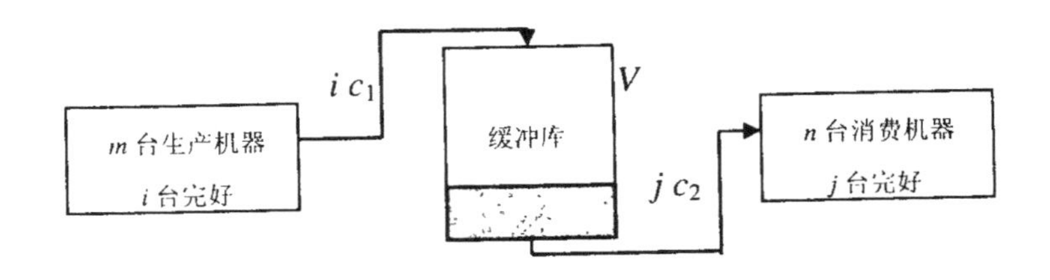

图 1　生产消费流体模型

5.2.1　联合平稳分布的谱展式

当缓冲库满时，系统传输速率将受制于系统总输出速率；当缓冲库空时，系统传输速率将受制于系统总输入速率．为了实现这一限制，当缓冲库满时，可能需要削减一台或多台机器的输入能力；根据同样的原因，当缓冲库空时，可能需要削减一台或多台机器的输出能力．因此这一模型的初、边值比较复杂，需要采取某些变通的措施，如建立状态概率分布(联合分布)的微分方程组去替代状态概率密度的微分方程组．

令状态 $i\ (i = 0,1,\cdots, m)$表示前 m 台机器中完好机器数(注意与通常可靠性中采用故障部件数不同)，前 m 台机器完好和故障的状态演化可用一有限状态马氏链来描述．我们用 $p_1(t,i)$表示在时刻 t 有 i 台机器完好的概率，记 $\boldsymbol{p}_1(t) = \{p_1(t,0),\cdots, p_1(t,m)\}$，则

$$\frac{d}{dt}\boldsymbol{p}_1(t) = \boldsymbol{p}_1(t)M_1,$$

其中 $M_1 = Q(m, \lambda_1, \mu_1)$，而

$$Q(k,\lambda,\mu)=\begin{bmatrix} -k\mu & k\mu & & & \\ \lambda & -[\lambda+(k-1)\mu] & (k-1)\mu & & \\ & & \ddots & & \\ & & (k-1)\lambda & -[(k-1)\lambda+\mu] & \mu \\ & & & k\lambda & -k\lambda \end{bmatrix}.$$

如果用 $w_1(i)$表示平稳概率，则有

$$w_1(i)=\left(\frac{\lambda_1}{\lambda_1+\mu_1}\right)^m\binom{m}{i}\left(\frac{\mu_1}{\lambda_1}\right)^i.$$

类似地，对后 n 台机器有

$$\frac{d}{dt}\boldsymbol{p}_2(t)=\boldsymbol{p}_2(t)M_2,$$

其中 $M_2=Q(n,\lambda_2,\mu_2)$,

$$w_2(j)=\left(\frac{\lambda_2}{\lambda_2+\mu_2}\right)^n\binom{n}{j}\left(\frac{\mu_2}{\lambda_2}\right)^j.$$

现在考虑 $m+n$ 台机器过程 $S(t)$，它是一个有 $(m+1)(n+1)$ 个状态的马氏链. 状态 (i,j) 意味着前 i 台和后 j 台机器同时完好，状态按字典排序，即定义状态概率 $\boldsymbol{p}(t)=\{p(t,0,0),\cdots,p(t,0,n),p(t,1,0),\cdots,p(t,m,n)\}$，则

$$\frac{d}{dt}\boldsymbol{p}(t)=\boldsymbol{p}(t)M,\qquad w=w_1\otimes w_2,$$

其中 $M=M_1\otimes I_n+I_m\otimes M_2$. 显然 M 是不可约生成元矩阵，且 $S(t)$是时间可逆马氏链. 再令 $Z(t)$表示库存水平过程，则向量过程 $\{S(t),Z(t)\}$形成(可逆)马氏漂移过程.

定义对角阵 $E(k)=\mathrm{diag}\{0,\Lambda,k\}$，$D_{ij}=c_1i-c_2j$，则 $D=[D_{ij}]=c_1E(m)\otimes I_n-c_2I_m\otimes E(n)$，再令过程的联合分布 $\pi(t,i,j,z)=P\{S(t)=(i,j),Z(t)\le z\}$，于是可推导出行向量 $\Pi(t,z)=[\pi(t,i,j,z)]$ 满足的一阶偏微分方程组

$$\frac{\partial}{\partial t}\Pi(t,z)+\frac{\partial}{\partial z}\Pi(t,z)D=\Pi(t,z)M. \tag{1}$$

如果系统稳定的话，令 $\Pi(z)$ 表示联合平稳分布，则得常系数微分方程组

$$\frac{d}{dz}\Pi(z)D=\Pi(z)M,\quad 0\le z\le V. \tag{2}$$

显然 $\pi(i,j,0)$ 是机器过程处于状态(i, j)且缓冲库空的概率； 而 $p(i,j)-\pi(i,j,V)$ 是机器过程处于状态(i, j)且缓冲库满的概率.

(2)式对应的特征值问题是

$$\theta\phi D=\phi M . \tag{3}$$

一旦求得特征值 θ_k 和特征向量 $\phi(k)$，即可写出联合平稳分布的谱展式

$$\Pi(z)=\sum_k a_k \exp(\theta_k z)\phi(k), \tag{4}$$

其中系数 a_k 由边界条件确定. 显然，平稳库存水平分布为 $F_I(z)=\Pi(z)e$.

在特征值问题中，一个关键的参数是库存水平平均漂移率 $wDe=\dfrac{mc_1\mu_1}{\lambda_1+\mu_1}-\dfrac{nc_2\mu_2}{\lambda_2+\mu_2}$. 据此可对系统进行分类：(a)如果 $wDe=0$，则$\{S(t), Z(t)\}$称为均衡系统； 否则称为非均衡系统. (b)对 $V=\infty$ 的情况，如果 $wDe<0$，则$\{S(t), Z(t)\}$称为稳定系统；否则称为不稳定系统. 另外，如果把图1的箭头反转，所得的系统称为逆转系统.

定理1 对常系数微分方程组(2)的特征值问题：$\theta\phi D=\phi M$，记 D 中负、零、正的对角元数目分别为 d_-，d_0，d_+，则

(a) 特征多项式$|\theta D-M|$的次数为$(d_+ + d_-)$，特征值全部是实数；

(b) 根据平均漂移率，负、零、正的特征值数目分布如下：

平均漂移率	负特征值数目	零特征值的重数	正特征值数目
$wDe<0$	d_+	1	$d_- -1$
$wDe=0$	$d_+ -1$	2	$d_- -1$
$wDe>0$	$d_+ -1$	1	d_-

(c) 对非均衡系统，特征值问题有$(d_+ + d_-)$个解 $\{\phi\}$ (含一个 w)，它形成线性独立特征向量集；对均衡系统，方程 $wD=\xi M$ 存在一个非平凡解 ξ，则 $w,\xi,\{\phi\}$ 形成线性独立特征向量集；

(d) 因 w 的特征值为 0. 对非均衡系统，方程组的独立解集是 $w, \{\exp(\theta z)\phi, \theta \neq 0\}$；对均衡系统，方程组的独立解集是 w, $(\xi + zw)$，$\{\exp(\theta z)\phi, \theta \neq 0\}$. 若某个特征值 θ 有 k 重，则对应该特征值的解有形式 $[\phi(0) + z\phi(1) + \cdots + z^{k-1}\phi(k-1)]\exp(\theta z)$.

证 (a) 根据 D 的结构，方程组(2)有 $(d_+ + d_-)$ 个微分方程和 d_0 个代数方程，因此方程组(2)可消除 d_0 个变量，从而得到一个对应 D 的非零对角元有 $(d_+ + d_-)$ 个方程的一阶齐次微分方程组. 冗余的方程组(2)和新的既约方程组是等价的. 将 D 和 M 分块重排为

$$D = \begin{bmatrix} 0 & \\ & D_1 \end{bmatrix}, \quad M = \begin{bmatrix} M_{00} & M_{01} \\ M_{10} & M_{11} \end{bmatrix},$$

其中 D_1 是 $(d_+ + d_-)$ 维具有非零对角元的对角矩阵. 因为 M 是不可约矩阵，所以 M_{00} 非奇异，于是等价的既约方程组和相伴的特征值问题可表示如下

$$\begin{cases} \dfrac{d}{dx}\Pi_1(z)D_1 = \Pi_1(z)[M_{11} - M_{10}M_{00}^{-1}M_{01}] \\ \Pi_0(z) = -\Pi_1(z)M_{10}M_{00}^{-1}, \end{cases} \tag{5}$$

$$\theta\phi^{(1)}D_1 = \phi^{(1)}[M_{11} - M_{10}M_{00}^{-1}M_{01}]. \tag{6}$$

既约方程组的特征多项式 $|\theta D_1 - (M_{11} - M_{10}M_{00}^{-1}M_{01})|$ 的次数为 $(d_+ + d_-)$. 而冗余方程组(2)的特征多项式分块重排可分解为 $|\theta D - M| = |-M_{00}||\theta D_1 - (M_{11} - M_{10}M_{00}^{-1}M_{01})|$，因此特征多项式 $|\theta D - M|$ 的真正次数也是 $(d_+ + d_-)$. 分块特征向量记为 $\phi = (\phi^{(0)}, \phi^{(1)})$，注意有 $\phi^{(0)} = -\phi^{(1)}M_{10}M_{00}^{-1}$.

最后，令 $W=\mathrm{diag}(w)$，根据前面 w 的公式和矩阵 M 的结构，通过直接验算我们得到关系：$WM = M'W$，或等价地有 $W^{1/2}MW^{-1/2} = W^{-1/2}M'W^{1/2}$. 再将 W 分块为 W_0 和 W_1，乘开 $WM = M'W$ 得

$$\begin{bmatrix} W_0 M_{00} & W_0 M_{01} \\ W_1 M_{10} & W_1 M_{11} \end{bmatrix} = \begin{bmatrix} M'_{00} W_0 & M'_{10} W_1 \\ M'_{01} W_0 & M'_{11} W_1 \end{bmatrix}.$$

由此

$$\begin{aligned} W_1 M_{10} M_{00}^{-1} M_{01} &= M'_{01} W_0 M_{00}^{-1} M_{01} \\ &= M'_{01} M'^{-1}_{00} W_0 M_{01} = M'_{01} M'^{-1}_{00} M'_{10} W_1, \end{aligned}$$

故有 $W_1(M_{11} - M_{10} M_{00}^{-1} M_{01}) = (M_{11} - M_{10} M_{00}^{-1} M_{01})' W_1$. 于是矩阵 $W_1(M_{11} - M_{10} M_{00}^{-1} M_{01})$ 是对称矩阵. 现在考虑等价的特征方程

$$|\vartheta W_1 D_1 - W_1(M_{11} - M_{10} M_{00}^{-1} M_{01})| = 0,$$

显然这个对称矩阵的特征值都是实数, (a)证毕.

(b) 根据上面的讨论, 研究特征值问题我们可以假定(3)已经既约化和对称化. 由既约化于是 D 没有零对角元, 有 d_+ 个正对角元, d_- 个负对角元.

注意到 w 是机器过程的平稳分布, 故有 $wM = 0$. 因此 $\theta = 0$ 肯定是其中的一个特征值, $\phi = w$ 是特征值 $\theta = 0$ 所对应的特征向量.由对称化 $\widetilde{M} = W^{1/2} M W^{-1/2}$, 又生成元推出 $Me = 0$, 故有 $e' W^{1/2} \widetilde{M} W^{1/2} e = e' W M e = 0$. 于是根据矩阵理论存在一非奇异矩阵 K 使得 $K\widetilde{M}K' = \begin{bmatrix} 0 & 0 \\ 0' & -I \end{bmatrix}$, 其中矩阵 K 的第一行是 $w^{1/2}$. 记 $A = KDK' = \begin{bmatrix} \vartheta & f \\ f' & G \end{bmatrix}$, 则得到 $\vartheta = w^{1/2} D (w^{1/2})' = wDe$, 即平均漂移率, 且矩阵 G 是对称矩阵.

下面分均衡和非均衡系统进行讨论.

对非均衡系统, 令 $\psi = (\psi^{(0)}, \psi^{(1)}) = \phi K^{-1}$, 则既约对称化特征值问题 $\theta\phi D = \phi\widetilde{M}$ 转换为特征值问题 $\theta\psi A = \psi K\widetilde{M}K'$. 因

$$\theta(\psi^{(0)}, \psi^{(1)}) \begin{bmatrix} \vartheta & f \\ f' & G \end{bmatrix} = \theta\left[\psi^{(0)}\vartheta + \psi^{(1)} f' \quad \psi^{(0)} f + \psi^{(1)} G\right]$$

$$=\left[0 \quad -\psi^{(1)}\right],$$

对非零θ得$\psi^{(0)}\vartheta+\psi^{(1)}f'=0$，据此$\psi^{(0)}=-\psi^{(1)}f'/\vartheta$，于是

$$(-\theta)\psi^{(1)}[G-ff'/\vartheta]=\psi^{(1)}.$$

因此(D,M)的特征值是0与矩阵$(G-ff'/\vartheta)$的特征值的负倒数.

现在考虑非奇异矩阵

$$L=\begin{bmatrix}1 & 0\\ -f'/\vartheta & I\end{bmatrix},\ 令 B=LAL'=\begin{bmatrix}\vartheta & 0\\ 0' & G-ff'/\vartheta\end{bmatrix},$$

则根据惯性定律，矩阵D的符号差，即正、负、零的特征值数目，与矩阵A和B相同. 已知矩阵D有d_+个正特征值(对角元)，d_-个负特征值，因此矩阵$(G-ff'/\vartheta)$有:

当$\vartheta<0$时，d_+个正特征值，$(d_- -1)$个负特征值;

当$\vartheta>0$时，$(d_+ -1)$个正特征值，d_-个负特征值.

再由$(G-ff'/\vartheta)$与(D, M)特征值的负倒数关系，对(b)中非均衡系统证毕.

对均衡系统，因$\vartheta=wDe=0$，考虑投影矩阵(或称投影算子)$P_f=[I-ff'/(f,f)]$，从

$$\theta(\psi^{(0)},\psi^{(1)})\begin{bmatrix}0 & f\\ f' & G\end{bmatrix}=\theta\left[\psi^{(1)}f' \quad \psi^{(0)}f+\psi^{(1)}G\right]$$

$$=\left[0 \quad -\psi^{(1)}\right],$$

对非零θ，$\psi^{(1)}f'=0$，于是$\psi^{(1)}P_f=\psi^{(1)}$. 另一方面

$$(-\theta)[\psi^{(0)}f+\psi^{(1)}G]=(-\theta)\psi^{(1)}(X+G)=\psi^{(1)},$$

其中X由$\psi^{(1)}X=\psi^{(0)}f$确定. 由此有

$$\psi^{(1)}Xf'=\psi^{(0)}ff'==\psi^{(0)}(f,f),$$

从而

$$\psi^{(1)}X=\psi^{(0)}f=\frac{\psi^{(1)}Xff'}{(f,f)}.$$

于是由上式得 $\psi^{(1)}X\left(I-\frac{ff}{(f,f)}\right)=\psi^{(1)}XP_f=0$. 最后可导出特征值问题

$$(-\theta)\psi^{(1)}[P_f GP_f]=\psi^{(1)}.$$

因此(D,M)的特征值是 0 与矩阵$(P_f GP_f)$的特征值的负倒数.

现在零特征值是 2 重的, 矩阵$(P_f GP_f)$的秩为$(d_+ + d_- -2)$. 正负特征值数目与非均衡系统情况讨论方法类似, 它有$(d_+ -1)$个正特征值, $(d_- -1)$个负特征值.

(c) 对非均衡系统, 因矩阵$(G-ff/\vartheta)$是非奇异矩阵, 且秩为$(d_+ + d_- -1)$, 但加上零特征值所对应的特征向量 w 仍然可得$(d_+ + d_-)$个线性独立特征向量集$\{\phi\}$. 而对均衡系统, 因矩阵$(P_f GP_f)$的秩为$(d_+ + d_- -2)$, 于是只能得到$(d_+ + d_- -2)$个线性独立特征向量集$\{\phi\}$. 除 w 是零特征值对应的一个特征向量外, 零特征值对应的另一个特征向量ξ可由$wD=\xi M$ 确定. 显然ξ和 w 线性独立, 否则若$\xi=kw$将推出$wD=0$, 矛盾.

(d) 根据微分方程组理论直接由(c)得到.

5.2.2 谱展式的有效计算方法

如用标准的方法解特征值问题, 要解一个$(d_+ + d_-)$次代数方程和一系列$(m+1)(n+1)$元代数方程组去确定特征值和特征向量. 当 m 和 n 较大时, 这对计算机也是一件很繁重的工作, 因此需要寻求好的算法.

定理 1 对每一整数对(k_1,k_2), $0\le k_1\le m$, $0\le k_2\le n$,

$$f(\theta,k_1,k_2)=\left(k_1-\frac{m}{2}\right)\sqrt{Q_1(\theta)}+\left(k_2-\frac{n}{2}\right)\sqrt{Q_2(\theta)}+L(\theta)=0 \tag{1}$$

的实根都是特征值；相应的特征向量为 $\phi_1 \otimes \phi_2$. 其中

$$L(\theta)=\frac{m}{2}(c_1\theta+\lambda_1+\mu_1)+\frac{n}{2}(-c_2\theta+\lambda_2+\mu_2),$$

$$Q_1(\theta)=(c_1\theta+\lambda_1-\mu_1)^2+4\lambda_1\mu_1,$$

$$Q_2(\theta)=(-c_2\theta+\lambda_2-\mu_2)^2+4\lambda_2\mu_2;$$

而 ϕ_1 和 ϕ_2 分别为下述方程组的解

$$\theta\phi_1[c_1E(m)-\nu I]=\phi_1M_1, \tag{2}$$

$$\theta\phi_2[\nu I-c_2E(n)]=\phi_2M_2, \tag{3}$$

$$\nu\theta=\frac{m}{2}(c_1\theta+\lambda_1+\mu_1)+\left(k_1-\frac{m}{2}\right)\sqrt{Q_1(\theta)}. \tag{4}$$

证 在特征值问题 $\theta\phi D=\phi M$ 中考虑形如 $\phi_1\otimes\phi_2$ 的特征向量，其中 ϕ_1 是 $m+1$ 维，ϕ_2 是 $n+1$ 维. 利用 D 和 M 的定义，代入本节 5.2.1 中的特征值问题(3)展开得

$$\phi_1\otimes[\phi_2M_2+\theta c_2\phi_2E(n)]=[\theta c_1\phi_1E(m)-\phi_1M_1]\otimes\phi_2.$$

因此特征值问题 $\theta\phi D=\phi M$ 要有形如 $\phi_1\otimes\phi_2$ 的特征向量，只需存在实数 ν 使得上述方程两边都等于 $\theta\nu\phi_1\otimes\phi_2$，即

$$\theta\phi_1[c_1E(m)-\nu I]=\phi_1M_1,$$

$$\theta\phi_2[\nu I-c_2E(n)]=\phi_2M_2.$$

定义母函数 $\Phi_1(x)=\sum_{i=0}^{m}\phi_1(i)x^i$，对(2)式两边乘以列向量 $(1,x,\cdots,x^m)'$，注意到

$$M_1\begin{bmatrix}1\\x\\\vdots\\x^{m-1}\\x^m\end{bmatrix}=\begin{bmatrix}-m\mu_1+m\mu_1x\\\lambda_1-\lambda_1x-(m-1)\mu_1x+(m-1)\mu_1x^2\\\vdots\\(m-1)\lambda_1x^{m-2}-(m-1)\lambda_1x^{m-1}-\mu_1x^{m-1}+\mu_1x^m\\m\lambda_1x^{m-1}-m\lambda_1x^m\end{bmatrix}$$

$$=-m\mu_1(1+x)(1,x,\cdots,x^m)'+[\lambda_1-(\lambda_1-\mu_1$$

$$+m\mu_1)x-\mu_1 x^2][0,1,\cdots,(m-1)x^{m-2},mx^{m-1}]',$$

其中 x^{m+1} 的系数正负抵销. 于是有

$$c_1\theta x\Phi_1'(x)-\nu\theta\Phi_1(x)=-m\mu_1(1+x)\Phi_1(x)$$
$$+[\lambda_1-(\lambda_1-\mu_1+m\mu_1)x-\mu_1 x^2]\Phi_1'(x).$$

因此我们得到 ϕ_1 的母函数 $\Phi_1(x)$ 满足的微分方程

$$\frac{\Phi_1'(x)}{\Phi_1(x)}=\frac{\nu\theta-m\mu_1-m\mu_1 x}{\mu_1 x^2+(c_1\theta+\lambda_1-\mu_1)x-\lambda_1}.$$

微分方程右边分母有两个实根

$$\tau_{1,2}=\frac{-(c_1\theta+\lambda_1-\mu_1)\pm\sqrt{Q_1(\theta)}}{2\mu_1},$$

于是母函数微分方程可改写成

$$\frac{\Phi_1'(x)}{\Phi_1(x)}=\frac{k_1}{x-\tau_1}+\frac{m-k_1}{x-\tau_2},$$

其中

$$k_1=\frac{1}{\sqrt{Q_1(\theta)}}\left(\nu\theta-\frac{m}{2}(c_1\theta+\lambda_1+\mu_1)+\frac{m}{2}\sqrt{Q_1(\theta)}\right).$$

解出母函数得

$$\Phi_1(x)=(x-\tau_1)^{k_1}(x-\tau_2)^{m-k_1}.$$

因为母函数是 x 的 m 次多项式, 故 k_1 是$[0, m]$之间的整数.

类似地, 可得到 ϕ_2 的母函数

$$\Phi_2(x)=(x-\sigma_1)^{k_2}(x-\sigma_2)^{m-k_2},$$

其中

$$\sigma_{1,2}=\frac{-(-c_2\theta+\lambda_2-\mu_2)\pm\sqrt{Q_2(\theta)}}{2\mu_2},$$

$$k_2=\frac{1}{\sqrt{Q_2(\theta)}}\left(-\nu\theta-\frac{n}{2}(-c_2\theta+\lambda_2+\mu_2)+\frac{n}{2}\sqrt{Q_2(\theta)}\right).$$

k_2 是$[0, n]$之间的整数.

由 k_1 和 k_2 的表达式可得

$$\nu\theta = \frac{m}{2}(c_1\theta + \lambda_1 + \mu_1) + \left(k_1 - \frac{m}{2}\right)\sqrt{Q_1(\theta)}$$

$$= -\frac{n}{2}(-c_2\theta + \lambda_2 + \mu_2) - \left(k_2 - \frac{n}{2}\right)\sqrt{Q_2(\theta)}\,.$$

上述后一方程等价于方程(1)，它的每个解 θ 同时也是特征值问题 $\theta\phi D = \phi M$ 中有形如 $\phi_1 \otimes \phi_2$ 特征向量的解. 在求得 θ 后，由上述前一方程可确定共同的实数 ν，于是根据方程(2)和(3)可解出 ϕ_1 和 ϕ_2. 从方程(2)和(3)实数 ν 可解释为通过率，它确实存在，见图 1.

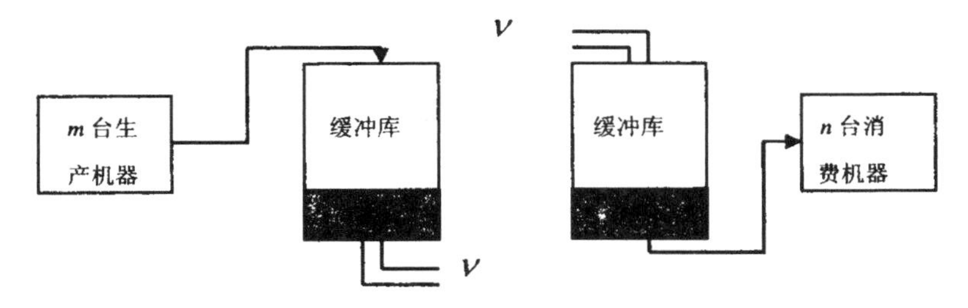

图 1　实数 ν 的解释

定理 1 虽然使求特征向量问题得以简化，但没有回答所有实根就是全部特征值. 另外，利用定理 1 求特征值还涉及解无理方程 $f(\theta, k_1, k_2) = 0$，它仍不是好的数值计算方法. 通过重排有关项并平方去消除方根可将问题转化为解一族次数不超过 4 的代数方程而大大简化. 这就是下面的定理.

定理 2　根据 m 和 n 的奇偶性，全部特征值与下述多项式族 $\{P(\theta, k_1, k_2),\ 0 \le k_1 \le m/2,\ 0 \le k_2 \le n/2\}$ 的零点相一致，其中每个多项式的次数都不超过 4.

$$P(\theta, k_1, k_2) = \left\{\left(k_1 - \frac{m}{2}\right)^2 Q_1(\theta) + \left(k_2 - \frac{n}{2}\right)^2 Q_2(\theta) - L^2(\theta)\right\}^2$$

$$-4\left(k_1-\frac{m}{2}\right)^2\left(k_2-\frac{n}{2}\right)^2 Q_1(\theta)Q_2(\theta),\quad k_1\neq\frac{m}{2},\quad k_2\neq\frac{n}{2}, \tag{5.1}$$

$$=\left(k_1-\frac{m}{2}\right)^2 Q_1(\theta)-L^2(\theta),\quad k_1\neq\frac{m}{2},\quad k_2=\frac{n}{2}, \tag{5.2}$$

$$=\left(k_2-\frac{n}{2}\right)^2 Q_2(\theta)-L^2(\theta),\quad k_1=\frac{m}{2},\quad k_2\neq\frac{n}{2}, \tag{5.3}$$

$$=L(\theta),\quad k_1=\frac{m}{2},\quad k_2=\frac{n}{2}. \tag{5.4}$$

证 根据多项式族$\{P(\theta,k_1,k_2)\}$的定义，它是对无理函数$f(\theta,k_1,k_2)$有理化所得的最低次数多项式. 因此(5.4)~(5.2)显然，(5.1)经简单代数运算有

$$P(\theta,k_1,k_2)=f(\theta,k_1,k_2)[-f(\theta,m-k_1,n-k_2)]\\ \cdot f(\theta,k_1,n-k_2)[-f(\theta,m-k_1,k_2)].$$

再注意到$\left(m-k_1-\frac{m}{2}\right)^2=\left(k_1-\frac{m}{2}\right)^2$，对 n 亦是如此，于是对每一整数对(k_1,k_2)，

$$P(\theta,k_1,k_2)=P(\theta,m-k_1,k_2)=P(\theta,k_1,n-k_2)\\ =P(\theta,m-k_1,n-k_2).$$

因此我们只需考虑多项式族$\{P(\theta,k_1,k_2),\ 0\le k_1\le m/2,\ 0\le k_2\le n/2\}$. 并且由(5.1)式易知$P(\theta,k_1,k_2)$的每个零点都是$f(\theta,k_1,k_2)=0$的根. 显然容易判别多项式族只有实根.

对给定的 m 和 n，根据它们的奇偶性多项式族有四种可能性: (a)奇奇, (5.1)式, (b)奇偶, (5.1)和(5.2)式, (c)偶奇, (5.1)和(5.3)式, (d)偶偶, (5.1)至(5.4)式.

余下就是证明当整数对(k_1, k_2)取遍范围$0\le k_1\le m/2$，$0\le k_2\le n/2$ 时，上述每种多项式族中真正次数之和刚好与矩阵 D 中非零对角元数目$(d_+ + d_-)$相等.

例如，对多项式族(5.1)中每个多项式，它的最高次数是 4，显

然 θ^4 的系数为

$$(k_1c_1-k_2c_2)[(m-k_1)c_1-k_2c_2][k_1c_1-(n-k_2)c_2]$$
$$\cdot[(m-k_1)c_1-(n-k_2)c_2],$$

这种多项式的真正次数等于 4 减去零因子的数目. 在 $mc_1 \neq nc_2$ 的条件下, 其余三个可能的零因子至多只有一个为真, 这时多项式的真正次数为3. 否则在 $mc_1 = nc_2$ 的条件下, 如果还有零因子, 这时多项式的真正次数为 2.

又如多项式族(5.2)和(5.3)中每个多项式的最高次数是 2, 显然 θ^2 的系数分别为

$$(k_1c_1-k_2c_2)[(m-k_1)c_1-k_2c_2],$$
$$(k_1c_1-k_2c_2)[k_1c_1-(n-k_2)c_2],$$

这种多项式的真正次数等于 2 减去零因子的数目. 对每种情况其中两个可能的零因子至多只有一个为真, 这时多项式的真正次数为 1.

而多项式(5.4)的系数为 $k_1c_1-k_2c_2$, 它的真正次数为 1 的条件是 $k_1c_1 \neq k_2c_2$.

因 D 中非零对角元数目等于整数对(k_1, k_2)取遍范围 $0 \leq k_1 \leq m$, $0 \leq k_2 \leq n$ 时满足条件 $k_1c_1 \neq k_2c_2$ 的数目, 而当整数对(k_1, k_2)取遍范围 $0 \leq k_1 \leq m/2$, $0 \leq k_2 \leq n/2$ 时, 对四种情况上述多项式族中真正次数之和都刚好与之相等. 这是因为一个四(三、二、一)次多项式对应四(三、二、一)个整数对(k_1, k_2). 再由本节 5.2.1 中的定理 1, 其特征值问题(3)的特征值数目为系数矩阵 D 中非零对角元数目$(d_+ + d_-)$, 故得到全部特征值与多项式族 $P(\theta, k_1, k_2)$ 的零点相一致.

定理 3 对均衡系统, 我们有计算 ξ 的明晰表达式

$$\xi(i,j)=w_1(i)w_2(j)\left[\frac{c_1(m-i)}{\lambda_1+\mu_1}-\frac{c_2(n-j)}{\lambda_2+\mu_2}\right]. \tag{6}$$

证 对均衡系统, 平均漂移率

$$\vartheta = wDe = c_1m\mu_1/(\lambda_1+\mu_1)-c_2n\mu_2/(\lambda_2+\mu_2)=0.$$

根据定理 1 关于实数 ν 的解释，因此自然有通过率

$$\nu = c_1 m\mu_1/(\lambda_1+\mu_1) = c_2 n\mu_2/(\lambda_2+\mu_2).$$

现在令 η_1，η_2 分别是方程 $\eta_1 M_1 = w_1[c_1 E(m) - \nu I]$ 和 $\eta_2 M_2 = w_2[\nu I - c_2 E(n)]$ 的解，则可以证明

$$\xi = \eta_1 \otimes w_2 + w_1 \otimes \eta_2.$$

事实上根据本节 5.2.1 中的定理 1，我们只需验证 $wD = \xi M$．由定义，左边

$$\begin{aligned} wD &= (w_1 \otimes w_2)[c_1 E(m) \otimes I - c_2 I \otimes E(n)] \\ &= [c_1 w_1 E(m) \otimes w_2] - [c_2 w_1 \otimes w_2 E(n)]; \end{aligned}$$

注意到 $w_i M_i = 0$，而右边

$$\begin{aligned} \xi M &= (\eta_1 \otimes w_2 + w_1 \otimes \eta_2)(M_1 \otimes I + I \otimes M_2) \\ &= \eta_1 M_1 \otimes w_2 + \eta_1 \otimes w_2 M_2 + w_1 M_1 \otimes \eta_2 + w_1 \otimes \eta_2 M_2 \\ &= [c_1 w_1 E(m) \otimes w_2] - [w_1 \otimes c_2 w_2 E(n)]. \end{aligned}$$

因为常数 c_2 可提到 $\otimes$ 运算的第一个因子，所以两边相等.

利用 w_1, w_2, D 和 M 的表达式，通过直接验算可得

$$\eta_1(i) = w_1(i)\frac{c_1(m-i)}{\lambda_1+\mu_1},$$

$$\eta_2(j) = -w_2(j)\frac{c_2(n-j)}{\lambda_2+\mu_2}.$$

于是得到计算 ξ 的明晰表达式.

定理 4 对稳定的系统，没有特征值在 $(-r,0)$ 中，其中 $-r$ 是方程 $f(\theta,0,0)=0$ 的非零根．从而平稳库存补分布近似于指数分布，即

$$\overline{F}_I(z) \approx A\exp(-rz), \tag{7}$$

其中 $A = a_1[\phi_1(1)e][\phi_2(1)e]$.

证 由(1)式，经简单计算有

$$f(\theta,k_1,k_2) - f(\theta,0,0) = k_1\sqrt{Q_1(\theta)} + k_2\sqrt{Q_2(\theta)} \ge 0,$$

如果 k_1 或 k_2 有一个异于零，不等式严格成立．对于方程

$$f(\theta,0,0)=-\frac{m}{2}\sqrt{Q_1(\theta)}-\frac{n}{2}\sqrt{Q_2(\theta)}$$

$$+\frac{m}{2}(c_1\theta+\lambda_1+\mu_1)+\frac{n}{2}(-c_2\theta+\lambda_2+\mu_2)=0,$$

显然 0 是它的一个根. 又

$$f'(0,0,0)=c_1m\mu_1/(\lambda_1+\mu_1)-c_2n\mu_2/(\lambda_2+\mu_2),$$

$$\frac{1}{2}f''(\theta,0,0)=-\frac{c_1^2m\lambda_1\mu_1}{\sqrt{Q_1(\theta)}}-\frac{c_2^2n\lambda_2\mu_2}{\sqrt{Q_2(\theta)}},$$

故 $f(\theta,0,0)$ 是凸函数, 因此它还有一个非零根. 对稳定的系统, 因 0 点的导数为负, 这个根必是负实数, 记为 $-r$. 根据 $f(\theta,0,0)$ 的图形, 它在 $(-r,0)$ 中没有别的特征值, 再由 $f(\theta,k_1,k_2)$ 大于 $f(\theta,0,0)$ 定理的前半部分证毕. 定理的后半部分是定理的前半部分和后面定理 7 的直接推论.

最后, 我们来讨论边界条件和平稳联合分布的解.

根据前面的讨论, 系统有 $d=d_++d_-$ 个特征值, 可将它们从小到大编号为:

稳定系统 $\theta_{d_+}\le\cdots\le\theta_2<\theta_1<\theta_d=0<\theta_{d-1}\le\cdots\le\theta_{d_++1}$,

均衡系统 $\theta_{d_+}\le\cdots\le\theta_2<\theta_1=\theta_d=0<\theta_{d-1}\le\cdots\le\theta_{d_++1}$,

不稳定系统 $\theta_{d_+}\le\cdots\le\theta_2<\theta_d=0<\theta_1<\theta_{d-1}\le\cdots\le\theta_{d_++1}$.

相应 θ_k 的特征向量记为 $\phi(k)=\phi_1(k)\otimes\phi_2(k)$, 它们的分量记为 $\phi_1(k,i)$ 与 $\phi_2(k,j)$, 则由本节 5.2.1 中的定理 1 和谱展式(4), 可得联合平稳分布如下:

非均衡系统

$$\Pi(z)=a_dw_1\otimes w_2+\sum_{k=1}^{d-1}a_k\exp(\theta_kz)\phi_1(k)\otimes\phi_2(k);$$

均衡系统

$$\Pi(z)=a_dw_1\otimes w_2+a_1(\xi+zw_1\otimes w_2)$$

$$+\sum_{k=2}^{d-2} a_k \exp(\theta_k z)\phi_1(k)\otimes\phi_2(k).$$

现在除系数 a_k 外，其余参数前面都给出了明晰的计算公式或有效的计算方法.

定理 5 对缓冲库容量有限的非均衡系统，系数 a_k 由下述 d 个代数方程组确定.

$$w_1(i)w_2(j)=a_d w_1(i)w_2(j)$$
$$+\sum_{k=1}^{d-1} a_k \exp(\theta_k V)\phi_1(k,i)\phi_2(k,j),\quad c_1 i-c_2 j<0,$$
$$0=a_d w_1(i)w_2(j)+\sum_{k=1}^{d-1} a_k\phi_1(k,i)\phi_2(k,j),\quad c_1 i-c_2 j>0. \tag{8}$$

证 假定机器过程处于状态(i,j)，如果条件 $c_1 i-c_2 j<0$ 成立，则库存水平朝下降方向漂移. 因此事件{机器过程处于状态(i,j)且缓冲库满}除在个别孤立点达到一般不可能发生，即概率为 0. 但括号中事件发生的概率是 $w_1(i)w_2(j)-\Pi(i,j,V)$，故我们有

$$c_1 i-c_2 j<0 \Rightarrow \Pi(i,j,V)=w_1(i)w_2(j).$$

显然这样的条件共有 d_- 个，于是得(8)式前 d_- 个方程.

类似地，如果条件 $c_1 i-c_2 j>0$ 成立，则库存水平朝上升方向漂移. 因此事件{机器过程处于状态(i,j)且缓冲库空}除在个别孤立点达到一般也不可能发生(概率为0)，但括号中事件发生的概率是 $\Pi(i,j,0)$，故我们有

$$c_1 i-c_2 j>0 \Rightarrow \Pi(i,j,0)=0.$$

显然这样的条件共有 d_+ 个，于是得(8)式后 d_+ 个方程.

定理 6 对缓冲库容量有限的均衡系统，令

$$\alpha(i,j)=c_1(m-i)/(\lambda_1+\mu_1)-c_2(n-j)/(\lambda_2+\mu_2),$$

系数 a_k 由下述 d 个代数方程组确定

$$w_1(i)w_2(j)=\{a_d+a_1[\alpha(i,j)+V]\}w_1(i)w_2(j)$$

$$+\sum_{k=2}^{d-1} a_k \exp(\theta_k V)\phi_1(k,i)\phi_2(k,j), \quad c_1 i - c_2 j < 0,$$

$$0 = a_d w_1(i) w_2(j) + \sum_{k=1}^{d-1} a_k \phi_1(k,i)\phi_2(k,j), \quad c_1 i - c_2 j > 0. \tag{9}$$

证 只需将定理 5 的证明代入均衡系统的平稳联合分布表达式.

定理 7 对稳定系统，平稳联合分布为

$$\Pi(z) = w_1 \otimes w_2 + \sum_{k=1}^{d_+} a_k \exp(\theta_k z)\phi_1(k) \otimes \phi_2(k). \tag{10}$$

系数 a_k 由下述 d_+ 个代数方程组确定.

$$0 = w_1(i) w_2(j) + \sum_{k=1}^{d_+} a_k \phi_1(k,i)\phi_2(k,j), \quad c_1 i - c_2 j > 0. \tag{11}$$

证 因为概率分布小于等于 1，要系统稳定所有具有正特征值项的系数必须为零！即对 $d_+ < k < d$，有 $a_k = 0$. 另一方面，当 $z \to \infty$ 时，$\Pi(z) \to w_1 \otimes w_2$，故 $a_d = 1$. 再由非均衡系统平稳联合分布和定理 5 立即得到(10)和(11)式.

注 1 根据 $F_I(z) = \Pi(z)e$，因此对稳定系统，平稳库存分布 $F_I(z)$ 是指数分布的有限混合，即超指数分布，一个特殊的 PH 分布.

下面两个定理根据定义是显然的，我们略去它们的证明.

定理 8 对缓冲库容量有限的系统，阻塞概率和饥饿概率分别为

$$P_{阻塞} = \sum_{(i,j)|c_1 i - c_2 j > 0} [w_1(i) w_2(j) - \Pi(i,j,V)], \tag{12}$$

$$P_{饥饿} = \sum_{(i,j)|c_1 i - c_2 j < 0} \Pi(i,j,0). \tag{13}$$

而缓冲库空和满的概率分别为

$$P_{空} = \sum_{(i,j)|c_1 i - c_2 j \le 0} \Pi(i,j,0), \tag{14}$$

$$P_{满} = \sum_{(i,j)|c_1 i - c_2 j \ge 0} [w_1(i) w_2(j) - \Pi(i,j,V)]. \tag{15}$$

定理 9 对缓冲库容量有限的系统，通过速率

$$HT = \frac{mc_1\mu_1}{\lambda_1 + \mu_1} - \sum_{(i,j)|c_1 i - c_2 j > 0} (c_1 i - c_2 j)[w_1(i)w_2(j) - \Pi(i,j,V)]$$

$$= \frac{nc_2\mu_2}{\lambda_2 + \mu_2} + \sum_{(i,j)|c_1 i - c_2 j < 0} (c_1 i - c_2 j)\Pi(i,j,0). \tag{16}$$

定理 10 对缓冲库容量有限的逆转系统，其相应的量在右上角冠以 R, 则有

$$\Pi^{(R)}(j,i,z) = w_1(i)w_1(j) - \Pi(i,j,V-z), \tag{17}$$

$$HT^{(R)} = HT. \tag{18}$$

证 因容易验证：如 θ 是原来系统的特征值，则 $-\theta$ 是逆转系统的特征值；如 $\phi_1 \otimes \phi_2$ 是原来系统的特征向量，则 $\phi_2 \otimes \phi_1$ 是逆转系统的特征向量. 又如，对非均衡系统

$$\Pi^{(R)}(z) = a_d^{(R)} w_2 \otimes w_1 + \sum_{k=1}^{d-1} a_k^{(R)} \exp(-\theta_k z)\phi_2(k) \otimes \phi_1(k).$$

为了确定逆转系统联合平稳分布的系数，我们有

$$c_1 i - c_2 j < 0 \Rightarrow \Pi^{(R)}(j,i,0) = 0,$$

$$c_1 i - c_2 j > 0 \Rightarrow \Pi^{(R)}(j,i,V) = w_1(i)w_2(j).$$

将上述结果与(8)式比较得到

$$a_d + a_d^{(R)} = 1,$$

$$a_k + a_k^{(R)} \exp(-\theta_k V) = 0, \quad 1 \le k \le d-1.$$

从而立即推出定理的结论. 对均衡系统可类似讨论.

注 2 因原来系统稳定，则逆转系统不稳定，于是对缓冲库容量无限讨论逆转系统没有意义.

参考文献

[1] Asmussen, S., Stationary distributions for fluid flow models with or without Brownian noise, **Stochastic Models**, 1(1995), 21-49.

[2] Chen, H. and Yao, D. D., A fluid model with random disruptions, **Opns. Res.**, 40, 1992, S324-S331.

[3] Choudhury, G. L., Mandelbaum, A., Reiman, M. I. and Whitt, W., Fluid and diffusion limits for queues in slowly changing environments, **Stochastic Models**, 1(1997), 121-146.

[4] Mitra, D., Stochastic theory of a fluid model of producers and customers coupled by a buffer, **Adv. Appl. Prob.**, 3(1988), 646-676.

[5] Shi, D. H., Revisiting the state transition frequency formula, **Ann. O. R.**, 1999.

第六章　其它排队模型

除了上述几章介绍的以研究系统可靠性、拥挤性和均衡性为目标的经典模型外，随着数学在经济管理、工程技术等领域的深入应用，出现了许多组合随机模型和新的模型. 例如，可靠性与排队相结合的可修排队系统[6]，排队与库存相结合的生产库存系统[12]；以及疾病转播模型，群体增长模型，保险精算模型和期权定价模型等等. 由于这些系统一般都比较复杂，在采用 VMP 方法时往往不是方程组难以建立就是方程组不易求解，有时即使状态概率能求出为得到系统性能指标也需要某些特殊的技巧.

本章涉及三类新的排队：休假排队，可修排队和再入排队. §6.1 讨论一个带 N-策略的休假排队，别的方法不易奏效，而 VMP 方法有一定的技巧性. §6.2 介绍可修排队的概念，对一个单服务台可修排队系统我们[2]证明了服务台的可靠性指标只依赖排队系统的空闲概率或忙期与忙期循环. 这个模型的方程组不便求解，但简化 VMP 的技巧可建立有关状态概率的联系，使得结果最终能被证明. §6.3 研究再入排队，对一个灾难事件按泊松过程发生的随机环境再入排队进行了瞬态分析. 这时方程组中的微分项系数将出现零点，如何处理它也有一定的技巧性.

§ 6.1　带 N-策略休假的 $M/G/1$ 排队系统

近 20 年来，有休假机制的排队系统受到人们的广泛关注，如见 Doshi[10]的综述文章. Lucantoni *et al.*[14]和 Machihara[15]等文对服务台得空时的休假排队有很好的研究，然而这些研究对休假规则的假定是：服务台一旦空闲服务员便开始一次随机长度的休假．当一次休假结束时，如果系统中有顾客他就恢复服务．这种休假机制在实际应用中难以保证服务台的闲期得到充分利用．所以从优化的角度常人为地增设一个 N-策略进行控制，即只有当一次休假结束时，系统中的顾客数达到或超过这个给定的正整数 N 才恢复服务，否则将继续进行另一次新的休假．Tian *et al.*[21]用嵌入马氏链研究过这个模型，用 VMP 方法的部分结果见文[1]．

模型描述如下：顾客按率为 λ 的 Poisson 过程到达，顾客服务时间有分布 $G(t)$ 且均值 $\mu^{-1}<\infty$，而服务员的休假时间有分布 $V(t)$ 且均值 $\gamma^{-1}<\infty$．假定到达间隔 τ、服务时间 χ 和休假时间 ϑ 相互独立，系统开始时是空的，一次休假刚刚开始．

令 $S(t)$ 表示时刻 t 系统中的顾客数，为了区分假期和忙期引进二值随机过程 $J(t)$，0 表示假期，1 表示忙期．由于服务和休假时间均非指数分布，于是二维过程 $\{S(t), J(t)\}$ 是状态空间 $E=\{(0,0),(n,i) \mid i=0,1;n=1,2,\cdots\}$ 上的非马氏过程．为此再引进补充变量 $X(t)$ 和 $Y(t)$ 分别表示时刻 t 正在服务的顾客已花去的服务时间和正在休假的服务员已花去的休假时间．这样过程 $\{S(t),J(t),X(t),Y(t)\}$ 在状态空间 $E_1=\{(0,0,y),(n,0,y),(\mathrm{n},1,x) \mid n=1,2,\cdots;0\le x<\infty,0\le y<\infty\}$ 上形成一个 VMP，状态转移情况见图 1．

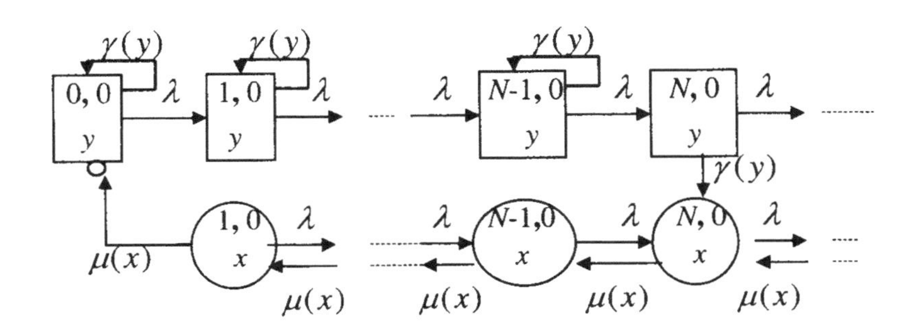

图 1　VMP$\{S(t), J(t), X(t), Y(t)\}$的状态转移图

由状态转移图不难写出状态概率密度的偏微分方程组，边界条件和初始条件如下：
偏微分方程组

$$[\frac{\partial}{\partial t}+\frac{\partial}{\partial y}+\lambda+\gamma(y)]k_n(t,y)=\lambda k_{n-1}(t,y),$$

$$n=0,1,\cdots;\quad k_{-1}(t,y)=0;$$

$$[\frac{\partial}{\partial t}+\frac{\partial}{\partial x}+\lambda+\mu(x)]p_n(t,x)=\lambda p_{n-1}(t,x),$$

$$n=1,2\cdots;\quad p_0(t,x)=0.$$

边界条件

$$k_0(t,0)=\int_0^\infty p_1(t,x)\mu(x)dx+\int_0^\infty k_0(t,y)\gamma(y)dy,$$

$$k_n(t,0)=\int_0^\infty k_n(t,y)\gamma(y)dy,\quad n=1,\cdots,N-1,$$

$$k_n(t,0)=0,\quad n=N,N+1,\cdots;$$

$$p_n(t,0)=\int_0^\infty p_{n+1}(t,x)\mu(x)dx,\quad n=1,\cdots,N-1,$$

$$p_n(t,0)=\int_0^\infty p_{n+1}(t,x)\mu(x)dx+\int_0^\infty k_n(t,y)\gamma(y)dy,$$

$$n=N,N+1,\cdots.$$

初始条件

$k_0(0,y)=\delta(y)$，其余为零.

令 $K(t,y,z)=\sum_{n=0}^{\infty}k_n(t,y)z^n$，$P(t,x,z)=\sum_{n=1}^{\infty}p_n(t,x)z^n$，

采用标准的方法解方程组可得下述 L 变换式

$$K^*(s,y,z)=K^*(s,0,z)\exp\{-(s+\lambda-\lambda z)y\}\overline{V}(y),\tag{1}$$

$$P^*(s,x,z)=P^*(s,0,z)\exp\{-(s+\lambda-\lambda z)x\}\overline{G}(x),\tag{2}$$

$$P^*(s,0,z)=\frac{z\{1+K^*(s,0,z)[v^*(s+\lambda-\lambda z)-1]\}}{z-g^*(s+\lambda-\lambda z)}. \quad (3)$$

为 了 确 定 $K^*(s,0,z)=\sum_{n=0}^{\infty}k_n{}^*(s,0)z^n=\sum_{n=0}^{N-1}k_n{}^*(s,0)z^n$，我们引进下述记号:

$$m(t)=\int_0^{\infty}p_1(t,x)\mu(x)dx,\ \ \Delta^*(s)=m^*(s)+1,$$

$$a_k(s)=\int_0^{\infty}\exp\{-(s+\lambda)y\}\frac{(\lambda y)^k}{k!}v(y)dy,$$

$$A(N,s)=\begin{bmatrix} a_0(s)-1 & 0 & \cdots & 0 \\ a_1(s) & a_0(s)-1 & \ddots & \vdots \\ \vdots & \ddots & \ddots & 0 \\ a_{N-1}(s) & a_{N-2}(s) & \cdots & a_0(s)-1 \end{bmatrix},$$

$$A(N,s,z)=\begin{bmatrix} 1 & z & z^2 & \cdots & z^{N-1} \\ a_1(s) & a_0(s)-1 & 0 & \cdots & 0 \\ a_2(s) & a_1(s) & a_0(s)-1 & \ddots & \vdots \\ \vdots & \ddots & \ddots & \ddots & 0 \\ a_{N-1}(s) & a_{N-2}(s) & \cdots & a_1(s) & a_0(s)-1 \end{bmatrix}.$$

引理 1 令 $\Pi(N,s,z)=\det[A(N,s,z)]/\det[A(N,s)]$ 有

$$K^*(s,0,z)=-\Delta^*(s)\Pi(N,s,z). \quad (4)$$

证 在第一个偏微分方程中，依次取 n=0, 1, …, $N-1$，逐次递推解得

$$k^*_n(s,y)=\left[\frac{(\lambda y)^n}{n!}k^*_0(s,0)+\frac{(\lambda y)^{n-1}}{(n-1)!}k^*_1(s,0)+\cdots+k^*_n(s,0)\right]e^{-(s+\lambda)y}\overline{V}(y). \quad (5)$$

再由前 N 个边界条件可得线性代数方程组

$$A(N,s)\begin{bmatrix} k^*_0(s,0) \\ k^*_1(s,0) \\ \vdots \\ k^*_{N-1}(s,0) \end{bmatrix} = \begin{bmatrix} -\Delta^*(s) \\ 0 \\ \vdots \\ 0 \end{bmatrix}.$$

设 $A_{ij}(N,s)$ 为矩阵 $A(N, s)$的代数余子式，利用 Crammer 法则解线性代数方程组得

$$\begin{bmatrix} k^*_0(s,0) \\ k^*_1(s,0) \\ \vdots \\ k^*_{N-1}(s,0) \end{bmatrix} = -\frac{\Delta^*(s)}{\det[A(N,s)]}\begin{bmatrix} A_{11}(N,s) \\ A_{12}(N,s) \\ \vdots \\ A_{1N}(N,s) \end{bmatrix}. \tag{6}$$

于是

$$K^*(s,0,z) = -\Delta^*(s)\Pi(N,s,z).$$

引理 2 令 $\widetilde{b}(s)$ 是方程 $z=\widetilde{g}(s+\lambda-\lambda z)$ 在单位圆 $|z|=1$ 内的唯一解，我们有

$$\Delta^*(s) = \{\Pi(N,s,\widetilde{b}(s))[\widetilde{v}(s+\lambda-\lambda\widetilde{b}(s))-1]\}^{-1}. \tag{7}$$

证 根据 Takacs 引理，方程 $z=\widetilde{g}(s+\lambda-\lambda z)$ 在单位圆 $|z|=1$ 内存在唯一解 $\widetilde{b}(s)$. 因为 $P^*(s,0,z)$ 是解析函数，所以 $\widetilde{b}(s)$ 既是(3)式分母的零点同时也是分子的零点. 由(3)式分子和(4)式可得(7)式.

定理 1 当 $\rho\leq 1$ 时，系统更新间隔分布的 LS 变换为

$$\widetilde{f}(s) = 1-\Pi(N,s,\widetilde{b}(s))[\widetilde{v}(s+\lambda-\lambda\widetilde{b}(s))-1], \tag{8}$$

当 $\rho=\lambda/\mu<1$ 时，更新间隔分布的均值

$$T = -\Pi(N,0,1)/\gamma(1-\rho). \tag{9}$$

进一步，排队稳定的充要条件是 $\rho<1$，与 γ 无关.

证 因系统更新频度为 $m(t)$，由更新分布公式和(7)式有

$$\widetilde{f}(s) = \frac{m^*(s)}{1+m^*(s)} = 1-\Pi(N,s,\widetilde{b}(s))[\widetilde{v}(s+\lambda-\lambda\widetilde{b}(s))-1].$$

由于该 VMP 是不可约的，因此正常返(即稳定)的充要条件可简化为验证

$$0<\lim_{t\to\infty}\int_0^\infty k_0(t,y)dy<1.$$

或者系统更新过程正常返的充要条件是更新分布的均值有限，即

$$T=\{\lim_{t\to\infty}m(t)\}^{-1}=\{\lim_{s\to 0}s\Delta^*(s)\}^{-1}<\infty.$$

然而由 Takacs 引理，

$$\Delta=\lim_{s\to 0}s\Delta^*(s)=\begin{cases}-\gamma(1-\rho)/\Pi(N,0,1), & \rho<1\\ 0, & \rho\geq 1.\end{cases} \tag{10}$$

因此当且仅当 $\rho<1$ 时，更新分布的均值有限. 另一方面，我们有

$$\lim_{t\to\infty}\int_0^\infty k_0(t,y)dy=\lim_{s\to 0}s\int_0^\infty k^*{}_0(s,y)dy$$

$$=\lim_{s\to 0}\frac{s\Delta^*(s)}{1-a_0(s)}\int_0^\infty e^{-(s+\lambda)y}\overline{V}(y)dy=\lim_{s\to 0}\frac{s\Delta^*(s)}{s+\lambda}=\frac{\Delta}{\lambda}.$$

因此当且仅当 $\rho<1$ 时，上述极限才大于零，而上述极限小于 1 是总假期中到达顾客平均数(见下面定理 2)为

$$-\frac{\lambda}{\gamma}\Pi(N,0,1)\geq N\geq 1$$

的直接推论.

定理 2 系统总假期 T_{ξ_N} 、总假期中休假次数 ξ_N 和到达顾客数 η_N 的联合变换为

$$\sum_{i=N}^\infty\sum_{j=1}^\infty\int_0^\infty e^{-st}dP\{T_{\xi_N}\leq t,\eta_N=i,\xi_N=j\}z^iu^j$$

$$=\Pi(N,s,z,u)[1-u\tilde{v}(s+\lambda-\lambda z)]+1, \tag{11}$$

其中 $\Pi(N,s,z,u)$ 是在 $\Pi(N,s,z)$ 中的 $a_k(s)$ 前乘以 u 所得，且联合分布是一个真分布.

证 这可归结为第二章§2.3 两个更新过程穿越的问题(1)，其

中$N_1(t)$是率为λ的Poisson过程，$N_2(t)$是一般更新过程，更新分布为$V(t)$. 我们可以构造一个三维吸收VMP$\{N_1(t), N_2(t), Y(t)\}$来分析它. 因计算方法类似，我们在此省略. 而联合分布为真分布是因$\Pi(N,0,1,1) \neq 0, \tilde{v}(0)=1$，根据Tauber定理易知

$$\sum_{i=N}^{\infty}\sum_{j=1}^{\infty} P\{T_{\xi_N} \le t, \eta_N = i, \xi_N = j\} = 1.$$

定理3 服务员忙期R_N、忙期中服务顾客数θ_N和到达顾客数τ_N的联合变换为

$$\sum_{i=1}^{\infty}\sum_{j=0}^{\infty}\int_0^{\infty} e^{-st} dP\{R_N \le t, \theta_N = i, \tau_N = j\} u^i v^j$$
$$= C[\gamma(s,u,v)], \tag{12}$$

其中$\gamma(s,u,v)$是方程$z = u\tilde{g}(s+\lambda-\lambda vz)$在单位圆$|z|=1$内的唯一解，而函数

$$C(z) = \Pi(N,0,z,1)[1-\tilde{v}(\lambda-\lambda z)]+1.$$

当$\rho \le 1$时，联合分布是一个真分布.

证 这可归结为第二章§2.3两个更新过程穿越的问题(2)，其中$N_1(t)$是率为λ的Poisson过程，$N_2(t)$是一般更新过程，更新间隔分布为$G(t)$. 我们同样可以构造一个吸收VMP$\{N(t), N_1(t), N_2(t), X(t)\}$来分析它，其中$N(t) = N + N_1(t) - N_2(t)$. 因计算方法类似于本章§4.1 定理6，我们在此省略. 不过需注意现在初始条件是系统总假期中到达顾客数分布，由定理2得函数$C(z)$. 而联合分布为真分布是Takacs引理的直接推论.

注1 定理2和定理3的详细证明可参阅第四章文献[1].

定理4 当$\rho < 1$时，令稳态$k_n(y) = \lim\limits_{t\to\infty} k_n(t,y)$，$p_n(x) = \lim\limits_{t\to\infty} p_n(t,x)$，并引进记号：$L_c(z) = \dfrac{(1-\rho)(z-1)\tilde{g}(\lambda-\lambda z)}{z-\tilde{g}(\lambda-\lambda z)}$，$L_d(z) = \dfrac{\gamma[1-\tilde{v}(\lambda-\lambda z)]}{\lambda-\lambda z}\cdot\dfrac{\Pi(N,0,z)}{\Pi(N,0,1)} = L_v(z)L_N(z)$，则系统

稳态队长 L 存在随机分解 $L=L_c+L_d$，且概率母函数

$$L(z)=\int_0^\infty k_0(y)dy+\sum_{n=1}^\infty[\int_0^\infty k_n(y)dy+\int_0^\infty p_n(x)dx]z^n$$
$$=L_c(z)L_d(z). \tag{13}$$

而系统平均队长 $\overline{L}=\overline{L}_c+\overline{L}_d$，其中

$$\overline{L}_c=\rho+\frac{\lambda^2(\sigma_g^2+\mu^{-2})}{2(1-\rho)},$$

$$\overline{L}_d=\frac{\lambda\gamma(\sigma_v^2+\gamma^{-2})}{2}+\frac{\{\det[A(N,01)]\}'}{\det[A(N,0,1)]}. \tag{14}$$

证 由式(1),(2),(3),(10)和引理1以及L变换与LS变换的关系，我们有

$$L(z)=\lim_{s\to0}s[\int_0^\infty K^*(s,y,z)dy+\int_0^\infty P^*(s,x,z)dx]$$
$$=\lim_{s\to0}s[K^*(s,0,z)\overline{V}^*(s+\lambda-\lambda z)+P^*(s,0,z)\overline{G}^*(s+\lambda-\lambda z)]$$
$$=-\Delta\Pi(N,0,z)\left\{\frac{1}{(\lambda-\lambda z)}-\frac{z\overline{G}^*(\lambda-\lambda z)}{[z-\tilde{g}(\lambda-\lambda z)]}\right\}[1-\tilde{v}(\lambda-\lambda z)]$$
$$=-\gamma(1-\rho)\left\{\frac{z-\tilde{g}(\lambda-\lambda z)-z[1-\tilde{g}(\lambda-\lambda z)]}{(\lambda-\lambda z)[z-\tilde{g}(\lambda-\lambda z)]}\right\}$$
$$\cdot[1-\tilde{v}(\lambda-\lambda z)]\frac{\Pi(N,0,z)}{\Pi(N,0,1)}$$
$$=L_c(z)L_d(z).$$

此外，易知 $L_c(1)=1$, $L_d(1)=1$. 又众所周知，$L_c(z)$是经典排队 $M/G/1$ 稳态队长 L_c 的母函数，$L_d(z)$可解释为由 N-策略休假引起的附加队长 L_d 的母函数. 根据Poisson到达的无记忆性和 L_d 只依赖于假期中的到达，故 L_c 与 L_d 相互独立.

为证(14)式，注意到

$$L'_N(1)=\{\det[A(N,0,1)]\}'/\det[A(N,0,1)],$$

$$\overline{L} = L'(1) = L_c'(1) + L_d'(1) = \overline{L}_c + \overline{L}_v + L_N'(1),$$

立即可得 $\overline{L} = \overline{L}_c + \overline{L}_d$.

引理 3 当 $\rho < 1$ 时，若休假时间服从指数分布，则对 $n = 0, 1, \cdots, N-1$ 有

(a) $a_n(0) = \int_0^\infty \gamma \exp\{-(\lambda+\gamma)y\} \frac{(\lambda y)^n}{n!} dy = \frac{\gamma}{\lambda+\gamma}\left(\frac{\lambda}{\lambda+\gamma}\right)^n$;

(b) $\det[A(N,0)] = \left(-\frac{\lambda}{\lambda+\gamma}\right)^N$;

(c) 令

$$A_n(N,0,z) = \begin{bmatrix} 1 & z & z^2 & \cdots & z^n & 0 & 0 \\ a_1(0) & a_0(0)-1 & 0 & \cdots & \cdots & \cdots & 0 \\ a_2(0) & a_1(0) & a_0(0)-1 & 0 & \cdots & \cdots & \vdots \\ \vdots & \vdots & \vdots & \vdots & \vdots & \ddots & 0 \\ a_{N-1}(0) & a_{N-2}(0) & a_{N-3}(0) & \cdots & \cdots & a_1(0) & a_0(0)-1 \end{bmatrix},$$

$$\det[A_n(N,0,z)] = \left(-\frac{\lambda}{\lambda+\gamma}\right)^{N-1} \frac{\lambda(1-z) + \gamma(1-z^{n+1})}{(\lambda+\gamma)(1-z)};$$

(d) $\{\det[A(N,0,1)]\}' = \frac{N(N-1)}{2}\left(-\frac{\lambda}{\lambda+\gamma}\right)^{N-1} \frac{\gamma}{\lambda+\gamma}$;

(e) $\Pi(N,0,z) = -[1 + \frac{\gamma}{\lambda}\sum_{n=0}^{N-1} z^n]$;

(f) $\Delta = (1-\rho)\frac{\lambda\gamma}{\lambda + N\gamma}$;

(g) $k_n = \int_0^\infty k_n(y)dy = \frac{\Delta}{\lambda}$.

证 (a)和(b)直接计算可得. 为证(c)和(d), 用第 $N-1$ 行乘以

$-\lambda/(\lambda+\gamma)$ 加到第 N 行，再用第 $N-2$ 行乘以 $-\lambda/(\lambda+\gamma)$ 加到第 $N-1$ 行，依次类推直到第 2 行，经过计算可得. 注意到(b)和(c)，立即可得(e). (f)由(10)式和(e)得出. 下面利用引理 1 中的(5)和(6)式证明(g).

$$
\begin{aligned}
k_n &= \int_0^\infty k_n(y)dy = \int_0^\infty \lim_{s\to 0} sk^*_n(s,y)dy \\
&= \int_0^\infty e^{-\lambda y}\overline{V}(y)\left[\frac{(\lambda y)^n}{n!},\frac{(\lambda y)^{n-1}}{(n-1)!},\cdots,\lambda y,1,0,\cdots,0\right]dy \\
&\quad \cdot \lim_{s\to 0} s[k^*_0(s,0),k^*_1(s,0),\cdots,k^*_{N-1}(s,0)]' \\
&= \frac{1}{\lambda}\left(\frac{\lambda}{\lambda+\gamma}\right)^{n+1}\left[1,\left(\frac{\lambda+\gamma}{\lambda}\right),\cdots,\left(\frac{\lambda+\gamma}{\lambda}\right)^n,0,\cdots 0\right] \\
&\quad \cdot \frac{-\Delta}{\det[A(N,0)]}[A_{11}(N,0),A_{12}(N,0),\cdots,A_{1N}(N,0)]' \\
&= \frac{-\Delta}{\lambda\det[A(N,0)]}\left(\frac{\lambda}{\lambda+\gamma}\right)^{n+1}\det\left[A_n\left(N,0,\frac{\lambda+\gamma}{\lambda}\right)\right] \\
&= \frac{-\Delta}{\lambda}\left(\frac{\lambda}{\lambda+\gamma}\right)^{n+1}\left(-\frac{\lambda+\gamma}{\lambda}\right) \\
&\quad \cdot \frac{\lambda\left(1-\frac{\lambda+\gamma}{\lambda}\right)+\gamma\left(1-\left(\frac{\lambda+\gamma}{\lambda}\right)^{n+1}\right)}{(\lambda+\gamma)\left(1-\frac{\lambda+\gamma}{\lambda}\right)} = \frac{\Delta}{\lambda}.
\end{aligned}
$$

定理 5 当 $\rho<1$ 时，若休假时间服从指数分布，则稳态等待时间分布的 LS 变换为

$$
\widetilde{w}(\theta) = \frac{\Delta}{\lambda}\left(\frac{\gamma}{\theta+\gamma}\right)\sum_{n=0}^{N-1}\left(\frac{\lambda}{\theta+\lambda}\right)^{N-n-1}[\widetilde{g}(\theta)]^n
$$

$$+\frac{\Delta}{\theta-\lambda+\lambda\tilde{g}(\theta)}\left\{1-\left(\frac{\gamma}{\theta+\gamma}\right)[\tilde{g}(\theta)]^N\right\}. \tag{15}$$

特别当 $N=1$ 时，我们得到稳态等待时间分布的随机分解

$$\tilde{w}(\theta)=\frac{(1-\rho)\theta}{\theta-\lambda+\lambda\tilde{g}(\theta)}\cdot\frac{\gamma}{\theta+\gamma}=\tilde{w}_c(\theta)\tilde{w}_v(\theta). \tag{16}$$

证 令 V 表示稳态时一个顾客进入系统到接受服务所需的等待时间，其等待时间分布按到达假期和忙期可分为两部分

$$W(x)=P\{V\le x\}=W_0(x)+W_1(x).$$

现在令 χ_u 表示正在服务顾客的剩余服务时间，显然我们有

$$W_1(x)=\sum_{n=1}^{\infty}\int_0^{\infty}p_n(u)P\{\chi_u+\chi_1+\cdots+\chi_{n-1}\le x\}du$$

$$=\sum_{n=1}^{\infty}\int_0^{\infty}p_n(u)\int_0^{x}\frac{g(u+x-v)}{\overline{G}(u)}g^{(n-1)}(v)dvdu.$$

取 LS 变换，并利用式(2), (3)和引理 1 得

$$\tilde{w}_1(\theta)=\sum_{n=1}^{\infty}\int_0^{\infty}p_n(u)[\tilde{g}(\theta)]^{n-1}\int_0^{\infty}e^{-\theta x}\frac{g(u+x)}{\overline{G}(u)}dxdu$$

$$=\lim_{s\to 0}\frac{s}{\tilde{g}(\theta)}\int_0^{\infty}\frac{P^*(s,u,\tilde{g}(\theta))}{\overline{G}(u)}\int_u^{\infty}e^{-\theta(v-u)}g(v)dvdu$$

$$=\lim_{s\to 0}\frac{sP^*(s,0,\tilde{g}(\theta))}{\tilde{g}(\theta)}\int_0^{\infty}e^{-\theta v}g(v)\int_0^{v}e^{-[s+\lambda-\theta-\lambda\tilde{g}(\theta)]u}dudv$$

$$=\left\{\frac{\Delta\Pi(N,0,\tilde{g}(\theta))[1-\tilde{v}(\lambda-\lambda\tilde{g}(\theta))]}{[\tilde{g}(\theta)-\tilde{g}(\lambda-\lambda\tilde{g}(\theta))]}\right\}\cdot\frac{[\tilde{g}(\theta)-\tilde{g}(\lambda-\lambda\tilde{g}(\theta))]}{\lambda-\theta-\lambda\tilde{g}(\theta)}$$

$$=\frac{\Delta\Pi(N,0,\tilde{g}(\theta))[\lambda-\lambda\tilde{g}(\theta)]}{[\lambda-\theta-\lambda\tilde{g}(\theta)][\lambda+\gamma-\lambda\tilde{g}(\theta)]}.$$

本定理因假设 ϑ 服从指数分布，由无记忆性剩余休假时间同 ϑ 的分布，因此有

$$W_0(x)=\int_0^\infty k_0(y)P\{\tau_1+\cdots+\tau_{N-1}+\vartheta\le x\}dy$$

$$+\sum_{n=1}^{N-2}\int_0^\infty k_n(y)P\{\tau_1+\cdots+\tau_{N-n-1}+\vartheta+\chi_1+\cdots+\chi_n\le x\}dy$$

$$+\sum_{n=N-1}^{\infty}\int_0^\infty k_n(y)P\{\vartheta+\chi_1+\cdots+\chi_n\le x\}dy$$

$$=k_0E_1(\gamma)*E_{N-1}(\lambda,x)+\sum_{n=1}^{N-2}k_nE_1(\gamma)*E_{N-n-1}(\lambda)*G^{(n)}(x)$$

$$+\sum_{n=N-1}^{\infty}k_nE_1(\gamma)*G^{(n)}(x).$$

其中第二项是已有 n 个顾客在系统中，当一个顾客到达后，他必须再等 $N-n-1$ 个顾客到达，然后等待休假结束并服务前 n 个顾客. 取 LS 变换，并利用式(1), (4)和引理 3 得

$$\widetilde{w}_0(\theta)=\left(\frac{\gamma}{\theta+\gamma}\right)\left\{\sum_{n=0}^{N-2}k_n\widetilde{g}^{(n)}(\theta)\left[\left(\frac{\lambda}{\theta+\lambda}\right)^{N-n-1}-1\right]+\sum_{n=0}^{\infty}k_n\widetilde{g}^{(n)}(\theta)\right\}$$

$$=\left(\frac{\gamma}{\theta+\gamma}\right)\left\{\frac{\Delta}{\lambda}\sum_{n=0}^{N-2}\widetilde{g}^{(n)}(\theta)\left[\left(\frac{\lambda}{\theta+\lambda}\right)^{N-n-1}-1\right]+\lim_{s\to 0}s\int_0^\infty K^*(s,y,\widetilde{g}(\theta))dy\right\}$$

$$=\left(\frac{\gamma}{\theta+\gamma}\right)\left\{\frac{\Delta}{\lambda}\sum_{n=0}^{N-2}\widetilde{g}^{(n)}(\theta)\left[\left(\frac{\lambda}{\theta+\lambda}\right)^{N-n-1}-1\right]-\frac{\Delta\Pi(N,0,\widetilde{g}(\theta))}{\lambda+\gamma-\lambda\widetilde{g}(\theta)}\right\}.$$

最后再利用引理 3 得

$$\widetilde{w}(\theta)=\widetilde{w}_0(\theta)+\widetilde{w}_1(\theta)$$

$$=\left(\frac{\gamma}{\theta+\gamma}\right)\left\{\frac{\Delta}{\lambda}\sum_{n=0}^{N-1}\widetilde{g}^{(n)}(\theta)\left[\left(\frac{\lambda}{\theta+\lambda}\right)^{N-n-1}-1\right]-\frac{\Delta\Pi(N,0,\widetilde{g}(\theta))}{\lambda+\gamma-\lambda\widetilde{g}(\theta)}\right\}$$

$$+\frac{\Delta\Pi(N,0,\widetilde{g}(\theta))[\lambda-\lambda\widetilde{g}(\theta)]}{[\lambda-\theta-\lambda\widetilde{g}(\theta)][\lambda+\gamma-\lambda\widetilde{g}(\theta)]}$$

$$
\begin{aligned}
&= \frac{\Delta}{\lambda}\left(\frac{\gamma}{\theta+\gamma}\right)\sum_{n=0}^{N-1}\left(\frac{\lambda}{\theta+\lambda}\right)^{N-n-1}[\tilde{g}(\theta)]^n \\
&\quad+\frac{\Delta[\Pi(N,0,\tilde{g}(\theta))+1]}{\theta+\gamma}+\frac{\Delta\Pi(N,0,\tilde{g}(\theta))\theta}{(\theta+\gamma)[\lambda-\theta-\lambda\tilde{g}(\theta)]} \\
&= \frac{\Delta}{\lambda}\left(\frac{\gamma}{\theta+\gamma}\right)\sum_{n=0}^{N-1}\left(\frac{\lambda}{\theta+\lambda}\right)^{N-n-1}[\tilde{g}(\theta)]^n \\
&\quad+\frac{\Delta}{\theta-\lambda+\lambda\tilde{g}(\theta)}\left\{1-\left(\frac{\gamma}{\theta+\gamma}\right)[\tilde{g}(\theta)]^N\right\}.
\end{aligned}
$$

特别当 $N=1$ 时，由引理 3 中的(f)有

$$
\begin{aligned}
\tilde{w}(\theta) &= \frac{\Delta}{\lambda}\left(\frac{\gamma}{\theta+\gamma}\right)+\frac{\Delta}{\theta-\lambda+\lambda\tilde{g}(\theta)}\left(1-\left(\frac{\gamma}{\theta+\gamma}\right)[\tilde{g}(\theta)]\right) \\
&= \frac{\Delta\theta}{\lambda[\theta-\lambda+\lambda\tilde{g}(\theta)]}=\frac{(1-\rho)\theta}{\theta-\lambda+\lambda\tilde{g}(\theta)}\cdot\frac{\gamma}{\theta+\gamma} \\
&= \tilde{w}_c(\theta)\tilde{w}_v(\theta).
\end{aligned}
$$

这是 Doshi[10]关于休假排队等待时间分布随机分解的特殊情形.

注 2 如果休假时间分布一般，等待时间分布似乎很难求得?

注 3 模型的策略最优化问题是：如何选择正整数 N 和休假时间分布 $V(t)$使得系统单位时间的总盈利最大？我们在此省略.

§ 6.2 服务台可修的 *GI/G/*1 排队系统

本节考虑一个可修排队系统模型的可靠性分析问题. 早在 60 年代就有人[8]研究过服务台会失效的排队系统，但从可靠性的角度来研究它似乎文[6]是较早的一篇.

80 年代随着实际的需要，研究有中断的排队系统模型渐渐流行起来. 排队系统受到中断的原因有多方面，例如，服务台可能会失效；服务台在夜间、周末或假期有计划的关闭；随机灾害环境的影响；有优先权的顾客到达；服务人员休假未归；等等. 为

了用语的统一，我们把服务的中断看成服务台失效，而把中断的持续时间看成失效服务台的修理时间. 于是就形成了一类组合可靠性和排队论的可修排队系统.

对可修排队系统，我们在文[17]中根据服务台在闲期是否失效的不同情况将其分为三种类型：(a)服务台在闲期不会失效，称为I型；(b)服务台在闲期会失效，但失效率与忙期相同，称为II型；(c)服务台在闲期会失效，但失效率与忙期不同，称为 III 型. II 型可修排队系统实际上就是交替随机环境排队系统. 而III型可修排队系统与某些休假排队系统有关，见文献[3,13].

另一方面，对各型的可修排队系统，我们都可以根据中断的服务如何继续又分为三种模式：(a)每次中断后服务过的时间累积计算，称为模式 1；(b)服务过的时间不计，每次中断后恢复服务都重新开始，称为模式 2；(c)在一次中断后服务强行结束，如不能中断服务的产品或中断引起报废的情形，称为模式 3.

文[4]首次讨论了一般到达指数服务的可修排队系统的可靠性. 本节介绍文[2]研究的服务台有指数寿命的 I 型可修排队系统，采用 Kendall 记号，它可被简记为 $GI/G(M/G)/1$.

模型描述如下：假定顾客的到达间隔时间 $\{\tau_n\}$ 独立，服从同一分布 $A(x)$，均值 λ^{-1} 有限；顾客的服务时间 $\{\chi_n\}$ 独立，服从同一分布 $B(x)$，均值 μ^{-1} 有限；服务台的使用寿命 X 服从指数分布 $F(x)=1-\exp(-\alpha x)$；服务台的修理时间 Y 服从一般分布 $G(x)$，均值 β^{-1} 有限. 进一步假定服务台空闲时不会失效；当服务台失效时，正在服务的顾客中断服务需等待服务台修复；服务台修复如新，并立即投入服务. 此外，上述随机变量都相互独立.

记可修排队系统 $GI/G(M/G)/1$ 的忙期、闲期、忙期循环时间分别为 $\hat{D}\sim\hat{D}(x)$，$\hat{I}\sim\hat{I}(x)$，$\hat{C}\sim\hat{C}(x)$. 经典排队系统 $GI/G/1$ 的忙期、闲期、忙期循环时间分别用不带上角的字母表示. 由于在平衡条件下，忙期循环时间独立同分布，若时刻 0 刚好有一个顾客到达空闲的系统，则忙期循环时间序列 $\{\hat{C}_n, n=1,2,\cdots\}$ 形成一个更新过程；否则在其它初始条件下形成一个延迟更新过程. 另一方面，在一个忙期内，服务台完好工作和失效修理时间序列 $\{X_n + Y_n, n = 1,2,\cdots\}$ 形成一个条件交替更新过程. 我们将利用这两个更新过程和(简化的)VMP 方法去得到所有感兴趣的指标. 有趣的是服务台可靠性指标只依赖于系统的空闲概率或者忙期和忙期循环的时间分布.

6.2.1 排队等价性

首先我们引进顾客的广义服务时间或称为服务完成时间 $\hat{\chi}$. 它包括顾客实际的服务时间 υ 加上服务台可能多次失效(次数记为 N)而顾客需要等待其修复的延误时间 w. 对三种不同服务继续模式，利用 VMP 方法我们可以求得这四个随机变量的分布.

为此，定义一个吸收随机过程 $\hat{S}(t)$，它取值的状态空间 $E = \{0,1,2\}$. 状态 1 表示服务台完好正在为顾客服务；状态 2 表示因服务台失效正在修理而服务被中断；状态 0 是一个吸收状态表示一个顾客服务已经完成. 由于服务时间和修理时间分布都不是指数分布，$\hat{S}(t)$ 不是吸收马氏链. 令 $X(t)$记在时刻 t 正在服务的顾客已花去的服务时间，$Y(t)$记在时刻 t 正在修理的服务台已花去的修理时间，则$\{\hat{S}(t), X(t), Y(t)\}$形成一个吸收 VMP.

模式 1：每次中断后服务过的时间累积计算.

这种情况的状态转移见图 1.

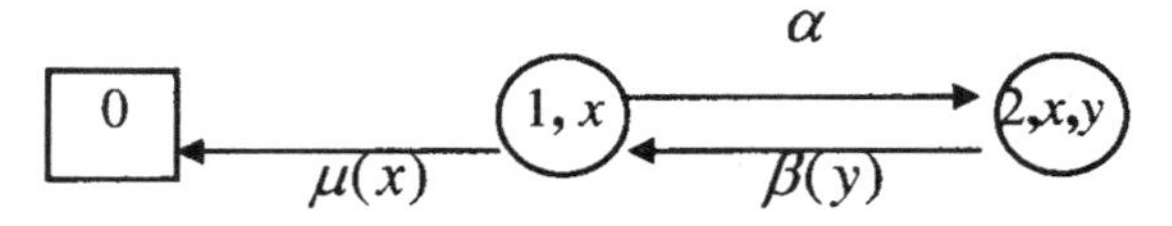

图 1 模式 1 的 VMP$\{\hat{S}(t), X(t), Y(t)\}$状态转移图

其中 $\mu(x)$ 是分布 $B(x)$的风险率函数，$\beta(y)$ 是分布 $G(x)$的风险率函数，由图 1 我们有：

偏微积分方程组

$$[\frac{\partial}{\partial t}+\frac{\partial}{\partial x}+\alpha+\mu(x)]\hat{p}_1(t,x)=\int_0^\infty \hat{p}_2(t,x,y)\beta(y)dy,$$

$$[\frac{\partial}{\partial t}+\frac{\partial}{\partial y}+\beta(y)]\hat{p}_2(t,x,y)=0;$$

边界条件

$$\hat{p}_1(t,0)=0,\ \hat{p}_2(t,x,0)=\alpha\hat{p}_1(t,x);$$

初始条件

$$\hat{p}_1(0,x)=\delta(x),\quad \hat{p}_2(0,x,y)=0.$$

解上述方程组得

$$\hat{p}_2*(s,x,y)=\alpha\hat{p}_1*(s,x)e^{-sy}\overline{G}(y),$$

$$\hat{p}_1*(s,x)=\exp\{-[s+\alpha-\alpha\tilde{g}(s)]x\}\overline{B}(x),$$

因为这个吸收 VMP 的吸收时间刚好就是顾客的服务完成时间，由第一章吸收分布公式

$$\hat{\chi}\sim\tilde{\hat{b}}(s)=\int_0^\infty \hat{p}_1*(s,x)\mu(x)dx=\tilde{b}[s+\alpha-\alpha\tilde{g}(s)].\quad(1)$$

显然有 $\hat{\chi}=\upsilon+w$，为了求延误时间 w 的分布，我们需从顾客服务完成时间中扣除实际服务时间. 仿照第三章 3.1.2 的办法，只需在偏微积分方程组中令 $\frac{\partial}{\partial t}\hat{p}_1(t,x)=0$，解得

$$\hat{p}_2*(s,x,y)=\alpha\hat{p}_1*(s,x)e^{-sy}\overline{G}(y),$$

$$\hat{p}_1*(s,x)=\exp\{-[\alpha-\alpha\tilde{g}(s)]x\}\overline{B}(x),$$

$$\hat{p}_2*(s)=\int_0^\infty dx\int_0^\infty \hat{p}_2*(s,x,y)dy=\alpha\overline{G}*(s)\overline{B}*[\alpha-\alpha\tilde{g}(s)].$$

因延误时间 w 补分布的 L 变换 $\overline{W}*(s)=\hat{p}_2*(s)$，于是

$$w\sim\tilde{w}(s)=1-s\overline{W}*(s)=\tilde{b}[\alpha-\alpha\tilde{g}(s)].\quad(2)$$

同理可求得顾客实际服务时间 υ 的分布，对模式 1，我们知道

$$\upsilon=\chi\sim\tilde{b}(s).\quad(3)$$

在顾客服务完成时间周期中服务中断次数 N 的分布很容易从延误时间分布导出. 对模式 1, 因每中断一次服务, 将延误随机时间 Y, 所以只需在 $\tilde{w}(s)$ 中用 z 代替 $\tilde{g}(s)$ 就可得到 N 的概率母函数

$$N \sim \Pi(z) = \tilde{b}(\alpha - \alpha z). \tag{4}$$

事实上, 由服务台服从指数分布, 根据概率分析易得

$$P\{N = j\} = P\left\{\sum_{k=1}^{j} X_k \le \chi < \sum_{k=1}^{j+1} X_k\right\}$$

$$= \int_0^\infty [F^{(j)}(u) - F^{(j+1)}(u)]dB(u) = \int_0^\infty e^{-\alpha u} \frac{(\alpha u)^j}{j!} dB(u).$$

于是

$$\Pi(z) = \sum_{j=0}^{\infty} P\{N = j\} z^j = \int_0^\infty e^{-\alpha u} \sum_{j=0}^{\infty} \frac{(\alpha u z)^j}{j!} dB(u) = \tilde{b}(\alpha - \alpha z).$$

模式 2: 每次中断后服务过的时间不计, 重新开始.

这种情况的状态转移见图 2.

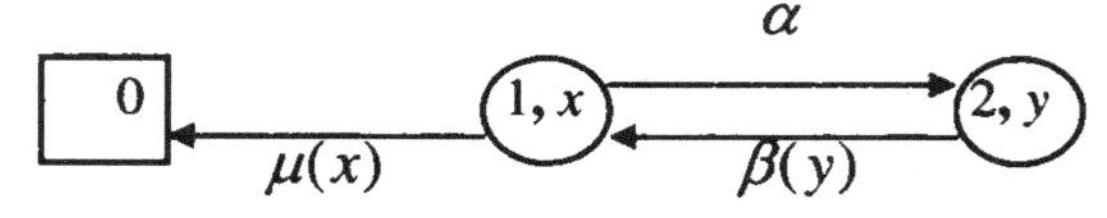

图 2 模式 2 的 VMP$\{\hat{S}(t), X(t), Y(t)\}$状态转移图

偏微积分方程组

$$[\frac{\partial}{\partial t} + \frac{\partial}{\partial x} + \alpha + \mu(x)]\hat{p}_1(t, x) = 0,$$

$$[\frac{\partial}{\partial t} + \frac{\partial}{\partial y} + \beta(y)]\hat{p}_2(t, y) = 0;$$

边界条件

$$\hat{p}_1(t, 0) = \int_0^\infty \hat{p}_2(t, x, y)\beta(y)dy,$$

$$\hat{p}_2(t,0)=\alpha\int_0^\infty \hat{p}_1(t,x)dx;$$

初始条件

$$\hat{p}_1(0,x)=\delta(x),\quad \hat{p}_2(0,y)=0.$$

仿照模式 1 的讨论，我们得到

$$\hat{\chi}\sim\tilde{\hat{b}}(s)=\frac{\tilde{b}(s+\alpha)}{1-\alpha\tilde{g}(s)\overline{B}^*(s+\alpha)},$$

$$w\sim\tilde{w}(s)=\frac{\tilde{b}(\alpha)}{1-\alpha\tilde{g}(s)\overline{B}^*(\alpha)},$$

$$v\sim\tilde{v}(s)=\frac{\tilde{b}(s+\alpha)}{1-\alpha\overline{B}^*(s+\alpha)},$$

$$N\sim\Pi(z)=\frac{\tilde{b}(\alpha)}{1-\alpha z\overline{B}^*(\alpha)}.$$

模式 3：在一次中断后服务过程将终止.

对这种情况，注意到除 $\hat{p}_1(t,0)=0$ 外，其余都与模式 2 相同. 我们可得

$$\hat{\chi}\sim\tilde{\hat{b}}(s)=\tilde{b}(s+\alpha)+\alpha\tilde{g}(s)\overline{B}^*(s+\alpha),$$

$$w\sim\tilde{w}(s)=\tilde{b}(\alpha)+\alpha\tilde{g}(s)\overline{B}^*(\alpha),$$

$$\upsilon\sim\tilde{v}(s)=\tilde{b}(s+\alpha)+\alpha\overline{B}^*(s+\alpha),$$

$$N\sim\Pi(z)=\tilde{b}(\alpha)+\alpha z\overline{B}^*(\alpha).$$

上述讨论的方法可以推广到服务台有位相型寿命情形. 这一问题也可采用 MRP 方法，详见文[19]. 综上所述，我们有

定理 1 从排队的角度，可修排队系统 *GI/G(M/G)/1* 等价于经典排队系统 $GI/\hat{G}/1$，后者顾客的服务时间分布等于前者顾客的广义服务时间分布.

定理 2 对模式 1，可修排队系统 *GI/G(M/G)/1* 稳定的充要条件是

$$\hat{\rho}=\frac{\lambda}{\mu}\left(1+\frac{\alpha}{\beta}\right)<1. \tag{5}$$

证 由定理 1 和 Lindley 的结果，只需证明 $GI/\hat{G}/1$ 排队满足 $0<E[|\hat{\chi}_k-\tau_{k+1}|]<\infty$. 易知，除非 $\hat{\chi}$ 和 τ 服从相同的定长分布，$E[|\hat{\chi}_k-\tau_{k+1}|]=0$ 是不可能的. 因 $\hat{\chi}\sim\tilde{b}[s+\alpha-\alpha\tilde{g}(s)]$，$E[\hat{\chi}]=\hat{\mu}=\mu^{-1}(1+\alpha/\beta)$，显然 $\hat{\chi}$ 不是定长分布，又根据假定有 $E[|\hat{\chi}_k-\tau_{k+1}|]\le E[\hat{\chi}_k]+E[\tau_{k+1}]=\hat{\mu}^{-1}+\lambda^{-1}<\infty$，证毕.

6.2.2 可靠性和可用性

由排队等价性，对 I 型可修排队系统主要是研究服务台的可靠性和可用性. 下面只对模式 1，考察可修排队系统 $GI/G(M/G)/1$，目标是建立服务台的可靠性和可用性与把服务台看成孤立部件时的可靠性和可用性与系统排队性能测度之间的关系.

定理 1 令 $F_i^q(t)=P\{\xi\le t|L=i\}$ 表示系统在开始运行时有 i 个顾客的条件下，服务台首次失效前所经历的时间分布，当 $\hat{\rho}<1$ 时，对 $i=0,1,2,\cdots$，它的 LS 变换为

$$\tilde{f}_i^q(s)=[1-s\hat{p}_{0i}*(s)]\tilde{f}(s)=\frac{\alpha}{s+\alpha}\cdot$$
$$\left\{1-\tilde{d}_{0i}(s+\alpha)+\frac{[1-\tilde{d}(s+\alpha)]\int_0^\infty e^{-st}dP\{D_{0i}+I_{0i}\le t,X>D_{0i}\}}{1-\int_0^\infty e^{-st}dP\{D+I\le t,X>D\}}\right\}, \tag{1}$$

其中 D_{0i}, I_{0i} 表示经典排队系统 $GI/G/1$ 开始运行时有 i 个顾客的首次忙期与闲期，$D_{0i}(x)$表示 D_{0i} 的分布函数；而 $\hat{p}_{0i}(t)$ 是为计算分布 $F_i^q(t)$ 构造的吸收 VMP 中表示服务台处于空闲状态的概率.

证 简记 $\xi_i = \{\xi | L = i\}$，ξ_i 的可能情况如图 1 所示.

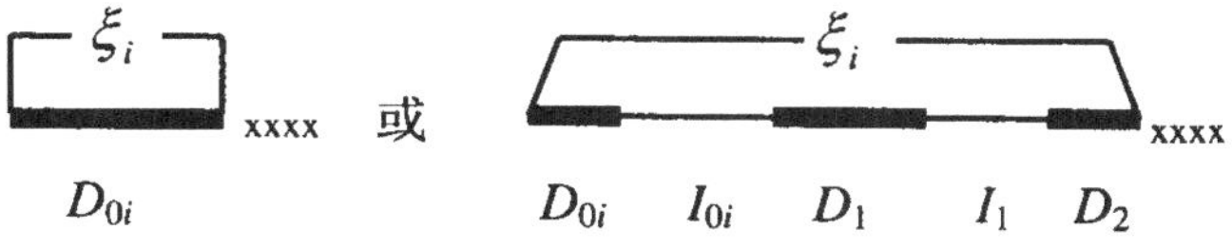

图 1 ξ_i 的可能进程(xxx 表服务台首次失效)

首先考虑 $i=1$ 的情形，由图 1 根据全概率公式

$$F_1^q(t) = P\{\xi_1 \le t\} = P\{\xi_1 \le t, \xi_1 \le D_1\} + P\{\xi_1 \le t, \xi_1 > D_1\}$$

$$= P\{X \le t, X \le D_1\} + P\{D_1 + I_1 \le t, X > D_1\} * F_1^q(t).$$

其中第一项是因为在第一个忙期中 $\xi_1 = X$；第二项是因为要 $\xi_1 > D_1$ 必须 $X > D_1$，且假设闲期服务台不会失效，故必有 $\xi_1 > D_1 + I_1$. 而卷积 * 是利用了 $\{C_n, n=1,2,\cdots\}$ 当 $\hat{\rho} < 1$ 时形成一更新过程，由更新技巧所得. 两边取 LS 变换有

$$\tilde{f}_1^q(s) = \int_0^\infty e^{-st}[1 - D(t)]\alpha e^{-\alpha t} dt$$

$$+ \int_0^\infty e^{-st} dP\{D + I \le t, X > D\} \tilde{f}_1^q(s),$$

解得

$$\tilde{f}_1^q(s) = \frac{\alpha}{s+\alpha}\left[1 - \tilde{d}(s+\alpha)\right] \Big/ \left(1 - \int_0^\infty e^{-st} dP\{D + I \le t, X > D\}\right).$$

类似地，对一般的 $i = 0,1,2,\cdots$，注意到系统首次忙期加闲期结束后，忙期循环形成一更新过程，由全概率公式和更新技巧有

$$F_i^q(t) = P\{\xi_i \le t, \xi_i \le D_{0i}\} + P\{\xi_i \le t, \xi_i > D_{0i}\}$$

$$= P\{X \le t, X \le D_{0i}\} + P\{D_{0i} + I_{0i} \le t, X > D_{0i}\} * F_1^q(t).$$

两边取 LS 变换

$$\tilde{f}_i^q(s)=\frac{\alpha}{s+\alpha}\left[1-\tilde{d}_{0i}(s+\alpha)\right]$$
$$+\int_0^\infty e^{-st}dP\{D_{0i}+I_{0i}\le t, X>D_{0i}\}\tilde{f}_1^q(s),$$

再将 $\tilde{f}_1^q(s)$ 代入得(1)式的第二个等式.

为证(1)式的第一个等式，我们采用简化的 VMP 方法去建立有关状态概率之间的联系. 令 $\hat{P}_i(t)$ 为服务台处于忙期状态的概率，则吸收状态的概率为 $\int_0^t \alpha\hat{P}_i(x)dx$. 对正则性条件取 L 变换得

$$\hat{p}_{0i}*(s)+\hat{P}_i*(s)+\frac{\alpha\hat{P}_i*(s)}{s}=\frac{1}{s}.$$

于是

$$\tilde{f}_i^q(s)=\alpha\hat{P}_i*(s)=(s+\alpha)\hat{P}_i*(s)\frac{\alpha}{s+\alpha}$$
$$=[1-s\hat{p}_{0i}*(s)]\tilde{f}(s).$$

推论 1 令 $MTTFF_i=E[\xi_i]$ 表示可修排队系统中服务台首次失效前的平均时间，当 $\hat{\rho}<1$ 时，则有

$$MTTFF_i=\frac{1}{\alpha}+\left(\frac{E[I]}{1-\tilde{d}(\alpha)}-E[I]+E[I_{0i}]\right),$$
$$i=0,1,2,\cdots. \tag{2}$$

证 因有

$$\lim_{s\to 0}\left\{1-\tilde{d}_{0i}(s+\alpha)+\frac{[1-\tilde{d}(s+\alpha)]\int_0^\infty e^{-st}dP\{D_{0i}+I_{0i}\le t, X>D_{0i}\}}{1-\int_0^\infty e^{-st}dP\{D+I\le t, X>D\}}\right\}$$
$$=1-\tilde{d}_{0i}(\alpha)+\frac{[1-\tilde{d}(\alpha)]P\{X>D_{0i}\}}{1-P\{X>D\}}=1,$$

$$\tilde{d}'(\alpha)=\frac{d}{ds}\tilde{d}(s+\alpha)|_{s=0}=\int_0^\infty -te^{-\alpha t}dD(t)$$

$$=-\int_0^\infty t dP\{D\le t, X>D\}=-E[D|X>D]\tilde{d}(\alpha),$$

$$\tilde{d}_{0i}'(\alpha)=-E[D_{0i}|X>D_{0i}]\tilde{d}_{0i}(\alpha),$$

$$E[I|X>D]=E[I],\quad E[I_{0i}|X>D_{0i}]=E[I_{0i}].$$

于是

$$MTTFF_i=-\tilde{f}_i'^q(0)=$$

$$=\frac{1}{\alpha}+\tilde{d}_{0i}'(\alpha)+\left(E[D_{0i}|X>D_{0i}]+E[I_{0i}|X>D_{0i}]\right)\tilde{d}_{0i}(\alpha)$$

$$+\frac{\tilde{d}'(\alpha)\tilde{d}_{0i}(\alpha)}{1-\tilde{d}(\alpha)}+\frac{\tilde{d}_{0i}(\alpha)E[D|X>D]+\tilde{d}(\alpha)E[I|X>D]}{1-\tilde{d}(\alpha)}$$

$$=\frac{1}{\alpha}+\left(\frac{E[I]}{1-\tilde{d}(\alpha)}-E[I]+E[I_{0i}]\right).$$

注意到$D_{00}=0$，$I_{00}=\tau_1$；$D_{01}=D$，$I_{01}=I$，可得

$$MTTFF_0=\frac{1}{\alpha}+\left(\frac{E[I]\tilde{d}(\alpha)}{1-\tilde{d}(\alpha)}+\frac{1}{\lambda}\right),$$

$$MTTFF_1=\frac{1}{\alpha}+\frac{E[I]\tilde{d}(\alpha)}{1-\tilde{d}(\alpha)}.$$

推论 2 若$A(x)=1-\exp(-\lambda x)$，当$\hat{\rho}<1$时，则有

$$\tilde{f}_i^q(s)=\frac{\alpha}{s+\alpha}\cdot\frac{1-\tilde{\imath}(s)\tilde{d}(s+\alpha)-\tilde{d}^i(s+\alpha)+\tilde{\imath}(s)\tilde{d}^i(s+\alpha)}{1-\tilde{\imath}(s)\tilde{d}(s+\alpha)},\tag{3}$$

$$MTTFF_i=\frac{1}{\alpha}+\frac{E[I]\tilde{d}^i(\alpha)}{1-\tilde{d}(\alpha)},\quad i=0,1,2,\cdots.\tag{4}$$

证　当 $A(x)=1-\exp(-\lambda x)$ 时，$I_{0i}=I$，$D_{0i}=\overbrace{D+\cdots+D}^{i}$，且 D 与 I 相互独立，于是　$\tilde{d}_{0i}(s+\alpha)=\tilde{d}^{i}(s+\alpha)$，

$$\int_0^\infty e^{-st}dP\{D+I\le t, X>D\}=\int_0^\infty e^{-st}d\int_0^t I(t-x)e^{-sx}dD(x)$$

$$=\int_0^\infty e^{-st}dI(t)\int_0^\infty e^{-(s+\alpha)x}dD(x)=\tilde{i}(s)\tilde{d}(s+\alpha),$$

$$\int_0^\infty e^{-st}dP\{D_{0i}+I_{0i}\le t, X>D_{0i}\}=\tilde{i}(s)\tilde{d}^{i}(s+\alpha).$$

所以由定理 1，经简单代数运算得(3)式；而由推论 1，有(4)式.

定理 2　令 $L(t)$ 表示时刻 t 系统的队长($L(0)$ 简记为 L)，定义系统在时刻 t 空闲的概率 $p_{0i}(t)=P\{L(t)=0|L=i\}$. 当 $\hat{\rho}<1$ 时，$p_{0i}(t)$ 的 LS 变换为

$$1-sp_{0i}{}^*(s)=1-\tilde{\hat{d}}_{0i}(s)+\frac{1-\tilde{\hat{d}}(s)}{1-\tilde{\hat{c}}(s)}\tilde{\hat{c}}_{0i}(s),$$
$$i=0,1,2,\cdots, \tag{5}$$

其中 $\hat{C}_{0i}(x)$ 表示 $\hat{D}_{0i}+\hat{I}_{0i}$ 的分布函数.

证　当 $i=1$ 时，$\tilde{\hat{d}}_{01}(s)=\tilde{\hat{d}}(s)$，$\tilde{\hat{c}}_{01}(s)=\tilde{\hat{c}}(s)$，问题变成

$$1-sp_{01}{}^*(s)=\frac{1-\tilde{\hat{d}}(s)}{1-\tilde{\hat{c}}(s)}.$$

由全概率公式和更新技巧，显然有

$$p_{01}(t)=P\{\hat{D}\le t<\hat{C}\}+\int_0^t p_{01}(t-x)d\hat{C}(x),$$

两边取 L 变换

$$p_{01}{}^*(s)=\overline{\hat{C}}{}^*(s)-\overline{\hat{D}}{}^*(s)+p_{01}{}^*(s)\tilde{\hat{c}}(s),$$

再经简单代数运算得证.

当$i \neq 1$时，注意到

$$p_{0i}(t) = P\{\hat{D}_{0i} \leq t < \hat{D}_{0i} + \hat{I}_{0i}\} + \int_0^t p_{01}(t-x)d\hat{C}_{0i}(x),$$

两边取 L 变换代入$1 - sp_{01}*(s)$即得.

定理 3 令$U_i^q(t) = P\{$在时刻t服务台不可用$|L = i\}$表示系统中服务台的瞬时不可用度，$U(t)$表示服务台看成孤立部件的瞬时不可用度，当$\hat{\rho} < 1$时，$U_i^q(t)$的 L 变换为

$$U_i^q*(s) = [1 - sp_{0i}*(s)]U*(s), \quad i = 0,1,2,\cdots, \tag{6}$$

其中

$$U*(s) = \frac{1}{s} \cdot \frac{\alpha\overline{G}*(s)}{1 + \alpha\overline{G}*(s)}.$$

证 为了建立服务台空闲概率、不可用概率与可用概率之间的关系，我们采用简化的VMP方法. 考虑到服务台失效率为常数，由指数分布的无记忆性我们只需去建立：服务台空闲、不可用与可用三类状态方程之间的关系.

令$p_{0i}(t) = P\{L(t) = 0|L = i\}$表示系统空闲概率，$P_i(t) = P\{L(t) \neq 0$，服务台可用$|L = i\}$表示系统处于忙期而服务台可用. 再令$Y(t)$表示时刻$t$在修理的服务台已花去的修理时间，定义

$$Q_i(t,y)dy = P\{L(t) \neq 0, y < Y(t) \leq y + dy | L = i\},$$

显然，$Q_i(t) = \int_0^\infty Q_i(t,y)dy = U_i^q(t)$，它意味着系统处于忙期而服务台不可用.

由 VMP 方法，$Q_i(t,y)$满足下述微分方程和初始条件

$$[\frac{\partial}{\partial t} + \frac{\partial}{\partial y} + \beta(y)]Q_i(t,y) = 0,$$

$$Q_i(t,0) = \alpha P_i(t).$$

解此微分方程得

$$Q_i*(s,y) = \alpha P_i*(s)e^{-sy}\overline{G}(y).$$

由状态定义有正则性条件

$$p_{0i}(t)+P_i(t)+Q_i(t)=1.$$

取 L 变换得

$$1-sp_{0i}{}^*(s)=sP_i{}^*(s)[1+\alpha\overline{G}{}^*(s)],$$

故

$$U_i^q{}^*(s)=Q_i{}^*(s)=\alpha P_i{}^*(s)\overline{G}{}^*(s)$$

$$=[1-sp_{0i}{}^*(s)]\frac{1}{s}\cdot\frac{\alpha\overline{G}{}^*(s)}{1+\alpha\overline{G}{}^*(s)}=[1-sp_{0i}{}^*(s)]U^*(s).$$

推论 3 当 $\hat{\rho}<1$ 时，可修排队系统中服务台的稳态不可用度存在，且与初始条件无关，即

$$U^q=\lim_{t\to\infty}U_i^q(t)=\hat{\rho}\frac{\alpha}{\alpha+\beta}. \tag{7}$$

证 当 $\hat{\rho}<1$ 时，根据 L 变换的 Tauber 定理，有

$$U_i^q=\lim_{t\to\infty}\frac{1}{t}\int_0^t U_i^q(x)dx=\lim_{s\to 0}sU_i^q{}^*(s)=\hat{\rho}\frac{\alpha}{\alpha+\beta},$$

它与 i 无关. 又当 $\hat{\rho}<1$ 时，经典的排队系统 $GI/\hat{G}/1$ 极限状态概率存在，故结论得证.

推论 4 若 $A(x)=1-\exp(-\lambda x)$，当 $\hat{\rho}<1$ 时，则有

$$U_i^q{}^*(s)=\frac{1-\tilde{\tilde{c}}(s)-\tilde{\tilde{d}}^i(s)+\tilde{\tilde{i}}(s)\tilde{\tilde{d}}^i(s)}{1-\tilde{\tilde{c}}(s)}U^*(s). \tag{8}$$

证 当 $A(x)=1-\exp(-\lambda x)$ 时，$\tilde{\tilde{d}}_{0i}(s)=\tilde{\tilde{d}}^i(s)$，$\tilde{\tilde{c}}_{0i}(s)=\tilde{\tilde{i}}(s)\tilde{\tilde{d}}^i(s)$，代入定理 2 和 3 即得.

定理 4 令 $M_i^q(t)$ 表示系统中服务台直到时刻 t 的平均故障次数，$M(t)$ 表示服务台看成孤立部件的平均故障次数，当 $\hat{\rho}<1$ 时，$M_i^q(t)$ 的 LS 变换为

$$\tilde{m}_i^q(s)=[1-sp_{0i}{}^*(s)]\tilde{m}(s),\quad i=0,1,2,\cdots, \tag{9}$$

其中

$$\widetilde{m}(s)=\frac{1}{s}\cdot\frac{\alpha}{1+\alpha\overline{G}^{*}(s)}.$$

证 根据定理 3 的证明和第一章转移频度公式，我们有

$$\widetilde{m}_i^q(s)=m_i^{q\,*}(s)=\alpha P_i^{*}(s)$$

$$=[1-sp_{0i}^{*}(s)]\frac{1}{s}\cdot\frac{\alpha}{1+\alpha\overline{G}^{*}(s)}=[1-sp_{0i}^{*}(s)]\widetilde{m}(s).$$

推论 5 当 $\hat{\rho}<1$ 时，可修排队系统中服务台的稳态故障频度存在，且与初始条件无关，即

$$m^q=\lim_{t\to\infty}\frac{M_i^q(t)}{t}=\hat{\rho}\frac{\alpha}{\alpha+\beta}. \tag{10}$$

证 当 $\hat{\rho}<1$ 时，根据 L 变换的 Tauber 定理即得.

推论 6 若 $A(x)=1-\exp(-\lambda x)$，当 $\hat{\rho}<1$ 时，则有

$$\widetilde{m}_i^q(s)=\frac{1-\tilde{\tilde{c}}(s)-\tilde{\tilde{d}}^{\,i}(s)+\tilde{\tilde{i}}(s)\tilde{\tilde{d}}^{\,i}(s)}{1-\tilde{\tilde{c}}(s)}\widetilde{m}(s). \tag{11}$$

证 与推论 4 的证明类似.

注 1 可修排队系统的可靠性指标与排队系统空闲概率和孤立部件可靠性之间的关系，不仅对这一可修排队系统成立，而且我们证明了对成批到达[18]和有 Erlang 寿命[16]的可修排队系统也成立. 猜测对服务台有位相型寿命的可修排队系统仍然成立[1]. 对可修排队网络结果会如何还不得而知.

注 2 对 II 型和 III 型可修排队系统虽然已有一些结果，但仍值得深入研究.

§6.3 有清理且竞争再入的 *M/G/1* 排队系统

早期研究随机清理系统的文章见[20]，近来在排队论文献中出现了不少有关负到达的文章，如[11]，而[9]考虑过一个有灾难

性事件的排队网络．上述文献都是针对经典排队模型，最近[7]研究了一个既有清理又有竞争再入的排队．他们只讨论了稳态情况，这里将用 VMP 方法研究瞬态情况．关于再入排队的一个综述见文献[22]，这类模型在电话和其他通讯系统中频繁出现．

模型描述：原始顾客按率为 λ 的泊松过程到达，顾客服务时间分布为 $G(t)$，风险率 $\mu(x)$，均值 μ^{-1} 有限．到达的顾客发现服务台被占用，则进入轨道等待；轨道中若有 j 个顾客，则以率为 $\alpha+j\beta$ 的泊松过程与原始顾客竞争服务台．系统工作在以率为 υ 的泊松灾难环境中，当灾难事件发生时系统被彻底清理并立即更新．(若清理需一段随机时间，则清理期间到达的顾客可以损失掉，也可以在轨道中等待．对等待情况应增加一排状态)

令 $S(t)$ 表系统服务(1)和不服务(0)的过程，它不是马氏链．引进 $N(t)$ 表时刻 t 轨道中顾客数目，$X(t)$ 表时刻 t 正在服务顾客已花去的服务时间，则 $\{S(t), N(t), X(t)\}$ 形成一个向量马氏过程，状态转移情况如图 1.

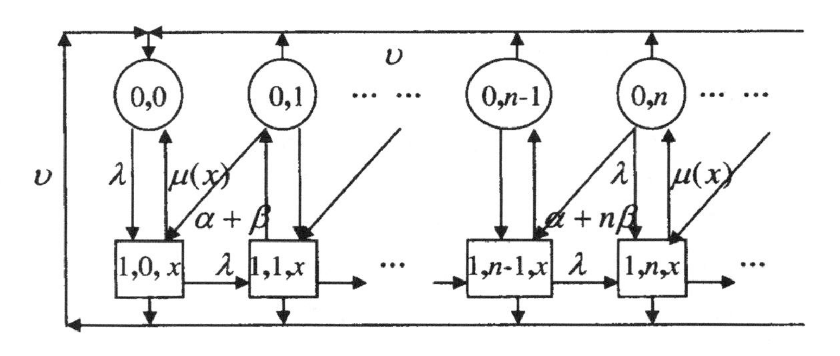

图 1　VMP$\{S(t), N(t), X(t)\}$的状态转移图

根据状态转移图，我们得到如下状态概率密度满足的：
微积分方程组

$$[\frac{d}{dt}+\lambda]P_{00}(t)=\int_0^\infty P_{10}(t,x)\mu(x)dx$$

$$+\upsilon\left(\sum_{n=1}^{\infty}P_{0n}(t)+\sum_{n=0}^{\infty}\int_0^{\infty}P_{1n}(t,x)dx\right),$$

$$[\frac{d}{dt}+\lambda+(\alpha+n\beta)+\upsilon]P_{0n}(t)=\int_0^{\infty}P_{1n}(t,x)\mu(x)dx,$$

$$n=1,2,\cdots,$$

$$[\frac{\partial}{\partial t}+\frac{\partial}{\partial x}+\lambda+\upsilon+\mu(x)]P_{1n}(t,x)=(1-\delta_{0n})\lambda P_{1n-1}(t,x),$$

$$n=0,1,2,\cdots.$$

边界条件

$$P_{1n}(t,0)=\lambda P_{0n}(t)+[\alpha+(n+1)\beta]P_{0n+1}(t),\quad n=0,1,2,\cdots.$$

初始条件

$P_{00}(0)=1$，其余为零.

定义 $P_0(t,z)=\sum_{n=0}^{\infty}P_{0n}(t)z^n$, $P_1(t,x,z)=\sum_{n=0}^{\infty}P_{1n}(t,x)z^n$，取 L 变换解上述偏微分方程得

$$P_1*(s,x,z)=P_1*(s,0,z)e^{-(s+\lambda+\upsilon-\lambda z)x}\overline{G}(x),\tag{1}$$

$$zP_1*(s,0,z)=(\lambda z+\alpha)P_0*(s,z)+z\beta\frac{\partial}{\partial z}P_0*(s,z)-\alpha P_{00}*(s).\tag{2}$$

注意到在任意时刻所有状态概率之和为 1，再由初始条件解上述微积分方程得

$$(s+\lambda+\alpha+\upsilon)P_0*(s,z)+z\beta\frac{\partial}{\partial z}P_0*(s,z)$$
$$-(\alpha+\upsilon)P_{00}*(s)-1$$
$$=\int_0^{\infty}P_1*(s,x,z)\mu(x)dx+\upsilon[\frac{1}{s}-P_{00}*(s)].$$

经过简单代数运算有

$$(s+\lambda+\alpha+\upsilon)P_0{}^*(s,z)+z\beta\frac{\partial}{\partial z}P_0{}^*(s,z)$$

$$=1+\frac{\upsilon}{s}+\alpha P_{00}{}^*(s)+P_1{}^*(s,0,z)\tilde{g}(s+\lambda+\upsilon-\lambda z).$$

利用(2)式简化，可得微分方程

$$z\beta[z-\tilde{g}(s+\lambda+\upsilon-\lambda z)]\frac{\partial}{\partial z}P_0{}^*(s,z)\cdot$$

$$+[(s+\lambda+\alpha+\upsilon)z-(\lambda z+\alpha)\ \tilde{g}(s+\lambda+\upsilon-\lambda z)]P_0{}^*(s,z)$$

$$=(1+\upsilon/s)z+\alpha[z-\tilde{g}(s+\lambda+\upsilon-\lambda z)]P_{00}{}^*(s). \quad (3)$$

考虑$\beta>0$的情况，取定s, z为实数，根据Takacs引理的证明，方程$z=\tilde{g}(s+\lambda+\upsilon-\lambda z)$在 $0<z<1$ 中有唯一的实根$\bar{z}$，所以微分项的系数有两个零点$z_1=0$和$z_2=\bar{z}$.

在$\bar{z}<z\leq 1$中解微分方程(3)得

$$P_0{}^*(s,z)=[z^{\frac{\alpha}{\beta}}\gamma(1,s,z)]^{-1}$$

$$\cdot\left\{P_0{}^*(s,1)+\int_1^z q(s,u)u^{\frac{\alpha}{\beta}}\gamma(1,s,u)du\right\}, \quad (4)$$

其中

$$\gamma(y,s,z)=\exp\left\{\int_y^z\frac{s+\lambda+\upsilon-\lambda\tilde{g}(s+\lambda+\upsilon-\lambda x)}{\beta[x-\tilde{g}(s+\lambda+\upsilon-\lambda x)]}dx\right\}, \quad (5)$$

$$q(s,z)=\frac{(1+\upsilon/s)z+\alpha[z-\tilde{g}(s+\lambda+\upsilon-\lambda z)]P_{00}{}^*(s)}{\beta z[z-\tilde{g}(s+\lambda+\upsilon-\lambda z)]}. \quad (6)$$

因 $z>\tilde{g}(s+\lambda+\upsilon-\lambda z)$，当 $z\to\bar{z}$ 时，$\gamma(1,s,z)\to 0$，由 Rouche 定理得

$$P_0{}^*(s,1)=\int_{\bar{z}}^1 q(s,u)z^{\frac{\alpha}{\beta}}\gamma(1,s,u)du. \quad (7)$$

将(7)式代入(4)式并注意到(5)式得到

$$P_0*(s,z)=[z^{\frac{\alpha}{\beta}}\gamma(1,s,z)]^{-1}\left\{\int_{\bar{z}}^{z}q(s,u)u^{\frac{\alpha}{\beta}}\gamma(1,s,u)du\right\}$$

$$=\left\{\int_{\bar{z}}^{z}q(s,u)(\frac{u}{z})^{\frac{\alpha}{\beta}}\gamma(z,s,u)du\right\}. \tag{8}$$

在(4)式中令 $z\to\bar{z}$，再由 L'Hospitale 法则可得

$$P_0*(s,\bar{z})=\frac{(1+\upsilon/s)}{s+\lambda+\upsilon-\lambda\bar{z}}. \tag{9}$$

任取 z_0 满足 $0<z_0<\bar{z}$，在 $z_0\le z<\bar{z}$ 中解微分方程(3)得

$$P_0*(s,z)=[(\frac{z}{z_0})^{\frac{\alpha}{\beta}}\gamma(z_0,s,z)]^{-1}$$

$$\cdot\left\{P_0*(s,z_0)+\int_{z_0}^{z}q(s,u)(\frac{u}{z_0})^{\frac{\alpha}{\beta}}\gamma(z_0,s,u)du\right\}. \tag{10}$$

因 $z<\tilde{g}(s+\lambda+\upsilon-\lambda z)$，当 $z\to\bar{z}$ 时，$\gamma(z_0,s,z)\to 0$，由 Rouche 定理，我们有

$$P_0*(s,z_0)=-\int_{z_0}^{\bar{z}}q(s,u)(\frac{u}{z_0})^{\frac{\alpha}{\beta}}\gamma(z_0,s,u)du. \tag{11}$$

再在 $0<z\le z_0$ 中解微分方程(3)，可得与(10)式完全相同的解．令 $z\to 0$，由 Rouche 定理又得到

$$P_0*(s,z_0)=\int_{0}^{z_0}q(s,u)(\frac{u}{z_0})^{\frac{\alpha}{\beta}}\gamma(z_0,s,u)du. \tag{12}$$

由两个 $P_0*(s,z_0)$ 表达式相等并约去常数因子可导出

$$0=\int_0^{\bar{z}}q(s,u)u^{\frac{\alpha}{\beta}}\gamma(0,s,u)du=(1+\frac{\upsilon}{s})$$

$$\cdot\int_0^{\bar{z}}\frac{\gamma(0,s,u)}{u-\tilde{g}(s+\lambda+\upsilon-\lambda u)}du+\int_0^{\bar{z}}\alpha P_{00}*(s)u^{\frac{\alpha}{\beta}-1}\gamma(0,s,u)du.$$

从而得到

$$P_{00}*(s)=(1+\frac{\upsilon}{s})\int_0^{\bar{z}} u^{\frac{\alpha}{\beta}}\frac{\gamma(0,s,u)}{\tilde{g}(s+\lambda+\upsilon-\lambda u)-u}du \cdot\left(\alpha\int_0^{\bar{z}} u^{\frac{\alpha}{\beta}-1}\gamma(0,s,u)du\right)^{-1}. \tag{13}$$

将(11)式中变量 z_0 一般化得到

$$P_0*(s,z)=-\int_z^{\bar{z}} q(s,u)(\frac{u}{z})^{\frac{\alpha}{\beta}}\gamma(z,s,u)du=\frac{1}{\beta}z^{-\frac{\alpha}{\beta}} \cdot\int_{\bar{z}}^{z}\left(\alpha P_{00}*(s)u^{\frac{\alpha}{\beta}-1}-(1+\frac{\upsilon}{s})u^{\frac{\alpha}{\beta}}\frac{\gamma(z,s,u)}{\tilde{g}(s+\lambda+\upsilon-\lambda u)-u}\right)du. \tag{14}$$

当 $z>\bar{z}$ 时，由(8)式并注意到积分变号，故(14)式对 $(0,1]-\{\bar{z}\}$ 成立，而 $\bar{z}$ 时的值见(9)式.

又注意到 $\gamma(z,s,z)=1$，我们有

$$z\beta\frac{\partial}{\partial z}P_0*(s,z)=-\alpha P_0*(s,z) +\alpha P_{00}*(s)-z(1+\frac{\upsilon}{s})\cdot\frac{1}{\tilde{g}(s+\lambda+\upsilon-\lambda z)-z} +z\frac{s+\lambda+\upsilon-\lambda\tilde{g}(s+\lambda+\upsilon-\lambda z)}{\tilde{g}(s+\lambda+\upsilon-\lambda z)-z}P_0*(s,z),$$

于是

$$P_1*(s,0,z)\triangleq\frac{(1+\upsilon/s)-(s+\lambda+\upsilon-\lambda z)P_0*(s,z)}{z-\tilde{g}(s+\lambda+\upsilon-\lambda z)}. \tag{15}$$

从而得到

$$P_1*(s,z)=\frac{(1+\upsilon/s)-(s+\lambda+\upsilon-\lambda z)P_0*(s,z)}{z-\tilde{g}(s+\lambda+\upsilon-\lambda z)} \cdot\frac{1-\tilde{g}(s+\lambda+\upsilon-\lambda z)}{s+\lambda+\upsilon-\lambda z}. \tag{16}$$

最后利用解析开拓可将(9), (13), (14)和(16)式中的实数 s 和 z 扩展为 $\mathrm{Re}(s)>0$ 和 $|z|\le 1$ 的复数.

由系统状态概率密度的变换式, 不难得到; 系统中顾客的队长分布母函数, 服务条件下顾客的队长分布母函数, 轨道中等待顾客的队长分布母函数.

由于泊松灾难环境可看成这个 VMP 的嵌入更新过程, 所以系统最终肯定要达到稳定状态. 利用 L'Hospitale 法则容易从(9), (13), (14)和(16)式导出稳态状态概率密度的 Z 变换的表达式, 我们不再赘述.

下面考虑两种特殊情况.

当 $\alpha=0$ 时, 微分方程(3)简化为

$$\beta[z-\tilde{g}(s+\lambda+\upsilon-\lambda z)]\frac{\partial}{\partial z}P_0*(s,z)+[(s+\lambda+\alpha+\upsilon)-\lambda\tilde{g}(s+\lambda+\upsilon-\lambda z)]P_0*(s,z)=(1+\upsilon/s). \tag{17}$$

在 $0\le z<\bar{z}$ 中解上述微分方程得

$$P_0*(s,z)=\gamma(0,s,z)]^{-1}\cdot\left\{P_{00}*(s)+\frac{1}{\beta}\int_0^z\frac{1+\upsilon/s}{z-\tilde{g}(s+\lambda+\upsilon-\lambda u)}\gamma(0,s,u)du\right\}. \tag{18}$$

当 $z\to\bar{z}$ 时, $\gamma(0,s,z)\to 0$, 由 Rouche 定理, 我们有

$$P_{00}*(s)=(1+\frac{\upsilon}{s})\frac{1}{\beta}\int_0^{\bar{z}}\frac{\gamma(0,s,u)}{\tilde{g}(s+\lambda+\upsilon-\lambda u)-u}du. \tag{19}$$

对于 $\alpha>0$ 而 $\beta=0$ 的情况, 由(3)式得

$$P_0*(s,z)=\frac{(1+\upsilon/s)z+\alpha[z-\tilde{g}(s+\lambda+\upsilon-\lambda z)]P_{00}*(s)}{[(s+\lambda+\alpha+\upsilon)z-(\lambda z+\alpha)\tilde{g}(s+\lambda+\upsilon-\lambda z)]}. \tag{20}$$

根据 Takacs 引理的证明, 取定 s 为实数, 方程

$$(s+\lambda+\alpha+\upsilon)z=(\lambda z+\alpha)\tilde{g}(s+\lambda+\upsilon-\lambda z)$$

在 $0<z<1$ 中有唯一的实根 $\hat{z}$. 由 Rouche 定理, 从(18)式可得

$$P_{00}*(s)=\alpha^{-1}(1+\upsilon/s)(\lambda\hat{z}+\alpha)(s+\lambda+\upsilon-\lambda\hat{z})^{-1}. \tag{21}$$

组合(1)、(2)、(18)式得

$$P_1*(s,z)=\frac{(1+\upsilon/s)(\lambda z+\alpha)-\alpha(s+\lambda+\upsilon-\lambda z)P_{00}*(s)}{[(s+\lambda+\alpha+\upsilon)z-(\lambda z+\alpha)\tilde{g}(s+\lambda+\upsilon-\lambda z)]}\cdot\frac{1-\tilde{g}(s+\lambda+\upsilon-\lambda z)}{s+\lambda+\upsilon-\lambda z}. \tag{22}$$

现在研究这一排队系统的其它性能指标.

如果将系统忙期定义为系统中有顾客(包括正在服务或在轨道中等待). 由于顾客按泊松过程到达, 则系统的闲期服从参数为 λ 的指数分布且与忙期独立. 利用更新分布公式易得

系统的忙循环时间分布的 LS 变换为

$$\tilde{c}(s)=\frac{(s+\lambda)P_{00}*(s)-1}{1+(s+\lambda)P_{00}*(s)-1}=\frac{\lambda}{s+\lambda}\left(1+\frac{s}{\lambda}-\frac{1}{\lambda P_{00}*(s)}\right). \tag{23}$$

系统的忙期分布的 LS 变换为

$$\tilde{d}(s)=1+\frac{s}{\lambda}-\frac{1}{\lambda P_{00}*(s)}. \tag{24}$$

于是系统的平均忙期为

$$E[D]=-\tilde{d}'(0)=\frac{1}{\lambda P_{00}}-\frac{1}{\lambda}. \tag{25}$$

与文献[07]的结果相同.

利用进入概率公式和第一个方程, 可得忙期是由于服务完成而结束的概率为

$$p=\int_0^\infty P_{10}(x)\mu(x)dx\Big/P_{00}\lambda=\frac{P_{00}\lambda-\upsilon(1-P_{00})}{P_{00}\lambda}=(\lambda+\upsilon)-\frac{\upsilon}{P_{00}\lambda}. \tag{26}$$

也与文献[07]的结果相同.

如果要进一步得到在一个忙期中，服务台总的服务时间、总的不服务时间以及被服务的顾客数和可能被清理的顾客数四者的联合分布，可构造一个吸收向量马氏过程去研究.

另一重要指标是任意时刻一个虚顾客在系统中的逗留时间分布. 由于轨道中的顾客必须竞争成功才能进入服务台接受服务，这大大增加了问题的难度. 因此我们只考虑 $\beta=0$ 的情况.

首先研究轨道中的一个顾客在系统中逗留时间 T 所服从的分布. 令 τ 表原始顾客的到达间隔，ξ 表轨道中顾客的到达间隔，因 $\beta=0$，ξ 独立同指数分布，χ 表顾客服务时间，T 的分布为

$$
\begin{aligned}
&P\{T\le x\}=P\{\xi+\chi\le x,\xi\le\tau\}+\\
&P\{\tau_1+\chi_1+\xi_2+\chi_2\le x,\xi_1>\tau_1,\xi_2\le\tau_2\}+\cdots\\
&=\int_0^x e^{-\lambda u}\alpha e^{-\alpha u}G(x-u)du+\int_0^x dv\int_0^v\lambda e^{-\lambda t}e^{-\alpha t}g(v-t)dt\\
&\cdot\int_0^{x-v}e^{-\lambda u}\alpha e^{-\alpha u}G(x-v-u)du+\cdots.
\end{aligned}
$$

取 LS 变换得

$$
\begin{aligned}
\text{第一项}&=\int_0^\infty e^{-\theta x}dx\int_0^x e^{-\lambda u}\alpha e^{-\alpha u}g(x-u)du\\
&=\int_0^\infty e^{-\theta x}du\int_u^\infty e^{-\lambda u}\alpha e^{-\alpha u}g(x-u)dx\\
&=\int_0^\infty \alpha e^{-\theta u}e^{-\lambda u}e^{-\alpha u}du\int_0^\infty e^{-\theta y}g(y)dy\\
&=\frac{\alpha}{\theta+\alpha+\lambda}\tilde{g}(\theta);
\end{aligned}
$$

第二项

$$
=\int_0^\infty e^{-\theta x}dx\int_0^x dv\int_0^v\lambda e^{-\lambda t}e^{-\alpha t}g(v-t)dt\int_0^{x-v}e^{-\lambda u}\alpha e^{-\alpha u}g(x-v-u)du
$$

$$=\int_0^\infty e^{-\theta x}dv\int_0^v \lambda e^{-\lambda t}e^{-\alpha t}g(v-t)dt\int_v^\infty dx\int_0^{x-v}e^{-\lambda u}\alpha e^{-\alpha u}g(x-v-u)du$$

$$=\int_0^\infty e^{-\theta v}dv\int_0^v \lambda e^{-\lambda t}e^{-\alpha t}g(v-t)dt\int_0^\infty e^{-\theta y}dy\int_0^y e^{-\lambda u}\alpha e^{-\alpha u}g(y-u)du$$

$$=\frac{\lambda}{\theta+\alpha+\lambda}\tilde{g}(\theta)\cdot\frac{\alpha}{\theta+\alpha+\lambda}\tilde{g}(\theta).$$

于是 T 的分布的 LS 变换为

$$\omega(\theta)=\frac{\alpha\tilde{g}(\theta)}{\theta+\lambda+\alpha}\sum_{n=0}^{\infty}\left[\frac{\lambda\tilde{g}(\theta)}{\theta+\lambda+\alpha}\right]^n$$

$$=\frac{\alpha\tilde{g}(\theta)}{\theta+\lambda+\alpha-\lambda\tilde{g}(\theta)}. \tag{27}$$

现在考虑在没有清理的情况下，一个虚顾客在系统中逗留时间 $V_s(t)$的分布. 记 χ_u 为时刻 t 正在接受服务的顾客仍剩余的服务时间，其中 u 为该顾客已接受过的服务时间，则 χ_u 的密度函数

$$g_u(x)=g(u+x)/\overline{G}(u).$$

再令 $P_0(t)=\sum_{n=0}^{\infty}P_{0n}(t)$, $P_{1n}(t)=\int_0^\infty P_{1n}(t,x)dx$，因考虑没有清理的情况，注意这时状态概率表达式中的 $\upsilon=0$. 于是

$$W(t,x)=P\{V_s(t)\le x\}=P_0(t)G(x)$$

$$+\sum_{n=0}^{\infty}\int_0^\infty P_{1n}(t,u)P\{\chi_u+T_1+\cdots+T_{n+1}\le x\}du,$$

对 t 取 L 变换对 x 取 LS 变换得

$$\tilde{w}^*(s,\theta)=P_0^*(s,1)\tilde{g}(\theta)+$$

$$+\sum_{n=0}^{\infty}\int_0^\infty P_{1n}^*(s,u)\omega^{n+1}(\theta)[\int_0^\infty e^{-\theta x}\frac{g(u+x)}{\overline{G}(u)}dx]du$$

$$=P_0^*(s,1)\tilde{g}(\theta)+\omega(\theta)P_1^*(s,0,\omega(\theta))$$

$$\cdot\int_0^\infty e^{-(s+\lambda-\lambda\omega(\theta))u}\int_0^\infty e^{-\theta x}g(u+x)dxdu$$

$$= P_0*(s,1)\widetilde{g}(\theta)+\omega(\theta)\frac{1-[s+\lambda-\lambda\omega(\theta)]P_0*[s,\omega(\theta)]}{\omega(\theta)-\widetilde{g}[s+\lambda-\lambda\omega(\theta)]}$$

$$\cdot\int_0^\infty e^{-(s+\lambda-\lambda\omega(\theta)-\theta)u}\int_u^\infty e^{-\theta y}g(y)dydu$$

$$= P_0*(s,1)\widetilde{g}(\theta)+\omega(\theta)\frac{1-[s+\lambda-\lambda\omega(\theta)]P_0*[s,\omega(\theta)]}{\omega(\theta)-\widetilde{g}[s+\lambda-\lambda\omega(\theta)]}$$

$$\cdot\int_0^\infty e^{-\theta y}g(y)\int_0^y e^{-(s+\lambda-\lambda\omega(\theta)-\theta)u}dudy$$

$$= P_0*(s,1)\widetilde{g}(\theta)+\omega(\theta)\frac{1-[s+\lambda-\lambda\omega(\theta)]P_0*[s,\omega(\theta)]}{\omega(\theta)-\widetilde{g}[s+\lambda-\lambda\omega(\theta)]}$$

$$\cdot\frac{\widetilde{g}(\theta)-\widetilde{g}[s+\lambda-\lambda\omega(\theta)]}{\theta-[s+\lambda-\lambda\omega(\theta)]}. \tag{28}$$

最后考虑有清理的情况下，一个虚顾客在系统中逗留时间 $\widetilde{V}_s(t)$ 的分布. 令清理间隔为 Z, 它服从参数为 υ 的指数分布. 于是有

$$\int_0^\infty e^{-st}E[e^{-\theta\widetilde{V}_s(t)}I\{V_s(t)<Z\}]dt$$

$$=\int_0^\infty e^{-st}\int_0^\infty e^{-\theta x}e^{-\upsilon x}dP\{V_s(t)\le x\}dt=\widetilde{w}*(s,\theta+\upsilon);$$

$$\int_0^\infty e^{-st}E[e^{-\theta\widetilde{V}_s(t)}I\{V_s(t)\ge Z\}]dt$$

$$=\int_0^\infty e^{-st}\int_0^\infty e^{-\theta x}\upsilon e^{-\upsilon x}P\{V_s(t)\le x\}dxdt$$

$$=\upsilon(\theta+\upsilon)^{-1}[s^{-1}-\widetilde{w}*(s,\theta+\upsilon)].$$

因此对这个排队，一个虚顾客在系统中逗留时间 $\tilde{V}_s(t)$ 的分布的 LS 变换为

$$\int_0^\infty e^{-st}E[e^{-\theta\tilde{V}_s(t)}]dt=(\theta+\upsilon)^{-1}[\theta\tilde{w}^*(s,\theta+\upsilon)+\upsilon s^{-1}].\quad(29)$$

参考文献

[1] 史定华，可修排队与休假排队的结构分析，运筹学杂志，2(1994)， 25-28.

[2] 史定华，可修排队系统 *GI/G(M/G)/1* 的可靠性分析，自动化学报，6(1995). 658-667.

[3] 史定华，张文国，具有多重延误休假的可修排队系统 $M^X/G(M/G)/1(M/G)$ 分析，应用数学学报，2(1994)，201-214.

[4] 史定华，田乃硕，服务台可修的 *GI/M(M/PH)/1* 排队系统， 应用数学学报，1(1995). 44-50.

[5] 史定华，刘 斌，具有 *N*-策略休假的 *M/G/1* 排队的随机分解与最优策略，应用概率统计，1(1996)，10-18.

[6] 曹晋华，程 侃，服务台可修的 *M/G/1* 排队系统分析，应用数学学报，2(1982). 113-127.

[7] Artalejo, J. R. and Gomez-Corral, A., Analysis of a stochastic clearing system with repeated attempts, **Stochastic Models,** 3(1998), 623-645.

[8] Avi-Itzhak, B. and Naor, P., Some queueing problems with the server station subject to server breakdown, **Opns. Res.,** 10, 1962, 303.

[9] Chao, X., A queueing network model with catastrophes and product form solution, Oper. Res.,18. 1995, 75-79.

[10] Doshi, B., Queueing systems with vacations — a survey, **Queueing Systems,** 1(1986), 29-66.

[11] Gelenbe, E. *at al*, Queues with negative arrivals, **J. Appl. Prob.,** 28, 1991, 245-250.

[12] He, Q. M., Jewkes, E. M. and Buzacott, J., An efficient algorithm for computing the optimal replenishment policy for an integrated inventory-production system, *Advances in Matrix Analytic Methods for Stochastic Models* (eds. by Alfa and Chakravarthy), **Notable Publications, Inc.,** New Jersey, 1998, 381-402.

[13] Li, W., Shi, D. H. and Chao, X. L., Reliability analysis of *M/G/1* queueing system with

server breakdowns and vacations, **J. Appl. Prob.**, 34, 1997, 546-555.

[14] Lucantoni, D. M., Meier-Hellstern, K. S. and Neuts, M. F., A single-server queue with server vacations and a class of non-renewal arrival processes, **Adv. Appl. Prob.**, 3(1990), 676-705.

[15] Machihara, F., A *G/SM/1* queue with vacations depending on service times, **Stochastic Models**, 4(1995), 671-690.

[16] Shi, D. H., Probability analysis of the repairable queueing system $M/G(E_k/H)/1$, **Ann. of O. R.**, 24, 1990, 185-203.

[17] Shi, D. H., On some distributions of repairable queueing system, *Proc. of the APORS'91*, **Beijing Univ. Press**, 1992, 229-237.

[18] Shi, D. H., The transient solution of the repairable queueing system $M^X/G(M/G)/1$, **Control Theory and Applications.**, 6(1994), 681-688.

[19] Shi, D. H., Equivalence theorems of queues with phase type lifetime for the server, **第五届运筹年会论文集**, 西安电子科大出版社, 1996.

[20] Stidham, S., Stochastic clearing systems, **Stoch. Proc. and Appl.**, 2(1974), 85-113.

[21] Tian, N. S., Zhang, D. Q. and Cao C. X., *M/G/1* queue with controllable vacations and optimization of vacation policy, **Acta Math. Appl. Sinica**, 3(1991), 363-373.

[22] Yang, T. and Templeton, J. G. C., A survey on retrial queues, **Queueing Syst.**, 2(1987), 201-233.

《现代数学基础丛书》已出版书目

1 数理逻辑基础(上册) 1981.1 胡世华 陆钟万 著
2 数理逻辑基础(下册) 1982.8 胡世华 陆钟万 著
3 紧黎曼曲面引论 1981.3 伍鸿熙 吕以辇 陈志华 著
4 组合论(上册) 1981.10 柯 召 魏万迪 著
5 组合论(下册) 1987.12 魏万迪 著
6 数理统计引论 1981.11 陈希孺 著
7 多元统计分析引论 1982.6 张尧庭 方开泰 著
8 有限群构造(上册) 1982.11 张远达 著
9 有限群构造(下册) 1982.12 张远达 著
10 测度论基础 1983.9 朱成熹 著
11 分析概率论 1984.4 胡迪鹤 著
12 微分方程定性理论 1985.5 张芷芬 丁同仁 黄文灶 董镇喜 著
13 傅里叶积分算子理论及其应用 1985.9 仇庆久 陈恕行 是嘉鸿 刘景麟 蒋鲁敏 编
14 辛几何引论 1986.3 J.柯歇尔 邹异明 著
15 概率论基础和随机过程 1986.6 王寿仁 编著
16 算子代数 1986.6 李炳仁 著
17 线性偏微分算子引论(上册) 1986.8 齐民友 编著
18 线性偏微分算子引论(下册) 1992.1 齐民友 徐超江 编著
19 实用微分几何引论 1986.11 苏步青 华宣积 忻元龙 著
20 微分动力系统原理 1987.2 张筑生 著
21 线性代数群表示导论(上册) 1987.2 曹锡华 王建磐 著
22 模型论基础 1987.8 王世强 著
23 递归论 1987.11 莫绍揆 著
24 拟共形映射及其在黎曼曲面论中的应用 1988.1 李 忠 著
25 代数体函数与常微分方程 1988.2 何育赞 萧修治 著
26 同调代数 1988.2 周伯壎 著
27 近代调和分析方法及其应用 1988.6 韩永生 著
28 带有时滞的动力系统的稳定性 1989.10 秦元勋 刘永清 王 联 郑祖庥 著
29 代数拓扑与示性类 1989.11 [丹麦] I. 马德森 著
30 非线性发展方程 1989.12 李大潜 陈韵梅 著

31　仿微分算子引论　1990.2　陈恕行　仇庆久　李成章　编
32　公理集合论导引　1991.1　张锦文　著
33　解析数论基础　1991.2　潘承洞　潘承彪　著
34　二阶椭圆型方程与椭圆型方程组　1991.4　陈亚浙　吴兰成　著
35　黎曼曲面　1991.4　吕以辇　张学莲　著
36　复变函数逼近论　1992.3　沈燮昌　著
37　Banach 代数　1992.11　李炳仁　著
38　随机点过程及其应用　1992.12　邓永录　梁之舜　著
39　丢番图逼近引论　1993.4　朱尧辰　王连祥　著
40　线性整数规划的数学基础　1995.2　马仲蕃　著
41　单复变函数论中的几个论题　1995.8　庄圻泰　杨重骏　何育赞　闻国椿　著
42　复解析动力系统　1995.10　吕以辇　著
43　组合矩阵论(第二版)　2005.1　柳柏濂　著
44　Banach 空间中的非线性逼近理论　1997.5　徐士英　李　冲　杨文善　著
45　实分析导论　1998.2　丁传松　李秉彝　布　伦　著
46　对称性分岔理论基础　1998.3　唐　云　著
47　Gel'fond-Baker 方法在丢番图方程中的应用　1998.10　乐茂华　著
48　随机模型的密度演化方法　1999.6　史定华　著
49　非线性偏微分复方程　1999.6　闻国椿　著
50　复合算子理论　1999.8　徐宪民　著
51　离散鞅及其应用　1999.9　史及民　编著
52　惯性流形与近似惯性流形　2000.1　戴正德　郭柏灵　著
53　数学规划导论　2000.6　徐增堃　著
54　拓扑空间中的反例　2000.6　汪　林　杨富春　编著
55　序半群引论　2001.1　谢祥云　著
56　动力系统的定性与分支理论　2001.2　罗定军　张　祥　董梅芳　著
57　随机分析学基础(第二版)　2001.3　黄志远　著
58　非线性动力系统分析引论　2001.9　盛昭瀚　马军海　著
59　高斯过程的样本轨道性质　2001.11　林正炎　陆传荣　张立新　著
60　光滑映射的奇点理论　2002.1　李养成　著
61　动力系统的周期解与分支理论　2002.4　韩茂安　著
62　神经动力学模型方法和应用　2002.4　阮　炯　顾凡及　蔡志杰　编著
63　同调论——代数拓扑之一　2002.7　沈信耀　著
64　金兹堡-朗道方程　2002.8　郭柏灵　黄海洋　蒋慕容　著

65 排队论基础 2002.10 孙荣恒 李建平 著
66 算子代数上线性映射引论 2002.12 侯晋川 崔建莲 著
67 微分方法中的变分方法 2003.2 陆文端 著
68 周期小波及其应用 2003.3 彭思龙 李登峰 谌秋辉 著
69 集值分析 2003.8 李 雷 吴从炘 著
70 强偏差定理与分析方法 2003.8 刘 文 著
71 椭圆与抛物型方程引论 2003.9 伍卓群 尹景学 王春朋 著
72 有限典型群子空间轨道生成的格(第二版) 2003.10 万哲先 霍元极 著
73 调和分析及其在偏微分方程中的应用(第二版) 2004.3 苗长兴 著
74 稳定性和单纯性理论 2004.6 史念东 著
75 发展方程数值计算方法 2004.6 黄明游 编著
76 传染病动力学的数学建模与研究 2004.8 马知恩 周义仓 王稳地 靳 祯 著
77 模李超代数 2004.9 张永正 刘文德 著
78 巴拿赫空间中算子广义逆理论及其应用 2005.1 王玉文 著
79 巴拿赫空间结构和算子理想 2005.3 钟怀杰 著
80 脉冲微分系统引论 2005.3 傅希林 闫宝强 刘衍胜 著
81 代数学中的 Frobenius 结构 2005.7 汪明义 著
82 生存数据统计分析 2005.12 王启华 著
83 数理逻辑引论与归结原理(第二版) 2006.3 王国俊 著
84 数据包络分析 2006.3 魏权龄 著
85 代数群引论 2006.9 黎景辉 陈志杰 赵春来 著
86 矩阵结合方案 2006.9 王仰贤 霍元极 麻常利 著
87 椭圆曲线公钥密码导引 2006.10 祝跃飞 张亚娟 著
88 椭圆与超椭圆曲线公钥密码的理论与实现 2006.12 王学理 裴定一 著
89 散乱数据拟合的模型、方法和理论 2007.1 吴宗敏 著
90 非线性演化方程的稳定性与分歧 2007.4 马 天 汪宁宏 著
91 正规族理论及其应用 2007.4 顾永兴 庞学诚 方明亮 著
92 组合网络理论 2007.5 徐俊明 著
93 矩阵的半张量积:理论与应用 2007.5 程代展 齐洪胜 著
94 鞅与 Banach 空间几何学 2007.5 刘培德 著
95 非线性常微分方程边值问题 2007.6 葛渭高 著
96 戴维-斯特瓦尔松方程 2007.5 戴正德 蒋慕蓉 李栋龙 著
97 广义哈密顿系统理论及其应用 2007.7 李继彬 赵晓华 刘正荣 著
98 Adams 谱序列和球面稳定同伦群 2007.7 林金坤 著

99 矩阵理论及其应用 2007.8 陈公宁 编著
100 集值随机过程引论 2007.8 张文修 李寿梅 汪振鹏 高 勇 著
101 偏微分方程的调和分析方法 2008.1 苗长兴 张 波 著
102 拓扑动力系统概论 2008.1 叶向东 黄 文 邵 松 著
103 线性微分方程的非线性扰动(第二版) 2008.3 徐登洲 马如云 著
104 数组合地图论(第二版) 2008.3 刘彦佩 著
105 半群的 S-系理论(第二版) 2008.3 刘仲奎 乔虎生 著
106 巴拿赫空间引论(第二版) 2008.4 定光桂 著
107 拓扑空间论(第二版) 2008.4 高国士 著
108 非经典数理逻辑与近似推理(第二版) 2008.5 王国俊 著
109 非参数蒙特卡罗检验及其应用 2008.8 朱力行 许王莉 著
110 Camassa-Holm 方程 2008.8 郭柏灵 田立新 杨灵娥 殷朝阳 著
111 环与代数(第二版) 2009.1 刘绍学 郭晋云 朱 彬 韩 阳 著
112 泛函微分方程的相空间理论及应用 2009.4 王 克 范 猛 著
113 概率论基础(第二版) 2009.8 严士健 王隽骧 刘秀芳 著
114 自相似集的结构 2010.1 周作领 瞿成勤 朱智伟 著
115 现代统计研究基础 2010.3 王启华 史宁中 耿 直 主编
116 图的可嵌入性理论(第二版) 2010.3 刘彦佩 著
117 非线性波动方程的现代方法(第二版) 2010.4 苗长兴 著
118 算子代数与非交换 L_p 空间引论 2010.5 许全华 吐尔德别克 陈泽乾 著
119 非线性椭圆型方程 2010.7 王明新 著
120 流形拓扑学 2010.8 马 天 著
121 局部域上的调和分析与分形分析及其应用 2011.4 苏维宜 著
122 Zakharov 方程及其孤立波解 2011.6 郭柏灵 甘在会 张景军 著
123 反应扩散方程引论(第二版) 2011.9 叶其孝 李正元 王明新 吴雅萍 著
124 代数模型论引论 2011.10 史念东 著
125 拓扑动力系统——从拓扑方法到遍历理论方法 2011.12 周作领 尹建东 许绍元 著
126 Littlewood-Paley 理论及其在流体动力学方程中的应用 2012.3 苗长兴 吴家宏 章志飞 著
127 有约束条件的统计推断及其应用 2012.3 王金德 著
128 混沌、Mel'nikov 方法及新发展 2012.6 李继彬 陈凤娟 著
129 现代统计模型 2012.6 薛留根 著
130 金融数学引论 2012.7 严加安 著
131 零过多数据的统计分析及其应用 2013.1 解锋昌 韦博成 林金官 著

132　分形分析引论　2013.6　胡家信　著

133　索伯列夫空间导论　2013.8　陈国旺　编著

134　广义估计方程估计方程　2013.8　周　勇　著

135　统计质量控制图理论与方法　2013.8　王兆军　邹长亮　李忠华　著

136　有限群初步　2014.1　徐明曜　著

137　拓扑群引论(第二版)　2014.3　黎景辉　冯绪宁　著

138　现代非参数统计　2015.1　薛留根　著